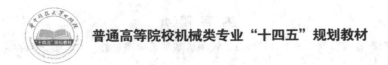普通高等院校机械类专业"十四五"规划教材

工程材料

主　编◎陈继兵　吴　艳
副主编◎李菊英　贺战文　王　锐

华中科技大学出版社
http://www.hustp.com
中国·武汉

内 容 简 介

本书根据教育部《普通高等学校工程材料及机械制造基础系列课程教学基本要求》,在总结近年来工程材料理论教学经验的基础上编写而成。

本书共分九章,主要内容为绪论、材料的力学性能、材料的结构、材料相变基础、金属的塑性变形及再结晶、材料的热处理及改性技术、工程用金属材料、非金属材料及其他新型材料、工程材料的选用,且每章后附有适量的习题与思考题。

本书可作为高等学校机械类、近机类工科专业的技术基础课教材,适量删减后可用于非机类专业技术基础课教学,也可供相关工程技术人员参考。

图书在版编目(CIP)数据

工程材料/陈继兵,吴艳主编.—武汉:华中科技大学出版社,2021.7
ISBN 978-7-5680-7424-7

Ⅰ.①工… Ⅱ.①陈… ②吴… Ⅲ.①工程材料 Ⅳ.①TB3

中国版本图书馆 CIP 数据核字(2021)第 145072 号

工程材料
Gongcheng Cailiao

陈继兵　吴　艳　主编

策划编辑:张　毅
责任编辑:刘　静
封面设计:抱　子
责任监印:朱　玢
出版发行:华中科技大学出版社(中国·武汉)　　电话:(027)81321913
　　　　　武汉市东湖新技术开发区华工科技园　　邮编:430223
录　　排:武汉楚海文化传播有限公司
印　　刷:武汉开心印刷有限公司
开　　本:787mm×1092mm　1/16
印　　张:13.25
字　　数:331千字
版　　次:2021 年 7 月第 1 版第 1 次印刷
定　　价:42.00 元

　　本书根据教育部《普通高等学校工程材料及机械制造基础系列课程教学基本要求》，在总结近年来工程材料理论教学经验的基础上编写而成。本书充分考虑了普通高等院校理工科专业的特点，对课程内容和体系进行了精心的选取和编排，力求语言简洁、通俗易懂、重点突出、实用性强，充分体现了应用型本科人才培养的特点。

　　本书比较系统地介绍了机械制造生产中所涉及的工程材料，同时也介绍了有关新材料、新工艺、新技术及其发展趋势。全书由五个部分组成，第一部分为绪论，简要介绍了材料的发展历史、工程材料的分类、工程材料与机械工程、工程材料的课程任务与内容；第二部分由第1章至第4章组成，介绍了材料的力学性能、材料的结构、材料相变基础、金属的塑性变形与再结晶。第三部分由第5章和第6章组成，介绍了常见金属材料（合金钢和铸铁）的热处理和改性技术，以及工程用金属材料。第四部分由第7章组成，介绍了非金属材料及其他新型材料，主要包括高分子材料、陶瓷材料和复合材料的成分、组织和性能及应用方面的知识。第五部分为工程材料的应用部分，由第8章组成，介绍了机械零件失效、选材方面的知识，以及工程材料在机械、汽车、机床等领域的应用情况。本书内容充实，结构合理，适应性广，有较大的选择余地，可满足不同专业、不同课时教学的要求。书中每章后均附有难度不等的习题与思考题，供不同层次学生选做。

　　本书由武汉轻工大学机械工程学院材料成型及控制工程系教师教学团队和武汉市农业科学院农业机械化研究所联合编写而成，具体分工如下：陈继兵（武汉轻工大学）编写第0章、第1章、第2章、第3章、第5章、第6章和附录A、附录B、附录C，吴艳（武汉轻工大学）编写第4章，陈继兵和李菊英（武汉轻工大学）联合编写第7章，陈继兵和贺战文（武汉轻工大学）联合编写第8章。本书由武汉轻工大学陈继兵、吴艳担任主编，由李菊英、贺战文、王锐担任副主编，全书由陈继兵统稿，武汉轻工大学贺战文负责全书的修正校对，武汉市农业科学院农业机械化研究所王锐参与整理。

　　在编写过程中，本书参考并引用了一些已出版的教材（见参考文献）和期刊资料中的相关内容，同时也得到了湖北省相关高校和单位的大力支持，在此，编者对所有被引用文献的原作者以及所有付出辛勤劳动的人员表示诚挚的谢意。

　　由于编者水平有限，书中错误与疏漏之处在所难免，敬请广大读者批评指正。

编　者
2021 年 5 月

第0章 绪 论

　　材料、能源、信息被人们称为现代技术的三大支柱。材料是社会发展的物质基础和科学技术进步的关键。能源和信息的发展,在一定程度上又依赖于材料的进步。例如:涡轮增压发动机较自然吸气发动机在对缸体的强度和耐热性能上的要求要高一些;用新型陶瓷材料制成的高温结构陶瓷柴油机可节省柴油约 30%,效率提高约 50%。最近研制的涡轮发动机陶瓷叶片可在 1 400 ℃下工作,这是一般钢铁材料无法达到的。可见,开发新材料可提高现有能源的利用率。另外,半导体材料、传感材料、光纤材料的开发,促进了信息技术的提高与发展,新型产业的发展无不依赖材料的进步。开发海洋探测设备及各种海底设施需要耐压耐蚀的新型结构材料;卫星宇航设备需要轻质高强的新材料;在医学上,制造人工脏器、人造骨骼、人造血管等要使用各种具有特殊功能且与人体相容的新材料。由于材料在人类社会中的重要作用,世界上许多发达国家均把材料科学作为重点发展的学科,而材料的品种、数量和质量也成了衡量一个国家科学技术和国民经济水平以及国防力量的重要标志。

0.1　材料的发展历史

　　材料是人类用于制造物品、器件、构件、机器或其他产品的那些物质,它是人类进行生产和社会活动的物质基础。材料的研究和发展已成为衡量人类社会文明程度及生产力发展水平的重要标志,因此,考古学家按照人类使用材料的种类和性质差异把历史时代分为石器时代、青铜时代、铁器时代、钢铁时代。

　　早在三百万年以前,人类就开始用石头做工具,由此人类进入旧石器时代。大约 1 万年前,人们就知道对石头进行加工,使之成为精致的器皿或工具,继而进入新石器时代。公元前约5000 年,人类在不断改进石器和寻找石料的过程中发现了天然的铜块和铜矿石,在火烧制陶器的生产中发明了冶铜术,后来又发现把锡矿石加到红铜里一起熔炼,制成的物品更加坚韧耐磨,这就是青铜,人类从此进入青铜时代。公元前 14 世纪至公元前 13 世纪,人类开始使用并铸造铁器,当青铜器逐渐被铁器广泛替代时,人类进入了铁器时代。到 19 世纪左右,人类发明了转炉和平炉(用于炼钢),世界钢产量飞速发展,人类进入钢铁时代。此后不断出现新的钢种,铝、镁、钛和很多稀有金属及其合金都相继出现,并得到了广泛的应用。例如,我国在成立后,用碳素结构钢 Q235(旧牌号为 A3)建造了武汉长江大桥,用强度较高的合金钢 16Mn 建造了南京长江大桥,用强度更高的低合金结构钢 15MnVN 建成了九江长江大桥。金属材料已成为当前最重要的工程材料。到 2007 年,全球的粗钢产量已超过 1.3×10^9 t,我国钢铁材料年产量已超过 2×10^8 t,成为世界上最大的钢铁生产和消费国家。但是,由于我国钢铁行业多年来积累的产能过剩、区域布局和产业结构不合理、环境污染严重等一系列问题,我国钢铁企业的生产存在传统产品过剩、高附加值钢铁产品竞争力不足等问题。

　　20 世纪初,由于物理和化学等科学理论在材料技术中的应用,材料科学出现了。在此基础上，人类开始了人工合成材料的新阶段。人工合成塑料、合成纤维及合成橡胶等高分子材料，以及已有的金属材料和陶瓷材料（无机非金属材料），构成了现代材料。目前，世界三大有机合成材料（树脂、纤维和橡胶）年产量逾亿吨。20世纪50年代金属陶瓷的出现标志着复合材料时代的到来。人类已经可以利用新的物理、化学方法，根据实际需要设计独特性能的复合材料。20世纪后半叶，新材料研制日新月异，出现了"高分子时代"、"半导体时代"、"先进陶瓷时代"和"复合材料时代"等提法，材料发展进入了高速发展的新时期。

0.2 工程材料的分类

工程材料主要指应用于机械、车辆船舶、建筑、化工、能源、仪器仪表、航空航天等工程领域中的材料，用于制造工程构件、机械零件、刀具夹具和具有特殊性能（耐酸、耐蚀、耐高温等）的材料。作为一门材料学科，工程材料学主要研究与材料相关的成分、结构、组织、工艺、性能及应用之间的关系，如图0-1所示。

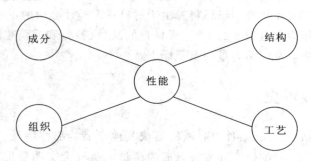

图0-1 工程材料主要研究内容

工程材料种类繁多，有不同的分类方法，比较通用的分类方法是按照材料的结合键（离子键、共价键金属键、分子键等）进行分类。按结合键的性质，通常将工程材料分为金属材料、高分子材料、陶瓷材料和复合材料四大类，其中最基本的是金属材料。也有文献将工程材料按照用途或使用领域进行分类：按照用途分类，将工程材料分为结构材料（如机械零件、工程构件）、工具材料（如量具、刃具、模具）和功能材料（如磁性材料、超导材料等）；按照使用领域分类，将工程材料分为机械工程材料、建筑工程材料、能源工程材料、信息工程材料和生物工程材料等。

0.2.1 金属材料

金属材料是最重要的工程材料，它包括金属和以金属为基的合金。最简单的金属材料是纯金属，其次是过渡金属。由于金属构成原子之间的结合键基本上是金属键，金属原子排列呈一定的规律，所以金属材料皆为金属晶体材料。

工业生产中把金属分为黑色金属和有色金属两大部分。

（1）黑色金属：铁、锰、铬及其合金。因为铁的表面常常生锈，覆盖着一层黑色的四氧化三铁与棕褐色的氧化铁的混合物，看上去是黑色的，所以人们常称之为黑色金属。人们常说的黑色冶金工业，主要是指钢铁工业，因为最常见的合金钢是锰钢与铬钢。实际上，铁、锰、铬都不是黑色的，纯铁是银白色的，锰是灰白色的，铬是银白色的。铁、锰、铬都是冶炼钢铁的主要原料，而钢铁不仅在国民经济中占有极其重要的地位,也是衡量一个国家国力的重要标志。黑色金属的产量约占世界金属总产量的 95%。

(2)有色金属:黑色金属以外的所有金属及其合金。有色金属是国民经济发展的基础材料,航空、航天、汽车、机械制造、电力、通信、建筑、家电等绝大部分行业都以有色金属材料为生产基础。随着现代化工、农业和科学技术的突飞猛进,有色金属在人类发展中的地位越来越重要。它不仅是世界上重要的战略物资和生产资料,也是人类生活中不可缺少的重要物资。

0.2.2 陶瓷材料

陶瓷材料是人类应用最早的材料,硬度高,性能稳定(熔点高、耐腐蚀),但脆性大,可以制造工具和模具。在一些特殊的情况下,陶瓷材料也可以用作结构材料。

陶瓷材料属于无机非金属材料,是不含碳氢氧结合的化合物,主要是金属氧化物和金属非氧化物。无机非金属材料是 20 世纪 40 年代以后,随着现代科学技术的发展从传统的硅酸盐材料演变而来的。由于大部分无机非金属材料含有硅和其他元素的化合物,所以无机非金属材料又叫作硅酸盐材料。硅酸盐指的是硅、氧与其他化学元素(主要是铝、铁、钙、镁、钾、钠等)结合而成的化合物的总称。它在地壳中分布极广,是构成多数岩石(如花岗岩)和土壤的主要成分。以硅酸盐为主体的无机非金属材料有陶瓷、玻璃、搪瓷、水泥、耐火材料、砖瓦等。陶瓷材料按照成分和用途可分为以下几种。

(1)普通陶瓷(或称传统陶瓷):主要为硅、铝氧化物的硅酸盐材料。

(2)特种陶瓷(或称新型陶瓷、高技术陶瓷、精细陶瓷、先进陶瓷):主要为高熔点的氧化物、碳化物、氮化物、硅化物等烧结材料。

(3)金属陶瓷:主要指用陶瓷生产方法制取的金属与碳化物或其他化合物的粉末制品。

0.2.3 高分子材料

高分子材料为有机合成材料,又称聚合物。它具有较高的强度、良好的塑性、较强的耐腐蚀性能、很好的绝缘性能,以及质量轻等优良性能,是在工程上发展最快的一类新型结构材料。

按分子链排列有序与否,高分子材料可分为结晶聚合物和无定形聚合物两类。高分子材料种类很多,工程上通常根据机械性能和使用状态将它分为以下三大类。

(1)塑料:主要指强度、韧性和耐磨性较好,可制造某些机械零件或构件的工程塑料,分为热塑性塑料和热固性塑料两种。

(2)橡胶:通常指经硫化处理的弹性特别优良的聚合物,分为通用橡胶和特种橡胶两种。

(3)合成纤维:指由单体聚合而成的、强度很高的聚合物,通过机械处理所获得的纤维材料。

0.2.4 复合材料

复合材料就是两种或两种以上不同材料的组合材料,它的性能是它的组成材料所不具备的。复合材料可以由各种不同种类的材料复合组成,所以它的结合键非常复杂。它在强度、刚度和耐腐蚀性方面比单纯的金属、陶瓷和聚合物优越,是一种特殊的工程材料,具有广阔的发展前景。

0.3 工程材料与机械工程

机械工程是一门利用物理定律为机械系统做分析、设计、制造及维修的工程学科，是以有关的自然科学和技术科学为理论基础，结合生产实践中的技术经验，研究和解决在开发、设计、制造、安装、运用和维修各种机械中的全部理论和实际问题的应用学科。它几乎包括了工业、农业、建筑业、运输业等国民经济各个领域中所有与机械相关的产品，这些产品都是由多种不同性能的材料加工成的零部件组装而成的。

随着我国社会主义现代化建设的不断发展，现代机械装备正朝着大型、高速、耐高温高压、耐低温、耐受恶劣环境影响等方向发展。在复杂苛刻的工况条件下，要求各种机械装备的性能优异、产品质量稳定、能安全地运行和使用。一台机器要真正发挥优异的技术功能，除了合理地设计及正确地使用保养外，恰当地选材和加工也是至关重要的一步。如果选材和加工不当，轻则使机械的质量性能下降，重则使装备断裂失效甚至酿成安全事故，因此在设计机械产品时，工程技术人员要根据零件的使用工况选用合适的材料，确定材料的加工工艺，限定使用状态下零件内部的显微组织，校核能否在规定的寿命期限内正常服役在部分企业。少数工程技术人员不管机械工作条件如何，照抄别人的用材方案，或者在设计零件时，大量选用所谓"万能"的材料，如 45 钢，如此选材会给产品埋下安全隐患。这已被许多质量事故所证实。在材料选用和处理中，零件材料使用状态下的微观组织是决定机器能否正常服役的重要因素。在改革开放初期，国内某企业生产的电冰箱，产品设计合理，各项性能指标都不低于甚至超过国外某同款电冰箱，但用户反映不耐用，压缩机常常出现故障。后来把两种电冰箱制冷泵中的柱塞用金相显微镜和电子显微镜检查分析后发现：国外某同款电冰箱制冷泵的柱塞用优质球墨铸铁制成，其显微组织是在珠光体基体上分布着球状石墨；而国内某企业生产的电冰箱使用的是没有经过任何处理的普通碳素钢，其微观组织为耐磨性较差的铁素体和珠光体。2013 年 3 月 15 日，某汽车制造企业的"生锈门"事件导致其企业形象严重受损。选择产品所使用的材料时，如果设计人员不具有工程材料的知识而草率处理，则将给产品的质量带来不良的影响。因此，机械工程设计和制造人员必须具备工程材料的基本知识。

0.4 工程材料的课程任务与内容

工程材料课程是机械类（机械工程及自动化、车辆工程、材料成型及控制工程、汽车服务工程、能源与动力工程、测控技术与仪器、工业工程、包装工程等）和近机械类（自动化、电气工程及自动化等）的专业基础课。设置工程材料课程的目的是使学生从微观上认识工程材料，学习工程材料的基本理论知识，掌握与材料有关的成分、结构、组织、工艺与性能之间的关系，能合理地根据零件工作条件和失效方式选择和使用材料，正确制定零件的加工工艺路线。工程材料的内容包括以下几个部分。

（1）工程材料的基础理论，即材料的性能、材料的结构、材料的凝固、二元合金及铁碳相图、金属的塑性变形与再结晶、钢的热处理。

（2）工程材料，即金属材料（含工业用钢、铸铁、有色金属及合金）、高分子材料、无机非金属材料、复合材料、功能材料、纳米材料。

（3）机械零件的失效、强化、选材及工程材料的应用。工程材料是一门从生产实践中发展起来，而又直接为生产服务的科学。在学习工程材料课程时，学生不仅要注意学习基本理论，还要重视本课程的相关实验和课堂讨论，注意理论联系生产实际，从而培养对材料及工艺的兴趣，提高动手能力和创新意识。

【习题与思考题】

1. 现代技术的三大支柱是什么？

2. 工程材料的定义是什么？主要研究哪些内容？

3. 根据原子结合键的不同，工程材料是如何分类的？列出生活中至少10种常见的物品，说明它们分别主要由哪一类工程材料制成。

第1章　材料的力学性能

材料的力学性能是指材料在外力作用下所表现出的特性,通常表现为变形(材料受到载荷作用而产生的几何形状和尺寸的变化)与断裂。材料常用的力学性能有强度、塑性、硬度等静载荷条件下材料的力学性能,冲击韧度、疲劳强度(非静载荷条件下材料的力学性能),以及断裂韧度等,它们是通过标准试验来测定的。

1.1　材料的静载力学性能

静载荷是指对材料缓慢地施加的载荷,它使得材料相对变形的速度较小(一般小于 10^{-2} mm/s)。常见的静载荷施加方式有拉伸、压缩、弯曲、剪切等,相应的材料强度指标有抗拉强度、抗压强度、抗弯强度、抗剪强度等。在生产中,静载荷下的材料力学性能是最常用的,而拉伸试验和硬度试验又是静载荷下材料力学性能测试方法中应用最广泛的方法。

1.1.1　拉伸试验

所谓拉伸试验,是指用静拉伸力缓慢地轴向拉伸标准拉伸试样,直至试样被拉断的一种试验方法。在拉伸试验中和拉伸试验后可测量力的变化与相应伸长量,从而测出材料的强度与塑性,即:测定试样对外加试验力的抗力,求出材料的强度值;测定试样在破断后塑性变形的大小,求出材料的塑性值。

首先将被测材料按国家标准《金属材料　拉伸试验　第 1 部分:室温试验方法》(GB/T 228.1—2010)制成标准拉伸试样(见图 1-1)。标准拉伸试样的横截面一般为圆形,也可为矩形、多边形、环形等。L_0 为试样的原始标距(mm),S_0 为试样的原始横截面面积(mm^2)。对于圆形截面试样,通常取 $L=5.65\sqrt{S_0}=5\sqrt{4S_0/\pi}$。然后将试样夹持在拉伸试验机的两个夹头中,逐渐增加载荷,直至试样被拉断。图 1-1 所示为低碳钢的拉伸试样和拉伸曲线。在 Oe 范围内,应力去除后,试样恢复原状,表明材料处于弹性变形阶段;应力超过 e 点后,材料除产生弹性变形外,还产生塑性变形,即应力去除后试样不能恢复原状,尚有部分伸长量残留下来。应力增大至 H 点后,曲线呈近似水平线段,表示应力虽未增加但试样继续伸长,这种现象称为屈服。此后,欲使试样继续伸长又需增加外力,到 m 点后试样出现局部变细的缩颈现象,这是由于试样截面缩小,继续变形所需的应力开始减小,直到 k 点,试样在缩颈处断裂。受外力作用时,材料的内部也产生了抵抗力,单位横截面上的抵抗力称为应力,以 R 表示,即

$$R=\frac{F}{S_0}$$

式中:R——应力(N/mm^2);

　　　F——载荷(外力)(N);

　　　S_0——试样原始横截面面积(mm^2)。

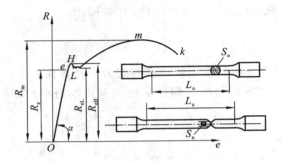

图 1-1　低碳钢的拉伸试样和拉伸曲线

1.1.2　弹性与刚度

材料的弹性指标主要是弹性极限,刚度指标是指材料的弹性模量。

1. 弹性极限

试样在产生完全弹性变形时所能承受的最大应力称为弹性极限(elastic limit),以 R_e 表示,即

$$R_e = \frac{F_e}{S_o}$$

式中:F_e——试样保持弹性变形时所能承受的最大载荷(N);

S_o——试样的原始横截面面积(mm^2)。

工程上,对于某些不允许产生微量塑性变形的弹性零件(如汽车板簧、仪表弹簧等),均以弹性极限为指标进行设计和选材。

2. 弹性模量

材料的刚度(rigidity)即材料力学中的弹性模量,是表征材料抵抗弹性变形能力的力学性能指标,反映了材料抵抗弹性变形能力的大小。它的物理意义是:金属材料产生单位弹性的相对变形所需的应力,用符号 E 表示,即

$$E = \frac{R}{\varepsilon}$$

式中:R——材料在弹性变形范围内的应力(MPa);

ε——材料在应力作用下产生的应变,即相对变形量($\Delta L/L_o$),无量纲。

E 愈大,则弹性愈小,刚度愈大;E 愈小,则弹性愈大,刚度愈小。材料在使用中如果刚度不足,就会因发生过大的弹性变形而失效。机械工程中的一些零件或构件,如锻模、镗床的镗杆,除了满足强度要求外,弹性变形量还应受到严格的控制。若材料没有足够的刚度,所加工的零件尺寸就不精确。

刚度主要取决于材料本身的品格类型和原子间距。过渡金属的刚度最高。不同的材料,刚度差异很大。在常用工程材料中,陶瓷材料的刚度最大,金属材料与复合材料的刚度次之,而高分子材料的刚度最低。在常用的金属材料中,钢铁材料的刚度最大,E 值在 $(20\sim21.4)\times10^4$ MPa 范围内,铜及铜合金的刚度次之(为钢铁材料的 2/3 左右),铝及铝合金的刚度最差(为钢铁材料的1/3左右)。实际工件的刚度除取决于材料的弹性模量外,还与工件的形状和尺寸有关。金属材料的刚度是材料力学性能中对显微组织最不敏感的指标。因此,热处理、合金化、冷

变形、细化晶粒等金属强化手段对金属材料刚度的作用不大。

1.1.3　强度与塑性

强度是材料在外力作用下抵抗变形和断裂的能力。材料在外力作用于下产生塑性变形而不断裂的能力称为塑性。材料的强度与塑性是极为重要的力学性能指标,采用拉伸试验方法测定。

1. 强度

1)屈服强度

屈服强度(yield strength)是指当材料呈现屈服现象时,在试验期间达到塑性变形发生而力不增加的应力点。屈服强度的单位为 MPa。对于屈服强度,应区分上屈服强度和下屈服强度。上屈服强度(R_{eH})是指试样发生屈服而力首次下降前的最大应力,下屈服强度(R_{eL})是指在屈服期间不计初始瞬时效应时的最小应力。读取力首次下降前的最大载荷和不计初始瞬时效应时屈服阶段中的最小载荷,用最大载荷和最小载荷分别除以试样原始横截面面积(S_o),得到上屈服强度(R_{eH})和下屈服强度(R_{eL})(见图 1-1),即

$$R_{eH}=\frac{F_{eH}}{S_o},\quad R_{eL}=\frac{F_{eL}}{S_o}$$

式中:F_{eH}——试样发生屈服而力首次下降前承受的最大载荷(N);

F_{eL}——试样发生屈服时承受的最小载荷(N);

S_o——试样原始横截面面积(mm^2)。

对于没有明显的屈服现象的材料,通常规定以试样残余应变量为 0.2% 时的应力值,即规定残余延伸强度作为屈服强度。规定残余延伸强度以 $R_{r0.2}$ 表示。

对于大多数零件而言,产生塑性变形就意味着零件脱离了设计尺寸和公差的要求,机械零件在工作状态一般不允许产生明显的塑性变形,因此 R_e 或 $R_{r0.2}$ 是机械零件设计和选材的主要依据,以此来确定材料的许用应力。

2)抗拉强度

抗拉强度(tensile strength)是材料在断裂前所能承受的最大应力值,用 R_m 表示,即

$$R_m=\frac{F_m}{S_o}$$

式中:F_m——拉断试样所需的最大载荷(N);

S_o——试样的原始横截面面积(mm^2)。

R_m 和 R_{eL} 是零件设计时的主要强度依据,也是评定金属材料强度的重要指标。材料除了承受拉伸载荷外,还有可能受到压缩、弯曲和剪切等载荷作用,因而分别对应有抗压强度、抗弯强度和抗剪强度等。

2. 塑性

塑性(plasticity)是指断裂前材料产生不可逆永久变形的能力,也由拉伸试验测定。常用的塑性判据是断后伸长率 A 和断面收缩率 Z,即

$$A=\frac{L_u-L_o}{L_o}\times100\%,\quad Z=\frac{S_o-S_u}{S_o}\times100\%$$

式中:L_o——试样原始标距(mm);

L_u——试样断后标距(mm);

S_o——试样原始横截面面积(mm^2);

S_u——试样断后横截面面积(mm^2)。

材料的断后伸长率 A 和断面收缩率 Z 越大,则材料的塑性越好。良好的塑性不仅是塑性成形(如锻造、轧制、冲压等)不可缺少的条件,还可以缓和应力集中和防止突然脆断。工程上一般认为 $A<5\%$ 的材料为脆性材料。

1.1.4 硬度

材料抵抗其他更硬物体压入其表面的能力称为硬度(hardness)。它反映出金属材料在化学成分金相组织和热处理状态上的差异及抵抗局部塑性变形的能力,是检验产品质量、研制新材料和确定合理的加工工艺所不可缺少的检测性能之一,是毛坯或成品件、热处理件的重要性能指标。

通常材料的硬度越高,耐磨性越好。生产中常用硬度值来估测材料耐磨性的好坏。

硬度试验方法很多,一般可分为三类,即压入法(测量布氏硬度、洛氏硬度、维氏硬度、显微硬度等)、划痕法(测量莫氏硬度)和回跳法(测量肖氏硬度、里氏硬度)。目前机械制造生产中应用较多的硬度是布氏硬度、洛氏硬度、维氏硬度。

1. 布氏硬度

布氏硬度试验按《金属材料 布氏硬度试验 第1部分:试验方法》(GB/T 231.1—2018)进行。它的原理是:对一定直径 D 的碳化钨合金球施加试验力 F,将碳化钨合金球压入试样表面(见图1-2),保持规定时间后,卸除试验力,(用读数显微镜)测量试样表面压痕的直径 d,并计算出压痕的表面积 S,以压痕单位面积上承受的压力(F/S)作为布氏硬度值。布氏硬度的单位为 N/mm^2,但习惯上不标出。实际应用中测量试样表面的压痕直径 d_1、d_2,并计算出平均直径 d 后按下式求出布氏硬度值(用符号 HBW 表示):

$$布氏硬度 = 0.102 \times \frac{F}{\pi Dh} = 0.102 \times \frac{2F}{\pi D(D - \sqrt{D^2 - d^2})}$$

也可根据 d 从布氏硬度表中查出硬度值。

显然,材料愈软,试样上压痕直径愈大,布氏硬度愈小;反之,布氏硬度愈大。标注布氏硬度时,代表硬度值的数字应放在符号之前。布氏硬度试验的优点是测定结果较准确,数据重复性强。但由于压痕较大,对金属表面的损伤较大,因此布氏硬度试验不宜用于测定太小或太薄的试样。布氏硬度试验主要用来测定原材料,如铸铁、非铁金属、经退火或正火处理的钢材及其半成品的硬度。

2. 洛氏硬度

洛氏硬度试验按《金属材料 洛氏硬度试验 第1部分:试验方法》(GB/T 230.1—2018)进行。它的原理是:将特定尺寸、形状和材料的压头按照相关规定分两级试验力压入试样表面,初试验力加载后,测量初始压痕深度;随后施加主试验力,在卸除主试验力后保持初试验力时测量最终压痕深度,洛氏硬度根据最终压痕深度和初始压痕深度的差值 h 及常数 N 和 S 通过下式计算:

$$洛氏硬度 = N - \frac{h}{S}$$

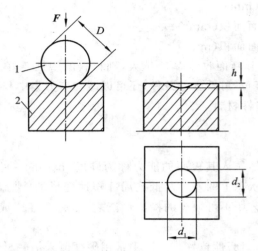

图 1-2　布氏硬度试验原理

1—碳化钨合金球；2—试样

洛氏硬度试验原理如图 1-3 所示。

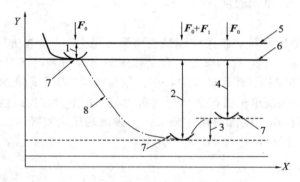

图 1-3　洛氏硬度试验原理

X—时间；Y，7—压头位置；1—在初试验力 F_0 下的压入深度；

2—由主试验力 F_1 引起的压入深度；3—卸除主试验力 F_1 后的弹性回复深度；

4—残余压痕深度 h；5—试样表面；6—测量基准面；

8—压头深度相对时间的曲线

压痕愈深，材料愈软，洛氏硬度值愈小；反之，洛氏硬度值愈大。通常被测材料硬度可直接由硬度计刻度盘读出。根据所加试验力和压头的不同，常用的洛氏硬度有三种标尺，分别以 HRA、HRBW、HRC 来表示，如表 1-1 所示。

表 1-1　洛氏硬度符号、试验条件和应用举例

硬度符号	压头类型	总试验力/N	硬度值有效范围	应用举例
HRA	金刚石圆锥	588.4	20～95 HRA	硬质合金、表面淬硬层、渗碳层
HRBW	直径为 1.587 5 mm 的硬质合金球	980.7	10～100 HRBW	非铁金属、退火钢、正火钢等
HRC	金刚石圆锥	1 471	20～70 HRC	淬火钢

在中等硬度情况下,洛氏硬度与布氏硬度之比约为 1 : 10,如 40 HRC 相当于 400 HBW 左右。

3. 维氏硬度

维氏硬度试验按《金属材料　维氏硬度试验　第 1 部分:试验方法》(GB/T 4340.1—2009) 进行。它的原理是:将顶部两相对面具有规定角度(136°)的正四棱锥体金刚石压头用一定的试验力 F 压入试样表面,保持规定时间后,卸除试验力,测量试样表面压痕对角线长度 d (见图 1-4),计算得出维氏硬度。维氏硬度值与试验力除以压痕表面积的商成正比。

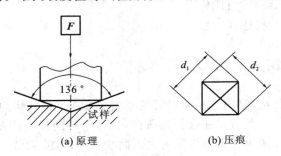

(a) 原理　　　　　　　　　(b) 压痕

图 1-4　维氏硬度试验原理和压痕

维氏硬度用 HV 表示。它的单位为 N/mm^2,一般不予标出。同样,HV 前面的数值为硬度值。

维氏硬度试验所用载荷小,压痕深度浅,适用于零件薄的表面硬化层、金属镀层及薄片金属硬度的测量。因压头为正四棱锥体金刚石压头,载荷可调范围大,故维氏硬度试验对软、硬材料均适用,测定范围为 0~1 000 HV。

4. 里氏硬度

里氏硬度试验按《金属材料　里氏硬度试验　第 1 部分:试验方法》(GB/T 17394.1—2014)进行。它的原理是:用规定质量的冲击体在弹簧力作用下以一定速度垂直冲击试样表面,以冲击体在距离试样表面 1 mm 处的回弹速度与冲击速度的比值计算硬度值。

里氏硬度用符号 HL 表示,里氏硬度值定义为冲击体回弹速度 v_R 与 v_A 冲击速度之比乘以 1 000,即

$$里氏硬度 = 1\ 000 \times \frac{v_R}{v_A}$$

里氏硬度值越大,冲击体的回弹速度也越大。里氏硬度值的表示方法为:硬度值＋HL＋冲击装置型号,如 700 HLD 表示用 D 型冲击装置测定的里氏硬度值为 700。常用的冲击装置有 D、DC、G、C 四种型号。

里氏硬度测量范围大,并可与压入法试验得到的(布氏、洛氏、维氏)硬度值通过对比曲线进行相互换算。对于用里氏硬度换算的其他硬度值,应在里氏硬度符号前附上相应硬度符号,如 400 HV HLD 表示用 D 型冲击装置测定的里氏硬度值换算的维氏硬度值为 400。里氏硬度计是一种小型便携式硬度计,操作方便,测量时由主观因素造成的误差小,对被测件的损伤极小,适用于各类工件的测试,特别是现场测试,但它的物理意义不够明确。

需要指出的是:由于试验条件的不同,各种硬度相互间无理论换算关系,但可通过由试验得到的硬度换算表进行换算,以方便应用。

由于进行硬度试验既方便又快捷,所以长期以来,材料科学工作者试图得到硬度与其他力学性能指标间的定量对应关系,但至今没有得到理论上的突破,只是根据大量试验得到了硬度与某些力学性能指标间的对应关系,如国家标准《黑色金属硬度及强度换算值》(GB/T 1172—1999)。抗拉强度与布氏硬度存在如下关系。

对于低碳钢,$R_m \approx 3.53HBW$。

对于合金调质钢,$R_m \approx 3.19HBW$。

对于高碳钢,$R_m \approx 3.33HBW$。

对于退火铝合金,$R_m \approx 4.70HBW$。

对于灰铸铁,$R_m \approx 0.98HBW$。

1.2 材料的非静载力学性能

非静载荷主要是指加载速度较快,使材料的塑性变形速度也较快的冲击载荷和作用力大小与方向呈周期性变化的交变载荷。在这类载荷作用下,材料的强度和塑性都呈现下降态势,但又不便于像对静载荷那样测出外力与变形的关系曲线。所以,就从另一角度来定义有关的力学性能指标。

1. 冲击韧度

在生产实践中,许多机械零件和工具,如锻锤的锤杆、冲床的冲头、飞机的起落架、汽车的齿轮等,都在冲击载荷下工作。由于冲击载荷的加载速度大、作用时间短,机件常常因局部载荷而产生变形和断裂,因此,对于承受冲击载荷的机件,仅具有高强度是不够的,还必须具有足够的抵抗冲击载荷的能力。

金属材料在冲击载荷下抵抗破坏的能力称为冲击韧度(impact toughness)。冲击韧度一般以在冲击力作用下材料破坏时单位面积所吸收的能量来表示。测定冲击韧度常用的方法为夏比摆锤冲击试验(见图1-5)。试样的安放如图1-6所示。

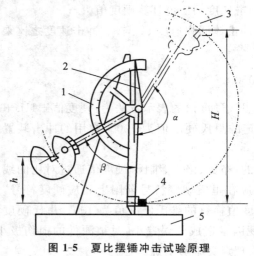

图 1-5　夏比摆锤冲击试验原理

1—刻度盘;2—指针;

3—摆锤;4—试样;5—底座

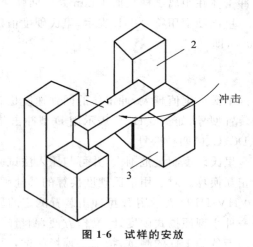

图 1-6　试样的安放

1—试样;2—砧座;3—试样支座

试验时,将一个带有 U 形或 V 形缺口的标准试样(GB/T 229—2020)放在试验机的两个砧座上,试样缺口背向摆锤冲击方向,将重力为 W 的摆锤放至一定高度 H,释放摆锤,摆锤击断试样后向另一方向升起至高度 h。根据摆锤重力和冲击前后摆锤的高度,可算出击断试样所耗冲击吸收能量 K。

$$K = W(H - h)$$

K 值可由刻度盘直接读出。用字母 V 或 U 表示试样缺口的形状,用下标数字 2 或 8(单位:mm)表示摆锤刀刃的半径,如 KV_2、KU_1 等。冲击韧度为

$$a_K = \frac{K}{S}$$

式中:S—试样缺口处截面积(cm^2)。

材料的冲击韧度除了取决于材料本身之外,还与环境温度及缺口的状况密切相关。所以,冲击韧度试验除了用来测量材料的韧度大小外,还用来测量金属材料随环境温度下降由塑性状态转变为脆性状态的韧脆转变温度,以及考察材料对缺口的敏感性。

2. 多冲抗力

生产上有不少承受冲击载荷的机件,如锤杆、凿岩机的活塞等,这些构件每次所受的冲击载荷不大,一次或少数几次的冲击不致断裂,在多次(大于 10^3 次)冲击之后才可能断裂。在这种情况下,仅用冲击韧度来衡量材料的抗冲击能力是不合理的,应进行小能量多次冲击试验以测定材料的多次冲击抗力(简称多冲抗力(impacts resistance))。

小能量多次冲击弯曲试验原理如图 1-7 所示。将材料制成专用试样,将试样放在落锤式多冲试验机上,使试样受到试验机锤头较小能量(小于 1 500 J)的多次冲击,测定在一定冲击能量下材料断裂前的冲击次数,将材料断裂前的冲击次数作为多冲抗力的指标。冲击吸收能量与冲断周次的关系曲线如图 1-8 所示。

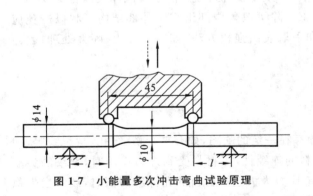

图 1-7　小能量多次冲击弯曲试验原理

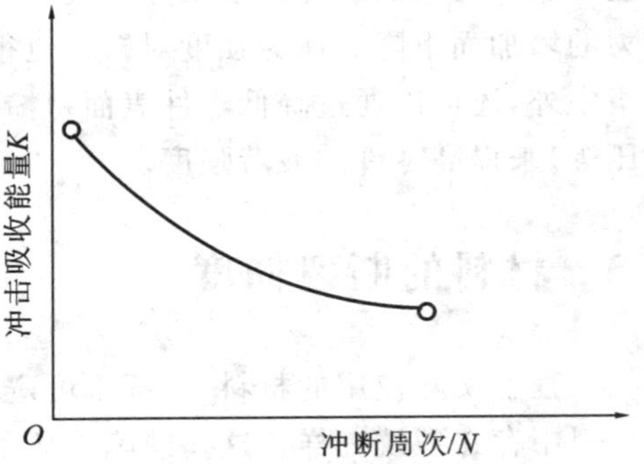

图 1-8　多次冲击曲线

通常承受冲击载荷的机件,不仅要求材料具备一定的强度,还要求材料有适当的塑性相配合,因此,多冲抗力是一个取决于材料强度和塑性的综合力学性能。实践证明,材料的多冲抗力在冲击能量大时主要取决于塑性,在冲击能量小时主要取决于强度。

3. 疲劳强度

疲劳强度(fatigue strength)是指在指定寿命下使试样失效的应力水平,用来表示材料抵抗交变应力的能力。许多机械零件(如齿轮、轴、弹簧等)或材料在交变应力的作用下,往往出现在

工作应力低于其屈服强度的情况下发生断裂的现象,这种断裂称为疲劳断裂。疲劳断裂是突然发生的,无论是脆性材料还是韧性材料,断前都无明显的塑性变形,很难事先发现,因此具有很大的危险性。

材料的疲劳强度是在疲劳试验机上测定的。材料所能承受的交变应力与断裂前的应力循环次数 N 的变化规律可用应力-寿命曲线(见图1-9)表示。由图1-9可见,应力愈小,材料所能承受的循环次数愈多,在应力小到某一应力值后,材料能承受无限次应力循环而不断裂。试样能承受无限次的应力周期变化的应力振幅极限值称为材料的疲劳极限(fatigue limit)。这里所说的"无限次"不要理解成数学上的无穷大,否则,疲劳强度就测不出来了。工程上规定,钢铁材料的应力循环次数 N 为 10^7 次,非铁金属材料的应力循环次数 N 为 10^8 次。

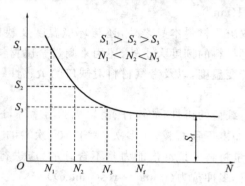

图1-9 应力-寿命(S-N)曲线

金属的疲劳强度 S 与抗拉强度 R_m 之间存在近似的比例关系:对于碳素钢,$S \approx (0.4 \sim 0.55)R_m$;对于灰铸铁,$S \approx 0.4R_m$;对于非铁金属,$S \approx (0.3 \sim 0.4)R_m$。

金属材料的疲劳强度通常都小于屈服强度,这说明材料抵抗交变载荷的能力比抵抗静载荷的能力弱。材料的疲劳强度虽然取决于材料本身的组织结构状态,但也随试样表面粗糙度和张应力的增加而下降。疲劳强度对缺口也很敏感。除了改善内部组织和外部结构形状以避免应力集中外,还可以通过降低零件表面粗糙度和采取表面强化方法(如表面淬火、喷丸处理、表面滚压等)来提高零件的疲劳强度。

1.3 材料的断裂韧度

工程上实际使用的材料,内部不可避免地存在一定的缺陷,如有夹杂物、气孔、微裂纹等,如同材料中存在裂纹一样。这些缺陷破坏了材料的连续性,当材料受到外力作用时,裂纹的尖端附近便出现应力集中,如图1-10所示。当局部应力大大超过材料的允许应力值时,裂纹会失稳扩展,材料最终断裂。根据断裂力学的观点,只要裂纹很尖锐,顶端前沿各点的应力就按一定的形状分布,也就是说外加应力增大时,各点的应力按相应比例增大,这个比例系数称为应力强度因子 K_1,表示为

$$K_1 = YR\sqrt{a}$$

式中:Y——与裂纹形状、加载方式及试样几何尺寸有关的量,为无量纲系数;

R——外加应力(N/mm^2);

a——裂纹半长(m)。

当外力增大或裂纹增长时,裂纹尖端的应力强度因子也相应增大。当 K_1 达到某临界值时,裂纹突然失稳扩展,材料发生快速脆断,这一临界值称为材料的断裂韧度(fracture toughness),用 K_{1C} 表示。材料的断裂韧度可通过试验测定,它反映了材料抵抗裂纹扩展的能力,是材料本身的一种力学性能指标。同其他力学性能一样,材料的断裂韧度主要取决于材料的成分、组织结构及各种缺陷,并与生产工艺过程有关。

可见,只要工作应力小于临界断裂应力 $R_C(R_C = K_{1C}/(Y\sqrt{a}))$,就可以安全使用带有长度小于 $2a$ 的裂纹的构件。例如,通常使用的中低强度钢,断裂韧度往往在 50 MN/m$^{3/2}$ 以上,而工作应力常小于 200 N/mm^2,此时,存在几厘米甚至更长的裂纹也不会脆断。但高强度材料的断裂韧度常小于 30 MN/m$^{3/2}$,而工作应力很高,此时几毫米长的裂纹就很危险了。可见,理想的材料强而韧,当强度与韧度不可兼得时,可以略为降低强度而保证足够的韧度,这样较为安全。

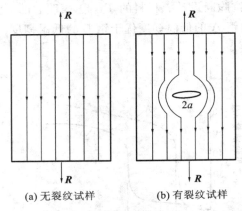

(a) 无裂纹试样　　　　(b) 有裂纹试样

图 1-10　无裂纹试样和有裂纹试样的应力线

1.4　材料的高、低温力学性能

1. 高温力学性能

在高压蒸汽锅炉、汽轮机、化工炼油设备及航空发动机中,很多零件长期在高温下运转,对于这类零件仅考虑常温性能显然不行。一方面,温度对材料力学性能指标有影响,随着温度升高,材料的强度、刚度、硬度要下降,塑性要增加;另一方面,在较高的温度下,载荷的持续时间对材料的力学性能有影响,会使材料产生明显的蠕变(creep)。材料在长时间的恒温、恒应力作用下,即使应力小于屈服点,也会缓慢地发生塑性变形的现象称为蠕变。蠕变的一般规律是:温度越高,工作应力越大,则蠕变的发展越快,产生断裂的时间越短。因此,在高温下工作的金属材料零件,应具备足够的抗蠕变能力。工程塑料在室温下受到应力作用可能发生蠕变,因此对塑料受力件应予以注意。

蠕变的另一种表现形式是应力松弛。所谓应力松弛,是指承受弹性变形的零件在工作过程中总变形量应保持不变,但随时间的延长总变形量发生改变,从而导致工作应力自行逐渐衰减的现象。例如高温紧固件,若出现应力松弛,则将会使紧固失效。在高温下,金属的强度可用蠕变强度和持久强度来表示。对于金属材料,可按《金属材料　单轴拉伸蠕变试验方法》(GB/T

2039—2012)进行测定。蠕变强度是指金属在一定温度下、一定时间内产生一定变形量时所能承受的最大应力。例如,$R_{0.1/100}^{600}=88$ N/mm²,表示金属在 600 ℃下,1 000 h 内引起 0.1%变形量所能承受的最大应力为 88 N/mm²。持久强度是指金属在一定温度下、一定时间内所能承受的最大断裂应力。例如,$R_{100}^{800}=186$ N/mm² 表示工作温度为 800 ℃、约 100 h 金属所能承受的最大断裂应力为 186 N/mm²。

2. 低温力学性能

随着温度的下降,多数材料会出现脆性增加的现象,严重时甚至发生脆断。在不同温度下对材料进行一系列冲击试验,可得材料的冲击吸收能量或冲击韧度与温度的关系曲线。图 1-11 所示为 A、B 两种钢的温度-冲击吸收能量关系曲线。由图 1-11 可知,材料的冲击吸收能量 K 随温度下降而减小。当温度降到某一值时,K 会急剧减小,使材料呈脆性状态。材料由韧性状态变为脆性状态的温度 T_K 称为韧脆转化温度。T_K 反映了温度对韧性、脆性的影响,也是安全性指标,可用于机器零件的抗脆断设计。材料的 T_K 低,表明它的低温韧度好。在图 1-11 中,钢 A 的 T_K 低于钢 B 的 T_K,故钢 A 的低温韧度优于钢 B 的低温韧度。低温韧度对于在低温条件下使用的材料来说尤为重要。

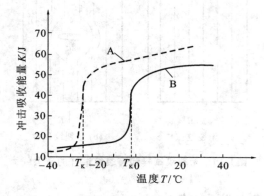

图 1-11 钢的温度-冲击吸收能量关系曲线

【习题与思考题】

1. 说明下列力学性能指标的含义。

(1)R_m;(2)R_H;(3)Z;(4)A;(5)a_K;(6)HRC;(7)HBW;(8)S。

2. 有一 $d_0=10.0$ mm、$L_0=50$ mm 的低碳钢短试样,在拉伸试验中测得 $F_{eL}=20.5$ kN, $F_m=31.5$ kN, $d_u=6.25$ mm, $L_u=66$ mm,试确定此钢材的 R_{eL}、R_m、Z、A。要求强度值修约到 5 MPa,塑性数值修约到 1%,采用《数值修约规则与极限数值的表示和判定》(GB/T 8170—2008)进行修约。

3. 设计刚度好的零件,应根据何种指标选择材料?"材料的弹性模量愈大,则材料的塑性愈差。"这种说法是否正确?为什么?

4. 反映材料承受冲击载荷的性能指标是什么?不同条件下测得的这种指标能否进行比较?怎样应用这种性能指标?什么是韧脆转变温度?

5. 常用的硬度测定方法有几种?由这些方法测出的硬度值能否进行比较?

6. 什么是疲劳极限？为什么表面强化处理能有效地提高疲劳极限？

7. 对于下列几种工件,应该分别采用何种硬度试验方法测定其硬度？
(1)锉刀;(2)黄铜轴套;(3)供应状态的各种碳钢钢材;(4)硬质合金刀片;(5)耐磨工件的表面硬化层。

8. 在工程实际中,为什么零件设计图或工艺卡上一般提出的是硬度技术要求而不是强度、塑性或其他力学性能指标要求？

9. 选择自行车鞍座弹簧所用材料时,应考虑材料的哪些主要性能指标？

10. 下列几种硬度标注方法是否正确？
(1)HBW 250~300;(2)600~630 HBW;(3)HRC 5~10;(4)HRC 70~75;(5)58~62 HRC;(6)800~850 HV。

11. 断裂韧度是表示材料何种性能的指标？为什么在设计中要考虑这种指标？

第 2 章　材料的结构

2.1　金属的晶体结构

材料的结构是指组成材料的原子(或离子、分子)的聚集状态。它可分为三个层次,一是组成材料的单个原子结构和彼此结合的方式,二是原子的空间排列,三是宏观与微观组织。材料的结构决定了材料的性能,研究材料的结构将有助于对材料性能的了解及对材料的应用。

2.1.1　晶体结构的基本概念

1. 晶体和非晶体

材料的性能取决于材料的化学成分和内部的组织结构。固态物质按质点(原子、离子或分子)的聚集状态可分为两大类:晶体和非晶体。质点(原子、离子或分子)在三维空间有规则地周期性排列的物体称为晶体,如天然金刚石、水晶、食盐等。质点(原子、离子或分子)在三维空间无规则地排列的物体称为非晶体,如松香、石蜡、玻璃等。由于金属由金属键结合,金属内部的金属离子在空间有规则地排列,因此固态金属均为晶体。

晶体中的原子按一定规则重复排列着,这就造成晶体在特性上有别于非晶体。晶体的一个特性是具有一定的熔点(熔点就是晶体向非结晶状态的液体转变的临界温度)。在熔点以上,晶体变为液体,处于非结晶状态;在熔点以下,液体又变为晶体,处于结晶状态。从晶体至液体或从液体至晶体的转变是突然的。而非金属则不然,它从固体至液体,或从液体至固体的转变是逐渐过渡的,没有确定的熔点或凝固点,所以可以把固态非晶体视为过冷状态的液体,它只是在物理性质方面不同于通常的液体而已,玻璃就是一个典型的例子,由此往往将非晶态的固体称为玻璃体。

晶体的另一个特性是在不同的方向上测量其性能(如导电性、导热性、热膨胀性、弹性和强度等)时,表现出或大或小的差异,这种现象称为各向异性。非晶体在不同方向上的性能是一样的,这种现象称为各向同性。

2. 晶格与晶胞

图 2-1(a)所示为原子排列模型,从中可以看出,原子在各个方向的排列都是很规则的。为了清楚地表明原子在空间排列的规律性,常常将构成晶体的实际质点(原子、离子或分子)忽略,而将它们抽象为纯粹的几何点(称为阵点或结点)。为了便于观察,可以用许多平行的直线将这些阵点连接起来,构成一个三维的空间格架,如图 2-1(b)所示。这种以质点为几何点,用假想的线条将原子连接起来构成的三维空间格架称为空间点阵,简称为晶格或点阵。

晶体中原子的排列具有明显的周期性特点,因此在晶格中就存在一个能够代替晶格特征的最小几何单元。这个最小几何单元称为晶胞(见图 2-1(c))。晶胞在空间的重复排列就构成整个晶格,因此,晶胞的特征可以反映出晶格和晶体的特征。

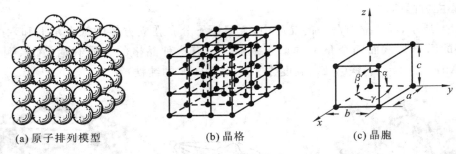

(a) 原子排列模型 (b) 晶格 (c) 晶胞

图 2-1 晶体原子排列模型、晶格和晶胞

3. 晶格参数

在晶体学中,用来描述晶胞大小与形状的几何参数称为晶格参数。晶格参数包括晶胞的三个棱边长度 a、b、c 和三个棱边夹角 α、β、γ,共六个。其中决定晶胞大小的三个棱边长度称为晶格常数或点阵常数,棱边夹角又称为轴间夹角。晶格参数如图 2-1(c)所示。

4. 致密度和空隙半径

晶胞中所包含的原子所占有的体积与该晶胞体积之比称为致密度(也称密排系数)。致密度越大,原子排列紧密程度就越大。若在晶胞空隙中放入刚性球,则能放入刚性球的最大半径为空隙半径。

5. 配位数

配位数为晶格中与任一个原子相距最近且距离相等的原子数目。配位数越大,原子排列紧密程度就越大。

2.1.2 典型的金属晶体结构

金属元素中,绝大多数的晶体结构比较简单。最常见的金属晶体结构有体心立方结构、面心立方结构和密排六方结构三种类型。

1. 体心立方晶格

如图 2-2 所示,体心立方晶格的晶胞中,八个原子处于立方体的角上,一个原子处于立方体的中心,角上八个原子与中心原子紧靠。具有这种晶格的金属有钼(Mo)、钨(W)、钒(V)、α-铁(α-Fe,温度低于 912 ℃的纯铁)等。

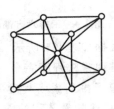

(a) 刚性球模型 (b) 晶胞 (c) 体心立方结构

图 2-2 体心立方晶胞

2.面心立方晶格

如图 2-3 所示,面心立方晶格的晶胞中,金属原子分布在立方体的八个角上和六个面的中心,面中心的原子与该面四个角上的原子紧靠。具有这种晶格的金属有铝(Al)、铜(Cu)、镍(Ni)、金(Au)、银(Ag)、γ-铁(γ-Fe,温度为 912~1 394 ℃的纯铁)等。

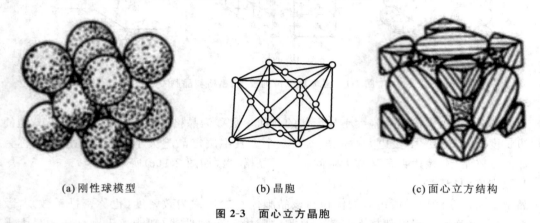

(a) 刚性球模型   (b) 晶胞   (c) 面心立方结构

图 2-3 面心立方晶胞

3.密排六方晶格

如图 2-4 所示,密排六方晶格的晶胞中,十二个金属原子分布在六方体的十二个角上,在上、下底面的中心各分布一个原子,上、下底面之间均匀分布三个原子。具有这种晶格的金属有镁(Mg)、镉(Cd)、锌(Zn)、铍(Be)等。

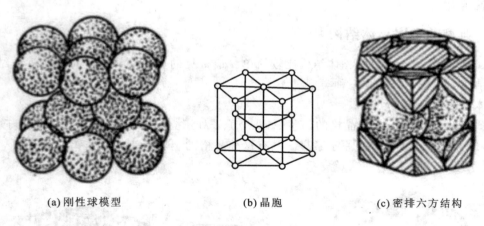

(a) 刚性球模型   (b) 晶胞   (c) 密排六方结构

图 2-4 密排六方晶胞

以上三种典型金属晶胞的特征数据如表 2-1 所示。由三种金属晶体结构的特征可看到,面心立方晶格和密排六方晶格中原子排列紧密程度完全一样,面心立方和密排立方是空间排列最紧密的两种形式。体心立方晶格中原子排列紧密程度要小一些,因此当一种金属(如 Fe)从面心立方晶格向体心立方晶格转变时,将伴随着体积的膨胀。这就是钢在淬火时因相变而发生体积变化的原因。面心立方晶格中的空隙半径比体心立方晶格中的空隙半径要大,说明它容纳小直径其他原子的能力要大,如 γ-Fe 中最多可容纳 2.19% 的碳原子,而 α-Fe 中最多只能容纳 0.02% 的碳原子。这在钢的化学热处理(渗碳)过程中有很重要的实际意义。

表 2-1 三种典型金属晶胞的特征数据

特征数据	体心立方晶胞	面心立方晶胞	密排六方晶胞
晶格常数	$a=b=c$ $\alpha=\beta=\gamma=90°$	$a=b=c$ $\alpha=\beta=\gamma=90°$	$a=b\neq c$, $\alpha=\beta=60°, \gamma=90°$
晶胞原子数/个	$\frac{1}{8}\times 8+1=2$	$\frac{1}{8}\times 8+\frac{1}{2}\times 6=4$	$\frac{1}{6}\times 12+\frac{1}{2}\times 2+3=6$
原子半径	$r_{原子}=\frac{\sqrt{3}}{4}a$	$r_{原子}=\frac{\sqrt{2}}{4}a$	$r_{原子}=\frac{1}{2}a$
致密度	0.68(68%)	0.74(74%)	0.74(74%)
空隙半径	$r_{四}=0.29r_{原子}$ $r_{八}=0.15r_{原子}$	$r_{四}=0.225r_{原子}$ $r_{八}=0.414r_{原子}$	$r_{四}=0.225r_{原子}$ $r_{八}=0.414r_{原子}$
配位数	8	12	12

2.1.3 晶面指数和晶向指数

晶体中由物质质点所组成的平面称为晶面。由物质质点所决定的直线称为晶向。这里所说的物质质点是指原子、离子、分子、原子团,即晶格中结点所代表的质点。

每一组平行的晶面和晶向都可用一组数字来标定其位向。这组数字分别称为晶面指数和晶向指数。晶面指数和晶向指数的确定方法可参考有关晶体学的书籍。

立方晶系常用的晶面是(100)、(110)、(111),如图 2-5 所示;常用的晶向是[100]、[110]、[111],如图 2-6 所示。

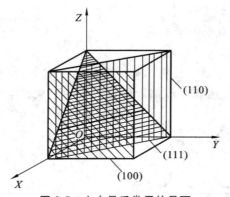

图 2-5 立方晶系常用的晶面

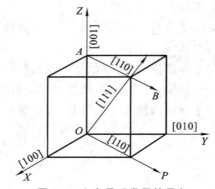

图 2-6 立方晶系常用的晶向

由于结构形式不同于立方晶系,六方晶系的晶面指数均和晶向指数需用四个数字来表示。

另外,在立方晶系中,凡是晶面指数和晶向指数相同的晶面和晶向都保持着垂直关系,如(111)⊥[111]、(110)⊥[110]、(100)⊥[100]。

2.1.4 晶体的各向异性

在晶体中,由于各个晶面和晶向上原子排列密度不同,原子间的相互作用力也不相同,因此,在同一单晶体内不同晶面和晶向上晶体的性能是不同的,这种现象称为晶体的各向异性。

如图 2-7 所示,晶体分为单晶体和多晶体。单晶体是指晶体内各处晶格位向一致的晶体。多晶体是指晶体内晶体位向不相同的晶体。

实验表明,单晶体 α-Fe 在原子排列较稀的[100]方向上刚度为 1.35×10^{11} Pa,而在原子排列最密的[111]方向上刚度为 2.9×10^{11} Pa,后者是前者的一倍多。但是,实际金属在通常情况下并没有明显的各向异性,而是各向同性的。例如:工业纯铁(α-Fe)的刚度在各个方向上基本都是一样的,为 2.1×10^{11} Pa。原因在于实际金属是多晶体。

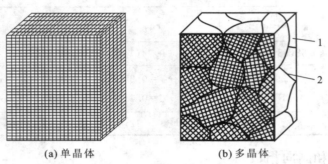

(a) 单晶体   (b) 多晶体

图 2-7 单晶体与多晶体

1—晶粒;2—晶界

2.1.5 实际金属中的晶体结构

以上所讨论的金属的晶体结构是理想的结构。由于许多因素的作用,实际金属远不是完美的单晶体,结构中存在许多不同类型的缺陷。按照几何特征,晶体缺陷主要可区分为点缺陷、线缺陷和面缺陷三类,每类缺陷都对晶体的性能有重大的影响。

1. 点缺陷

点缺陷是指三维尺度很小的、不超过几个原子直径的缺陷。

1)空位

在晶体晶格中,若某结点上没有原子,则这一结点称为空位,如图 2-8 中的 1、2。空位是一种热平衡缺陷,升高温度、塑性变形、高能粒子辐射、热处理等都能促进空位的形成。空位的存在有利于金属内部原子的迁移(即扩散)。

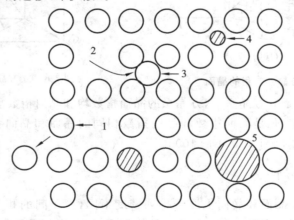

图 2-8 点缺陷

2）间隙原子

任何纯金属中都或多或少存在杂质，即其他原子，这些原子称为异类原子（或杂质原子）。位于晶格间隙之中的异类原子称为间隙原子，如图 2-8 中的 3、4。形成间隙原子是非常困难的。在纯金属中，主要的缺陷是空位而不是间隙原子。例如，在 1 000 ℃时，铜的空位浓度约为间隙原子浓度的 10^{35} 倍。

3）置换原子

当异类原子与金属原子的半径接近时，异类原子可能占据晶格的一些结点。占据在原来基体原子平衡位置上的异类原子称为置换原子，如图 2-8 中的 5、6。由于置换原子的大小与基体原子不可能完全相同，因此置换原子周围邻近原子也将偏离其平衡位置，造成晶格畸变。

点缺陷会造成局部晶格畸变，使金属的电阻率、屈服强度增加，密度发生变化。

2. 线缺陷

线缺陷是指二维尺度很小而第三维尺度很大的缺陷，也就是位错。位错由晶体中原子平面的错动引起，有以下两种。

1）刃型位错

在金属晶体中，由于某种原因，晶体的一部分相对于另一部分出现一个多余的半原子面。这个多余的半原子面犹如切入晶体的刀片，刀片的刃口线即为位错线。这种线缺陷称为刃型位错（见图 2-9）。半原子面在上面的刃型位错称为正刃型位错（见图 2-9（b）左半部分），半原子面在下面的刃型位错称为负刃型位错（见图 2-9（b）右半部分）。

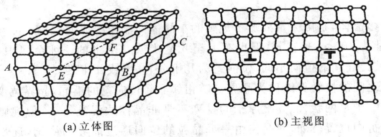

(a) 立体图　　　　　　　　(b) 主视图

图 2-9　刃型位错

2）螺型位错

晶体中还会出现如图 2-10 所示的线缺陷。晶体右边的上部原子相对于下部的原子向后错动一个原子间距，即右边上部晶面相对于下部晶面发生错动。若将错动区的原子用线连接起来，则具有螺旋特征。这种线缺陷称为螺型位错。

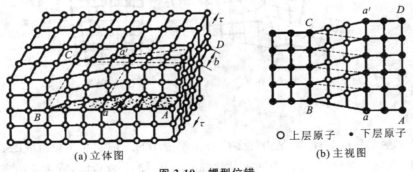

(a) 立体图　　　　　　　　(b) 主视图

○ 上层原子　● 下层原子

图 2-10　螺型位错

位错能够在金属的结晶、塑性变形和相变等过程中形成。位错可以用透射电镜观察到。晶体中位错的量可用位错线长度来表示。位错密度是指单位体积中位错线的总长度。经过充分退火的金属中位错密度一般为 $10^{10} \sim 10^{12}$ m^{-2}。位错的存在极大地影响金属的力学性能。金属强度与位错密度的关系如图 2-11 所示。当金属为理想晶体或仅含极少量位错时，金属的下屈服强度 R_{eL} 很高；当金属含有一定量的位错时，R_{eL} 降低。当进行形变加工时，位错密度急剧增加，R_{eL} 将会增高。

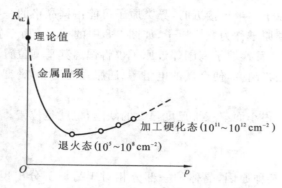

图 2-11　金属强度与位错密度的关系

3. 面缺陷

面缺陷是指二维尺度很大而第三维尺度很小的缺陷。金属晶体中的面缺陷主要有两种。

1）晶界

实际金属为多晶体，是由大量外形不规则的小晶体即晶粒组成的。每个晶粒基本上可视为单晶体，一般尺寸为 $10^{-5} \sim 10^{-4}$ m，但也有大至几毫米或几毫米的。纯金属中，所有晶粒的结构完全相同，但彼此之间的位向不同，位向差为几十分、几度或几十度。

晶粒与晶粒之间的接触界面称为晶界。随相邻晶粒位向差的不同，晶界宽度为 5～10 个原子间距。晶界在空中呈网状；晶界上原子的排列不是非晶体式混乱排列，但规则性较差。原子在相邻两晶粒的折中位置排列，使晶格由一个晶粒的位向通过晶界的协调，逐步过渡为相邻晶粒的位向（见图 2-12(a)）。

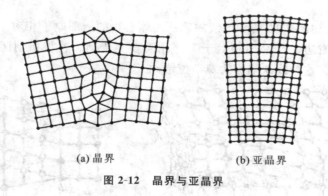

(a) 晶界　　　　　　　(b) 亚晶界

图 2-12　晶界与亚晶界

2）亚晶界

晶粒不是完全理想的晶体，而是由许多位向相差很小的所谓的亚晶粒组成的。晶粒内的亚晶粒又称为晶块（或嵌镶块）。亚晶粒的尺寸比晶粒小 2～3 个数量级，常为 $10^{-8} \sim 10^{-6}$ m。亚晶粒的结构如果不考虑点缺陷,则可以认为是理想的。亚晶粒之间的位向差只有几秒或几分,最大达 1°～2°。亚晶粒之间的边界称为亚晶界,亚晶界是位错规则排列的结构(见图 2-12(b))。

在晶界、亚晶界或金属内部的其他界面上,原子的排列偏离平衡位置,晶格畸变较大,位错密度较大(可在 10^{16} m^{-2} 以上),原子处于较高的能量状态,原子的活性较大,所以对金属中许多过程的进行,具有极为重要的作用。

晶界和亚晶界均可提高金属的强度。同时,晶界越多,晶粒越细,金属的塑性变形能力越大,塑性越好。

2.2 合金的晶体结构

在机械工程中,纯金属由于本身的力学性能很有限,满足不了实际的需要,很少直接用来制作零部件,大多情况下是将纯金属熔炼成合金,从而改善它们的力学性能,满足使用的需要。所以,在机械工程中大量使用的金属材料绝大多数都是合金材料,如钢、铸铁、黄铜、青铜、硬铝、锻铝等。由于合金中不只有一种化学元素,因此合金的晶体结构要比纯金属复杂许多,而且合金的显微组织仅用晶粒、晶界来表述也远远不够,必须引出一些新的概念。

2.2.1 基本概念

1)合金

合金是指由一种金属元素与另外一种或多种金属或非金属元素,通过熔炼或烧结等方法所形成的具有金属性质的新金属材料,如碳素钢是铁元素与碳元素经熔炼所形成的合金,铅黄铜是铜与锌、铅熔炼所形成的合金。

2)组元

组元是指组成合金的最基本的、能独立存在的物质,简称元。组成合金的各个化学元素及稳定的化合物都是组元。合金中有几种组元就称之为几元合金,如碳素钢是二元合金,而铅黄铜是三元合金。

3)合金系

合金系是指有相同组元,而成分比例不同的一系列合金,如不同的碳素钢虽然碳的质量分数各不相同,却都是铁碳二元合金系中的一部分。

4)相

相是指在合金中,化学成分相同、晶体结构相同并有界面与其他部分分隔开来的一个均匀区域。在一个相中可以有多个晶粒,但是在一个晶粒中只能有一个相。

5)显微组织

显微组织是指在显微镜下看到的相和晶粒的形态、大小和分布。

合金的显微组织可以看作是由各个相所组成的,这些相称为合金组织的相组成物;也可以看作是由基本组织所组成的,这些基本组织称为合金组织的组织组成物。合金中的基本组织是指由一个单独的相构成的单相组织或由两个以上的相按一定的比例组成的机械混合物,如共析体、共晶体等。

一种合金的力学性能不仅取决于它的化学成分,而且取决于它的显微组织。通过对金属的热处理,可以在不改变金属化学成分的前提下而改变金属的显微组织,从而达到调整金属材料力学性能的目的。

2.2.2 合金的相结构

大多数合金在液相时各组元之间都能互相溶解形成单一的均匀液相;而在固相时各种组元之间相互作用不同,可以形成多种晶体结构和化学成分的相。合金中的相通常分为固溶体和金属化合物两大类。

1. 固溶体

合金结晶呈固态时,含量少的组元(溶质)原子分布在含量多的组元(溶剂)晶格中,形成一种与溶剂有相同晶格的相,这种相称为固溶体。可见,固溶体的重要标志是与溶剂有相同的晶格。根据需要,固溶体有多种分类方法,最常用的分类方法是按溶质原子在溶剂晶格中的分布位置分类。按溶质原子在溶剂晶格中的分布位置,固溶体分为间隙固溶体和置换固溶体两大类,如图 2-13 所示。

(a) 间隙固溶体　　　　　　　(b) 置换固溶体

图 2-13　固溶体的两种类型

1)间隙固溶体

溶质原子分布于溶剂的晶格间隙中所形成的固溶体称为间隙固溶体。由于晶格的间隙通常都很小,因此,一般都是由原子半径较小(小于 0.1 nm)的非金属元素(如 C、N、B、O 等)溶入过渡金属中,形成间隙固溶体。例如,钢中的奥氏体就是 C 原子固溶到 γ-Fe 晶格的间隙中形成的间隙固溶体。

间隙固溶体对溶质的溶解度都是有限的,所以间隙固溶体都是有限固溶体。

间隙固溶体中溶质原子的排列是无秩序的,所以间隙固溶体都是无序固溶体。

2)置换固溶体

溶质原子取代溶剂原子占据溶剂晶格结点位置而形成的固溶体称为置换固溶体。非铁金属合金和合金钢中都存在着置换固溶体。

置换固溶体又可分为有限固溶体和无限固溶体两类。所谓无限固溶体,是指固溶体对溶质的溶解度是无限的,组成固溶体的两种元素随比例不同可以互为溶质或溶剂。例如,AuAg 合金系就是单相的无限的置换固溶体合金。

置换固溶体中溶质原子的分布一般也是无序的,通常置换固溶体也都是无序固溶体,但是在一定条件下置换固溶体中的溶质原子也会出现有序分布。溶质原子分布有序的固溶体称为有序固溶体(也称为超结构)。例如:在 CuAu 合金系中,当铜原子数与金原子数的比例为 1:1 或 3:1 并缓慢冷至室温时就会出现 CuAu 或 Cu_3Au 的有序固溶体,二者的晶格结构如图2-14所示。虽然构成有序固溶体的化学元素的原子数成比例,但有序固溶体并不是化合物。

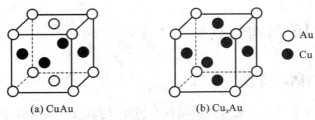

(a) CuAu   (b) Cu₃Au

图 2-14　有序固溶体的晶格结构

3）固溶体的性能

随着溶质原子的溶入，溶剂的晶格发生畸变。对于置换固溶体，溶质原子较大时造成正畸变，较小时引起负畸变。形成间隙固溶体时，晶格总是产生正畸变。晶格畸变随溶质原子浓度的增大而增大。晶格畸变增大位错运动的阻力，使金属的滑移变形变得更加困难，从而提高合金的强度和硬度。这种通过形成固溶体使金属强度和硬度提高的现象称为固溶强化。固溶强化是金属强化的一种重要形式。当溶质含量适当时，通过固溶强化，材料的强度和硬度显著提高，而塑性和韧性没有明显降低。例如，纯铜的 R_m 为 220 MPa，硬度为 40 HV，断面收缩率 Z 为 70%，加入 1%（质量分数）的镍形成单相固溶体后，它的强度增大到 390 MPa，硬度增大到 70 HV，而断面收缩率 Z 仍有 50%。所以固溶体的综合力学性能很好，固溶体常常作为结构合金的基体相。与纯金属相比，固溶体的物理性能有较大的变化，如电阻率上升、电导率下降、磁矫顽力增大等。

2. 金属化合物

合金组元相互作用形成的晶格类型和特性完全不同于任一组元的新相即为金属化合物，或称为中间相。金属化合物一般熔点较高，硬度高，脆性大。合金中含有金属化合物时，强度、硬度和耐磨性提高，而塑性和韧性降低。金属化合物是许多合金的重要组成相。金属化合物的晶格与组成它的组元的晶格均不相同，是一种新的复杂晶格。金属化合物一般具有一定的化学成分，可用化学分子式表示组成，如 Fe_3C、$CuZn$ 等。例如铁碳合金中的金属化合物 Fe_3C，它的晶格是与 Fe、C 的晶格均不相同的复杂晶格。其中 Fe 可以部分地被 Mn、Cr、Mo、W 等金属原子置换，形成以间隙化合物为基的固溶体，如 $(Fe,Mn)_3C$、$(Fe,Cr)_3C$ 等。复杂结构的间隙化合物具有很高的熔点和硬度（但比间隙相稍低些），在钢中也起强化相作用。间隙化合物的晶体结构如图 2-15 所示。

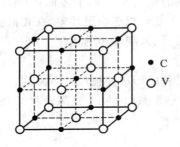

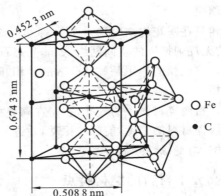

图 2-15　间隙化合物的晶体结构

2.3 非金属材料的结构特点

2.3.1 陶瓷材料的结构特点

陶瓷材料的性能除了与结合键和化学组成有关外,还取决于相组成和相结构。陶瓷中的相较为复杂,一般由晶相、玻璃相和气相组成。

1. 晶相

晶相是陶瓷材料的主要组成相,常见结构有氧化物结构和硅酸盐结构。

1)氧化物结构

这类物质的结合键以离子键为主。尺寸较大的氧离子(O^{2-})占据结点位置,组成密排晶格(如面心立方晶格或密排六方晶格);尺寸较小的金属离子(如 Al^{3+}、Mg^{2+}、Ca^{2+} 等)处于晶格间隙之中。例如,氧离子占据面心立方晶格结点位置,若金属离子占据全部八面体间隙,则氧离子与金属离子数之比为 1:1,即构成 AX 型(如 NaCl)结构;若金属离子占据全部四面体间隙,则氧离子与金属离子数之比为 1:2,即构成 AX_2 型(如 CaF_2)结构。这些结构也是正常价化合物的常见晶体结构。AX_2 型结构如图 2-16 所示。

2)硅酸盐结构

硅酸盐的结构特点是硅、氧离子组成四面体,硅离子位于四面体中心(见图 2-17)。硅氧四面体之间又以共有顶点的氧离子相互连接起来,由于连接方式不同而形成多种硅酸盐结构,如岛状、环状、链状和层状等。

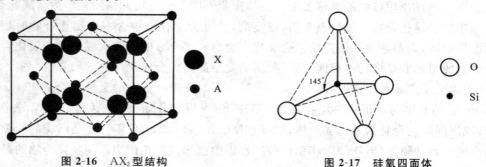

图 2-16 AX_2 型结构　　　　　　　　图 2-17 硅氧四面体

2. 玻璃相

玻璃相是在陶瓷烧结时形成的一种非晶态物质。它的结构是由离子多面体(如硅氧四面体)构成的无规则排列的空间网络,如非晶态石英的结构。玻璃相热稳定性差,在较低温度下即开始软化。玻璃相的作用是黏结分散的晶相、降低烧结温度、抑制晶相的粗化。

3. 气相

气相是指陶瓷材料中的气孔,它是在陶瓷材料生产过程中形成并被保留下来的。气孔的存在降低了陶瓷材料的密度,能吸收振动,并进一步降低导热系数,但也导致陶瓷材料强度下降,介电损耗增大,绝缘性降低。

2.3.2 高分子材料的结构特点

高分子材料种类繁多,性能各异。高分子化合物的结构比较复杂,可从两个方面加以考察,一是分子内结构(高分子链结构),二是分子间结构(聚集态结构)。

1. 高分子链结构

1)高分子链的形态

高分子链可以呈不同的几何形状,一般可分为以下三种类型。

(1)线型分子链。这类分子链由许多链节组成,通常是卷曲线团状的长链,如图 2-18(a)、(b)所示。具有这类结构的高聚物(即线型高聚物)的特点是弹性高、塑性好、硬度低。

(2)支链型分子链。这类分子链在主链上还带有支链,如见图 2-18(c)所示。具有这类结构的高聚物(即支链型高聚物)的性能与线型高聚物接近。

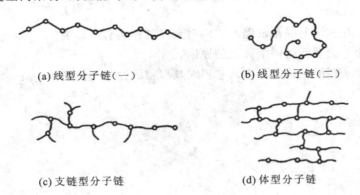

(a)线型分子链(一)　　　　(b)线型分子链(二)

(c)支链型分子链　　　　(d)体型分子链

图 2-18　高分子链形状

(3)体型分子链。这类分子链在分子链之间存在许多相互横向交联的链节,如图 2-18(d)所示。具有这类结构的高聚物的弹性和塑性极低,脆性大,硬度高。

2)高分子链的构型

高分子链的构型是指高分子链中原子或原子团在空间的排列方式。高分子链通常含有不同的取代基。由于取代基所处位置的不同,高分子链形成的立体构型也不同。高分子链的构型不同,性能亦不同。

2. 聚集态结构

高聚物的聚集态结构是指高聚物内部高分子链之间的几何排列和堆砌结构,也称为超分子结构。根据分子在空间排列的规整性可将高聚物分为晶态、部分晶态和非晶态三类,如图 2-19所示。通常线型高聚物在一定条件下可以形成晶态或部分晶态,而体型高聚物为非晶态。

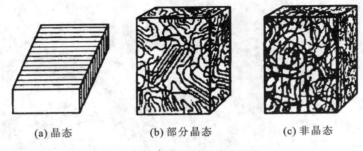

(a)晶态　　　　(b)部分晶态　　　　(c)非晶态

图 2-19　高聚物的聚集态结构

【习题与思考题】

1. 名词解释。

(1)晶体的各向异性;(2)晶体和非晶体;(3)晶格和晶胞;(4)组元;(5)固溶体;(6)金属化合物;(7)过冷度;(8)非自发形核;(9)变质处理;(10)同素异构转变;(11)玻璃态;(12)匀晶反应;(13)共晶反应。

2. 常见的金属晶体结构有几种?它们的原子排列和晶格常数有什么特点?

3. 单晶体与多晶体有什么区别?解释单晶体具有各向异性而多晶体一般不具有各向异性现象的原因。

4. 实际金属晶体中存在哪些晶格缺陷?它们对金属的性能有何影响?

5. 什么是固溶强化?论述产生固溶强化的原因。

6. 简述高聚物高分子链的结构和形态。它们对高聚物的性能有何影响?

第3章 材料相变基础

材料中相与相之间的转变称为相变。相变赋予材料以技术上有用的形态、微观结构和性能。常用金属材料中金属与合金的高强度正是依赖于通过一次或多次相变形成的多相结构。

金属与合金中的相变有多种形式,有从液态转化为固态时的凝固相变,有加热或冷却时的固态相变。因为在通常冷却条件下得到的固态金属均为晶态,所以金属的凝固过程常常称为结晶。

3.1 纯金属的结晶

金属材料冶炼后,浇注到锭模或铸型中,通过冷却,液态金属转变为固态金属,获得一定形状的铸锭或铸件。固态金属处于晶体状态,因此金属从液态转变为固态(晶态)的过程称为结晶过程。广义上讲,金属从一种原子排列状态转变为另一种原子规则排列状态(晶态)的过程均属于结晶过程。通常把金属从液态转变为固体晶态的过程称为一次结晶,而把金属从一种固体晶态转变为另一种固体晶态的过程称为二次结晶或重结晶。

3.1.1 纯金属结晶的条件

一般通过实验,测得液体金属在结晶时的温度与时间的关系曲线(称为冷却曲线)。绝大多数纯金属,如纯铜的冷却曲线如图 3-1 所示。

图 3-1 中 T_0 为纯铜的熔点(又称理论结晶温度),T_n 为开始结晶温度。曲线中 ab 段温度逐渐降低,液态金属逐渐冷却。在 bcd 段,温度低于理论结晶温度,这种现象称为过冷。理论结晶温度 T 与开始结晶温度 T_n 之差称为过冷度,用 ΔT 表示,即

$$\Delta T = T_0 - T_n$$

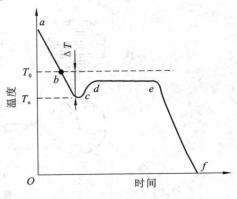

图 3-1 纯铜的冷却曲线

冷却速度越大,开始结晶温度越低,过冷度也就越大。de 段表示金属正在结晶(结晶时温度保持不变,这是因为结晶潜热抵消了向外界散发的热量),此时液态金属和金属晶体共存。ef 段表示金属全部转变为固态晶体后,金属晶体逐渐冷却。

结晶过程不是在任何情况下都能自发进行的。在一般情况下,金属在聚集状态的自由能随温度的提高而降低。由于液态金属中原子排列的规则性比固态金属中的差,所以随温度变化的情况不同,液态金属和固态金属的自由能不同。液态的自由能-温度关系曲线比固态的自由能-温度关系曲线陡(见图 3-2),于是它们必然要相交。在交点所对应的温度 T_0 下,液态的自由能和固态的自由能相等,液态和固态可长期共存,处于动平衡状态。高于 T_0 温度时,液态的自由能比固态的自由能低,金属处于液态才是稳定的;低于 T_0 温度时,金属的稳定状态为固态。T_0

即为理论结晶温度或熔点。

因此,液态金属要结晶,就必须处于 T_0 温度以下。换句话说,液态金属要结晶必须过冷。过冷是指液态金属实际冷却到结晶温度以下而暂不结晶的现象。出现过冷现象时就出现了过冷度。过冷度表明金属在液态和固态之间存在一个自由能差(ΔF)。这个能量差 ΔF 就是促使液体结晶的动力。结晶时要从液体中生出晶体,必须建立同液体相隔开的晶体界面而消耗能量。所以,只有当液体的过冷度达到一定的大小,使结晶的动力 ΔF 大于建立界面所需要的表面能时,结晶过程才能开始。

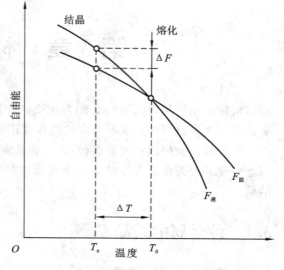

图 3-2 金属的自由能-温度关系曲线

3.1.2 纯金属的结晶过程

液态金属结晶包括形核和长大两个密切联系的基本过程。液态金属结晶时,首先在液体中形成一些极微小的晶体(称为晶核),然后以它们为核心不断地长大。在这些晶核长大的同时,又出现新的晶核并逐渐长大,直至液体金属消失。金属的结晶过程可用图 3-3 来表示。

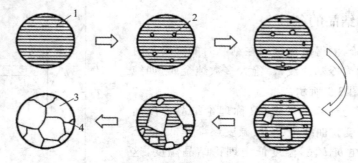

图 3-3 金属的结晶过程
1—液体;2—晶核;3—晶粒;4—晶界

1. 晶核的形成

1)自发形核

在液态下,金属中存在大量尺寸不同的短程有序的原子集团。当温度高于结晶温度时,它们是不稳定的,但是在温度降低到结晶温度下,并且过冷度达到一定的大小后,液体进行结晶的条件具备了,液体中那些超过一定大小(大于临界晶核尺寸)的短程有序的原子集团开始变得稳定,不再消失,而成为结晶核心。这种晶核形成方式称为自发形核,也称为均匀形核。从液体结构内部由金属本身原子自发长出的结晶核心称为自发晶核。

2)非自发形核

实际金属往往是不纯净的,内部总含有这样或那样的外来杂质。杂质的存在常常能够促进晶核在其表面上的形成。这种依附于杂质的晶核形成方式称为非自发形核,也称为非均匀形核。依附于杂质而生成的晶核称为非自发晶核。

按照形核时能量有利的条件分析,能起非自发形核作用的杂质,必须符合"结构相似,尺寸相当"的原则。只有当杂质的晶体结构和晶格参数与金属的晶体结构和晶格参数相似和相当时,杂质才能成为非自发晶核的基底,容易在其上生长出晶核。但是,有一些难溶性杂质,虽然晶体结构与金属的晶体结构相差甚远,但由于表面的微细凹坑和裂缝中有时能残留未溶金属,所以也能强烈地促进非自发晶核的生成。

自发形核和非自发形核是同时存在的,在实际金属和合金中,非自发形核比自发形核更重要,往往起优先的、主导的作用。

2. 晶体的长大

1)平面长大

在冷却速度较小的情况下,较纯金属的晶体主要以其表面向前平行推移的方式长大,即进行平面式的长大。应该指出的是,晶体的平面长大方式在实际金属的结晶中是较少见到的。

2)树枝状长大

当冷却速度较大,特别是存在杂质时,晶体与液体界面的温度会高于近处液体的温度,形成负温度梯度,这时金属晶体往往以树枝状的方式长大。开始时,晶核可以生长为很小且形状规则的晶体,之后在晶体继续长大的过程中,有潜热放出,晶核尖角处的散热较快,长大较快,成为伸入液体中的晶枝,同时尖角处的缺陷较多,从液体中转移来的原子容易在这些地方固定,有利于晶体的长大而获得树枝晶,优先沿一定方向生长出空间骨架。这种骨架形同树干,称为一次晶轴。在一次晶轴增长和变粗的同时,在其侧面生出新的枝芽,枝芽发展成枝干,此为二次晶轴。随着时间的推移,二次晶轴在成长的同时又可长出三次晶轴……如此不断成长和分下去,直至液体全部消失。结果,结晶得到一个具有树枝形状的所谓的树枝晶。形成的树枝晶是一个单晶体。多晶体金属的每个晶粒一般都是由一个晶核采取树枝状长大的方式形成的。在晶粒形成过程中,由于各种偶然因素的作用,各晶轴之间的位向关系可能受到影响,使晶粒内各区域间产生微小的位向差,从而使晶粒内部出现许多亚晶粒。

由于金属容易过冷,因此实际金属结晶时,一般均以树枝状长大方式结晶,得到树枝晶结构。

晶体树枝状长大过程如图 3-4 所示。

散热方向

(a)晶核初期　(b)晶核棱角优先增长　(c)树枝晶形成　(d)钢锭中的树枝晶

图 3-4　晶体树枝状长大过程

1——次晶轴;2—二次晶轴;3—三次晶轴

3.1.3　结晶晶粒大小及控制

金属结晶后,获得由大量晶粒组成的多晶体。一个晶粒是由一个晶核长成的晶体,实际金属的晶粒在显微镜下呈颗粒状。晶粒的大小称为晶粒度(grain size),通常用晶粒的平均面积或平均直径来表示。工业生产上采用晶粒度等级来表示晶粒大小。标准晶粒度共分 8 级,1~4级为粗晶粒,5~8 级为细晶粒,晶粒度等级越高,晶粒越细。晶粒的大小取决于形核率 N 和长大速率 G 的相对大小,即 N/G 值越大,晶粒越细。可见,凡是能促进形核、抑制长大的因素,都能细化晶粒。在工业生产中通常采用以下几种方法来细化晶粒。

1. 控制过冷度

形核率和长大速率都随过冷度的增大而增大,但两者的增长率是不同的——形核率的增长率大于长大速率的增长率,如图 3-5 所示。在通常金属结晶时的过冷度范围内,过冷度越大,N/G 值就越大,晶粒也就越细。增加过冷度的方法是提高液态金属的冷却速度。例如,选用吸热性和导热性较强的铸型(如用金属型代替砂型),采用水冷铸型,降低浇注温度等。但这些措施只对小型或薄壁的铸件有效。

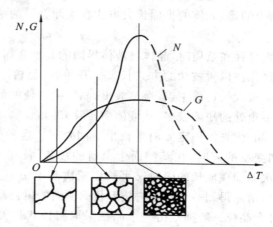

图 3-5　形核速率、长大速率与过冷度的关系

2. 变质处理

变质处理就是在液态金属中加入某些难溶的固态粉末(变质剂),促进非均匀形核,以细化晶粒,如在铝和铝合金以及钢中加入钛、锆等。但是在铝硅合金中加入钠盐主要不是为了形核,而是为了阻止硅的长大,以细化合金晶粒。

3. 振动、搅拌

对正在结晶的金属进行振动或搅动,一方面可依靠外部输入的能量来促进形核,另一方面可使成长中的树枝晶破碎,使晶核数目显著增加。

3.1.4　金属铸锭(件)的组织与缺陷

在实际生产中,将液态金属注入锭模中成型而得到铸锭,注入铸型中成型而得到铸件。对铸件而言,铸态组织直接影响到它的力学性能和使用寿命;对铸锭而言,铸态组织不但影响到它的压力加工性能,而且还影响到压力加工后的金属制品的组织和性能。

1. 铸锭(件)三个晶区的形成

铸锭(件)的宏观组织通常由三个部分组成,如图 3-6 所示。

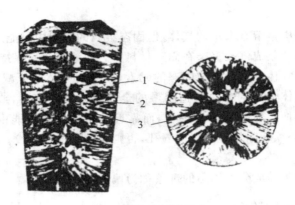

图 3-6　铸锭(件)组织
1—表层细晶区;2—柱状晶区;3—中心等轴晶区

1)表层细晶区

在浇注时,由于锭模壁(铸型壁)温度较低,有强大的吸热作用,靠近锭模壁(铸型壁)的一层液体产生很大的过冷度,加上锭模壁(铸型壁)的表面可以作为非均匀形核的核心,因此,靠近锭模壁(铸型壁)的液体中立即产生大量的晶核,并同时向各个方向生长,从而形成表面很细的等轴晶区。

2)柱状晶区

在表层细晶区形成后,锭模壁(铸型壁)被高温液态金属加热至很高的温度,使剩余液体的冷却变慢,并且由于细晶区结晶时释放潜热,因此细晶区前沿液体的过冷度减小,使继续形核变得困难,只有已形成的晶体向液体中生长。但是,此时热量散失的方向垂直于锭模壁(铸型壁),因此只有沿垂直于锭模壁(铸型壁)的方向晶体才能得到优先生长,即已有的晶体沿着与散热相反的方向择优生长而形成柱状晶区。

3)中心等轴晶区

柱状晶区形成时释放大量的潜热,使已结晶的固相层温度继续升高,散热速度进一步减慢,导致柱状晶体停止长大。当芯部液体全部冷却至实际结晶温度 T_m 以下时,在杂质的作用下以非均匀形核方式形成许多尺寸较大的等轴晶。

2. 铸锭(件)组织的控制

合金的铸锭(件)一般都具有明显的三个晶区,但当浇注条件发生变化时,三个晶区所占的比例往往不同,甚至获得只由两个晶区或一个晶区所组成的铸锭(件)。通常,有利于柱状晶区发展的因素有快的冷却速度、高的浇注温度、定向的散热等,而有利于中心等轴晶区发展的因素有慢的冷却速度、低的浇注温度、均匀散热、变质处理以及一些物理方法(如机械或电磁的搅拌、超声波振动等)。

3. 铸锭(件)缺陷

1)缩孔

大多数金属在液态时的密度比在固态时小,因此结晶时发生体积收缩。金属收缩后,如果不继续补充液态金属,就会出现收缩孔洞,称为缩孔。缩孔是一种重要的铸造缺陷,对材料的性能有很大的影响。通常缩孔是不可避免的,人们只能通过改变结晶时的冷却条件和锭模(铸型)的形状(如加冒口等)来控制缩孔出现的部位和分布状况。

2）气孔

在高温下液态金属中常溶有大量的气体，但固态金属的组织中只能溶解极微量的气体。因而，在凝固过程中，气体聚集成气孔夹杂在固态材料中。使液态金属保持在较低的温度下，或者向液态金属中加入可与气体反应而形成固态的元素，以及使气体分压减小，都可以使铸锭（件）中的气孔减少。减小气体分压的方法是把熔融的金属置入真空室内，或向金属中吹入惰性气体。内部的气孔在压力加工时一般可以焊合，而靠近表层的气孔可能由于表皮破裂而发生氧化，因此在压力加工前必须切除靠近表层的气孔，否则工件易形成裂纹。

3）偏析

铸锭（件）中各部分化学成分不均匀的现象称为偏析。

3.1.5 晶体的同素异构转变

有些金属在固态下只有一种晶体结构，如在固态时无论温度高低，铝、铜、银等金属都只有面心立方晶格，钨、钼、钒等金属都只有体心立方晶格。但有些金属，如铁、钴、钛、锰、锡等，在固态下存在两种或两种以上的晶格形式。金属在固态下随温度的改变，由一种晶格转变为另一种晶格的现象，称为同素异构转变。图3-7所示为纯铁的冷却曲线。

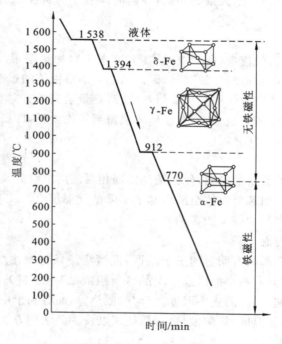

图 3-7　纯铁的冷却曲线

液态纯铁在1 538 ℃温度下结晶，得到具有体心立方晶格的 δ-Fe。δ-Fe 继续冷却到1 394 ℃时发生同素异构转变，成为具有面心立方晶格的 γ-Fe。γ-Fe 再冷却到912 ℃时又发生一次同素异构转变，成为具有体心立方晶格的 α-Fe。以不同结构存在的同一种金属的晶体称为该金属的同素异构晶体。例如，δ-Fe、γ-Fe、α-Fe 均是纯铁的同素异构晶体。

金属的同素异构转变与液态金属的结晶过程相似，故称为二次结晶或重结晶。在发生同素异构转变时金属也有过冷现象,也会放出潜热,并具有固定的转变温度。新同素异构晶体的形成也包括形核和长大两个过程。同素异构转变是在固态下进行的,因此发生同素异构转变需要较大的过冷度。由于晶格的变化使得金属的体积发生变化,发生同素异构转变时会产生较大的内应力,如 γ-Fe 转变为 α-Fe 时,铁的体积会膨胀约 1%,它可导致钢淬火时产生应力,严重时会导致工件变形和开裂。但适当提高冷却速度,可以细化同素异构转变后的晶粒,从而提高金属的力学性能。

纯铁的居里点为 770 ℃,纯铁在 770～1 538 ℃温度范围内无铁磁性,在 770 ℃温度以下具有铁磁性,因此在纯铁的冷却曲线上 770 ℃时出现一个小平台。

铁的同素异构转变是钢铁能够进行热处理的内因和根据,也是钢铁材料力学性能多种多样、应用范围广泛的主要原因之一。

3.2 二元合金相图

当成分、温度变化时,合金的状态可能发生变化。合金相图就是用图解的方法表示不同成分、温度下合金中相的平衡关系。相图是在极其缓慢的冷却条件下测定的,又称为平衡相图或状态图。根据相图,可以了解不同成分的合金在温度变化时的相变及组织形成规律。二元合金相图都是由一种或几种基本类型的相图所组成的。基本的二元合金相图有匀晶相图、共晶相图、包晶相图、共析相图等。

3.2.1 二元合金相图的建立

相图都是通过实验测定的方法而建立的,最常用的相图建立方法是热分析法。下面以铜镍合金为例,说明用热分析法建立相图的具体步骤。

(1)配制不同成分(质量分数)的铜镍合金。例如:铜镍合金 Ⅰ,$w(\text{Ni}):w(\text{Cu})=0:100$;铜镍合金 Ⅱ,$w(\text{Ni}):w(\text{Cu})=30:70$;铜镍合金 Ⅲ,$w(\text{Ni}):w(\text{Cu})=50:50$;铜镍合金 Ⅳ,$w(\text{Ni}):w(\text{Cu})=70:30$;铜镍合金 Ⅴ,$w(\text{Cu})=100:0$。

(2)测出上述各成分铜镍合金的冷却曲线(见图 3-8(a)),并找出各冷却曲线上的转折点,从而确定铜镍合金的临界点。

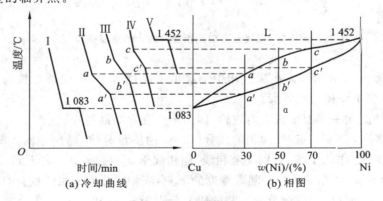

(a)冷却曲线　　　(b)相图

图 3-8　用热分析法建立铜镍合金相图

（3）画出温度成分坐标系，在相应成分垂线上标出临界点温度。

（4）将各物理意义相同的临界点（如转变开始点、转变结束点）连成曲线，标明各区域内存在的相，即得到铜镍合金相图（见图3-8(b)）。

3.2.2 二元合金相图的基本类型

1. 匀晶相图

1）相图分析

铜镍合金相图为典型的匀晶相图（见图3-9）。在图3-9中：aa_1c线为液相线，在该线以上铜镍合金处于液相；ac_1c线为固相线，在该线以下铜镍合金处于固相。液相线和固相线表示合金系在平衡状态下冷却时结晶的始点和终点以及加热时熔化的终点和始点。L为液相，是Cu和Ni组成的液体；α为固相，是Cu和Ni组成的无限固溶体。图3-9中有两个单相区，即液相线以上的L相区和固相线以下的α相区；还有一个双相区，即液相线和固相线之间的L＋α相区。铁铬合金、金银合金也具有匀晶相图。

2）结晶过程

以b点对应成分的铜镍合金（$w(Ni)=b\%$）为例分析结晶过程，该铜镍合金的冷却曲线和结晶过程如图3-9所示。在1点以上，合金为液相L。缓慢冷却至1点与2点之间时，该铜镍合金发生匀晶反应$L \longrightarrow \alpha$，从液相中逐渐结晶出α固溶体。在2点以下，该铜镍合金全部结晶为α固溶体。其他成分的铜镍合金的结晶过程与此类似。

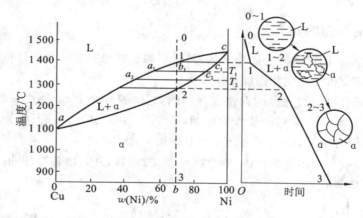

图3-9 铜镍合金匀晶相图及合金的结晶过程

3）结晶特点

（1）与纯金属一样，α固溶体在从液相中结晶出来的过程中，也包括形核与长大两个过程，只是α固溶体更趋于呈树枝状长大。

（2）固溶体结晶在一个温度区间内进行，即为一个变温结晶过程。

（3）在两相区内，温度一定时，两相的成分（即Ni的质量分数）是确定的。确定相成分的方法是：过指定温度T_1作水平线，分别交液相线、固相线于a_1点、c_1点，a_1点、c_1点在成分轴上的投影点即相应为L相、α相的成分。随着温度的下降，液相成分沿液相线变化，固相成分沿固相线变化。到温度T_2时，L相的成分及α相的成分分别为a_2点和c_2点在成分轴上的投影。

(4)在两相区内,温度一定时,两相的质量比是一定的。例如,在 T_1 温度下,两相的质量比可用下式表达:

$$\frac{Q_L}{Q_\alpha}=\frac{\overline{b_1 c_1}}{\overline{a_1 b_1}}$$

式中:Q_L——L 相的质量;

Q_α—— α 相的质量;

$\overline{b_1 c_1}$、$\overline{a_1 b_1}$——线段长度,可用其成分坐标上的数字来度量。

上式可写成 $Q_L\cdot\overline{a_1 b_1}=Q_\alpha\overline{b_1 c_1}$。它可被证明如下。

设铜镍合金的总量为 $Q_{合金}$,其中 Ni 的质量分数为 b,在 T_1 温度下,L 相中 Ni 的质量分数为 a,α 相中 Ni 的质量分数为 c,则

铜镍合金中含 Ni 的总质量＝L 相中含 Ni 的质量＋α 相中含 Ni 的质量

即 $\qquad\qquad\qquad Q_{合金}\cdot b=Q_L\cdot a+Q_\alpha\cdot c$

因为 $\qquad\qquad\qquad Q_{合金}=Q_L+Q_\alpha$

所以 $\qquad\qquad\qquad (Q_L+Q_\alpha)\cdot b=Q_L\cdot a+Q_\alpha\cdot c$

整理得

$$\frac{Q_L}{Q_\alpha}=\frac{c-b}{b-a}\quad 或\quad Q_L\cdot\overline{ab}=Q_\alpha\cdot\overline{cb}$$

这个式子与力学中的杠杆定律相似,因而也被称为杠杆定律。由杠杆定律不难算出铜镍合金中液相和固相在合金中所占的相对质量(即质量分数)分别为

$$\frac{Q_L}{Q_{合金}}=\omega(L)=\frac{\overline{bc}}{\overline{ac}},\quad \frac{Q_\alpha}{Q_{合金}}=\omega(\alpha)=\frac{\overline{ab}}{\overline{ac}}$$

运用杠杆定律时要注意,它只适用于相图中的两相区,并且只能在平衡状态下使用。杠杆的两个端点为给定温度下两相的成分点,而支点为合金的成分点。

(5)固溶体结晶时成分是变化的,缓慢冷却时由于原子的扩散能充分进行,形成的是成分均匀的固溶体。如果冷却较快,原子扩散不能充分进行,则形成成分不均匀的固溶体。先结晶的树枝晶轴含高熔点组元较多,后结晶的树枝晶枝干含低熔点组元较多,结果造成在一个晶粒之内化学成分的分布不均,这种现象称为枝晶偏析。枝晶偏析对材料的力学性能、耐腐蚀性能、工艺性能都不利。生产上为了消除枝晶偏析的影响,常把合金加热到高温(低于固相线 100 ℃ 左右),并进行长时间保温,使原子充分扩散,获得成分均匀的固溶体,这种处理称为扩散退火。

2. 共晶相图

1)相图分析

铅锡合金相图(见图 3-10)中,adb 线为液相线,$acdeb$ 线为固相线。铅锡合金系有三种相:Pb 与 Sn 形成的液体 L 相、Sn 溶于 Pb 中形成的有限固溶体 α 相、Pb 溶于 Sn 中形成的有限固溶体 β 相。铅锡合金相图中有三个单相区(L、α、β),三个双相区(L+α、L+β、α+β),一条 L+α+β 的三相共存线(水平线 cde)。这种相图称为共晶相图。铝硅合金、银铜合金也具有共晶相图。

d 点为共晶点,表示此点对应成分(共晶成分)的铅锡合金冷却到此点所对应的温度(共晶温度)时,共同结晶出 c 点对应成分的 α 相和 e 点对应成分的 β 相,即

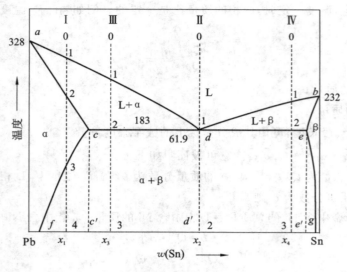

图 3-10　铅锡合金相图

$$L_d \xrightarrow{\ 恒温\ } \alpha_c + \beta_e$$

这种由一种液相在恒温下同时结晶出两种固相的反应称为共晶反应。发生共晶反应所生成的两相混称为共晶体。发生共晶反应时有三相共存,它们各自的成分是确定的,反应在恒温下平衡地进行着。水平线 cde 为共晶反应线,成分在 c 点与 e 点之间的铅锡合金平衡结晶时都会发生共晶反应。

cf 线为 Sn 在 Pb 中的溶解度线(或 α 相的固溶线)。温度降低,固溶体的溶解度下降。Sn 含量大于 f 点的铅锡合金从高温冷却到室温时,从 α 相中析出 β 相,以降低 α 相中 Sn 的质量分数。从固态 α 相中析出的 β 相称为二次 β 相 β_{II} 相。这种二次结晶可表达为 $\alpha \longrightarrow \beta_{\mathrm{II}}$。

eg 线为 Pb 在 Sn 中的溶解度线(或 β 相的固溶线)。Sn 的质量分数小于 g 点成分的铅锡合金,冷却过程中同样发生二次结晶,析出二次 α 相 α_{II} 相。

2)结晶过程

图 3-10 中铅锡合金 Ⅰ、铅锡合金 Ⅱ、铅锡合金 Ⅲ 的结晶过程如下。

(1)铅锡合金 Ⅰ 的平衡结晶过程(见图 3-11)。液态铅锡合金 Ⅰ 冷却到 1 点温度以后,发生匀晶结晶,至 2 点温度铅锡合金 Ⅰ 完全结晶成 α 固溶体;在随后的冷却(2 点与 3 点间的温度)过程中,α 相不变;从 3 点温度开始,由于 Sn 在 α 相中的溶解度沿 cf 线降低,从 α 相中析出 β_{II} 相,到室温时 α 相中 Sn 的质量分数逐渐变为 f 点成分;最后铅锡合金 Ⅰ 得到的组织为 $\alpha + \beta_{\mathrm{II}}$,它的组成相是 f 点成分的 α 相和 g 点成分的 β 相。运用杠杆定律,两相的相对质量分别为

$$\omega(\alpha) = \frac{\overline{x_1 g}}{\overline{fg}} \times 100\%$$

$$\omega(\beta) = \frac{\overline{fx_1}}{\overline{fg}} \times 100\% \quad 或 \quad \omega(\beta) = 1 - \omega(\alpha)$$

铅锡合金 Ⅰ 的室温组织由 α 相和 β_{II} 相组成,α 相和 β_{II} 相即为组织组成物。组织组成物是指合金组织中那些具有确定本质、一定形成机制的特殊形态的组成部分。组织组成物可以是单相,也可以是两相混合物。

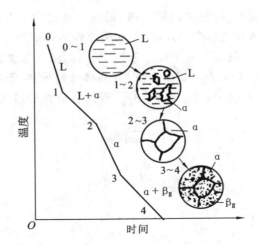

图 3-11　铅锡合金 I 的平衡结晶过程

铅锡合金 I 的室温组织组成物 α 相和 $β_{II}$ 相皆为单相,所以它的组织组成物的相对质量与组成相的相对质量相等。

(2)铅锡合金 II 的平衡结晶过程(见图 3-12)。铅锡合金 II 为共晶合金。铅锡合金 II 从液态冷却到 1 点温度后,发生共晶反应——$L_d \xrightarrow{\text{恒温}} α_c + β_e$,经一定时间冷却到 1′点温度时反应结束,全部转变为共晶体($α_c + β_e$)。从共晶温度冷却到室温时,共晶体中的 $α_c$ 和 $β_e$ 均发生二次结晶。从 α 相中析出 $α_{II}$ 相,从 β 相中析出 $β_{II}$ 相。α 相由 c 点成分变为 f 点成分,β 相由 e 点成分变为 g 点成分,两种相的相对质量依杠杆定律变化。由于析出的 $α_{II}$ 相和 $β_{II}$ 相都相应地同 α 相和 β 相连在一起,共晶体的形态和成分不发生变化。铅锡合金 II 的室温组织全部为共晶体,即只含一种组织组成物(即共晶体),而组成相仍为 α 相和 β 相。

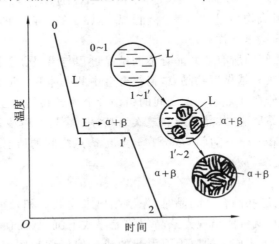

图 3-12　铅锡合金 II 的平衡结晶过程

(3)铅锡合金 III 的平衡结晶过程(见图 3-13)。铅锡合金 III 是亚共晶合金,铅锡合金 III 冷却到 1 点后,由匀晶反应生成 α 固溶体(称为初生 α 固溶体)。在温度从 1 点到 2 点的冷却过程中,按照杠杆定律,初生 α 固溶体的成分沿 ac 线变化,液相成分沿 ad 线变化;初生 α 固溶体逐渐增多,液相逐渐减少。当刚冷却到 2 点温度时,铅锡合金Ⅲ由 c 点成分的初生 α 固溶体和 d 点成分的液相组成。然后液相进行共晶反应,但初生 α 固溶体不变化。经一定时间到 2′ 点温度共晶反应结束时,铅锡合金Ⅲ转变为 $α_c+(α_c+β_c)$。从共晶温度继续往下冷却,初生 α 固溶体中不断析出 $β_Ⅱ$ 相,由 c 点成分降至 f 点成分;此时共晶体如前所述,形态、成分和总量保持不变。铅锡合金Ⅲ的室温组织为:初生 $α+β_Ⅱ+(α+β)$。铅锡合金Ⅲ的组成相为 α 相和 β 相,它们的相对质量分别为

$$\omega(\alpha)=\frac{\overline{x_3 g}}{\overline{fg}}\times 100\%$$

$$\omega(\beta)=\frac{\overline{fx_3}}{\overline{fg}}\times 100\%$$

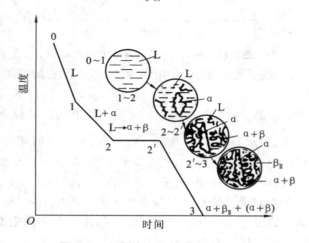

图 3-13　铅锡合金Ⅲ的平衡结晶过程

铅锡合金Ⅲ的组织组成物为:初生 $α+β_Ⅱ$ 和共晶体 $(α+β)$。它们的相对质量可由两次应用杠杆定律求得。求解过程这里不详述。

成分在 c 点与 d 点之间的所有亚共晶合金的结晶过程与铅锡合金Ⅲ相同,仅组织组成物和组成相的相对质量不同,成分越靠近共晶点,铅锡合金中共晶体的质量分数越大。

位于共晶点右边,成分在 d 点与 e 点之间的铅锡合金为过共晶合金。它们的结晶过程与亚共晶合金相似,也包括匀晶反应、共晶反应和二次结晶等三个转变阶段;不同之处是初生相 β 为固溶体,二次结晶过程为 $β\longrightarrow α_Ⅱ$,所以成分在 c 点与 d 点之间的所有亚共晶合金的室温组织为 $β+α_Ⅱ+(α+β)$。

3)体积质量偏析

在共晶合金系中,亚、过共晶合金结晶时,先结晶出来先共晶相,它的体积质量与剩余液相不同。如果冷却速度很慢,就可能出现先共晶相的上浮或下沉,从而使整个铸件上部与下部的化学成分不同。这种由于体积质量的原因而引起的成分偏析称为体积质量偏析。这种偏析不同于前述的枝晶(晶内)偏析,不是出现在一个晶粒之内,而是出现在一个铸件的宏观部位上。两组元体积质量差别愈大,引起的体积质量偏析愈严重。

合金成分不同,结晶温度区间也不同。结晶温度区间愈大的合金,固液两相共存的时间也愈长,出现上浮或下沉现象的时间也愈长,体积质量偏析也愈严重。冷却速度愈慢也会导致体

积质量偏析愈严重。

严重体积质量偏析的铸件,不同部分的化学成分、显微组织不同,因而各处的力学性能也有差异。这会降低铸件的使用寿命。体积质量偏析一旦产生,用热处理方法不能消除。所以,多在选用合金化学成分上和合金结晶时采取各种工艺措施来尽量减轻这种偏析。例如:尽量选用靠近共晶的合金,以减小结晶温度区间;结晶时冷却速度尽量快些,浇注时注意采取搅拌等工艺措施,以避免先共晶相的上浮或下沉。

3. 包晶相图

两组元在液态下无限互溶,在固态下有限溶解,并发生包晶转变的二元合金(如铂银合金、锡锑合金、铜锡合金、铜锌合金等)相图,称为包晶相图。铂银合金相图如图 3-14 所示。包晶相图的特点是,相图上有如图 3-14 所示的恒温反应:

$$\alpha_c + L_d \xrightarrow{\ 1\ 186\ ℃\ } \beta_e$$

即在一定温度下,由一定成分的液相 L_d 与一定成分的固相 α_c 转变为另一种固相 β_e。

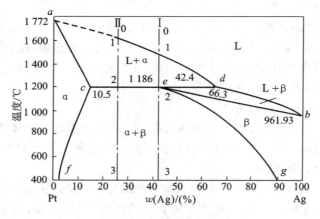

图 3-14 铂银合金相图

两相反应由于从相界面处开始,即 β_e 相必然包着 α_c 相形成,因此称为包晶反应。相图及合金结晶过程分析方法均与上述方法类似。

4. 共析相图

在某些二元合金中,常常会遇到这样的反应:在高温时通过匀晶反应、包晶反应所形成的单相固溶体,在冷至某一温度时又发生分解而形成两个与母相成分不相同的固相,如图 3-15 所示。相图中 c 点为共析点,ced 线为共析线。当 γ 相具有 e 点成分且冷至共析线温度时,发生以下反应:

$$\gamma_e \xrightarrow{\ 恒温\ } \alpha_c + \beta_d$$

这种在固态下由一种固相同时析出两种新固相的反应称为共析反应,相应的相图称为共析相图。

由于母相是固相而不是液相,所以与共晶反应相比,共析反应具有以下特点。

(1)共析反应在固态下进行,反应过程中原子需大量扩散,但在固态中原子的扩散过程较在液态中困难得多,故与共晶反应相比,共析反应具有较大的过冷倾向。

(2)共析反应易于过冷,因而形核率较高,得到的两相机械混合物(共析体)比共晶体更为细

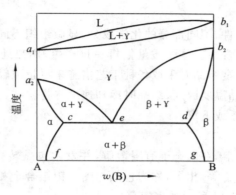

图 3-15　共析相图

小和弥散,主要有片状和粒状两种形态。

(3)共析反应常因母相与子相的比容不同而发生容积的变化,从而引起较大的内应力,此现象将在热处理时表现出来。

5.相图与合金性能的关系

相图反映出不同成分的合金的结晶特点和在室温下的平衡组织,而合金的使用性能取决于它的成分和组织,某些工艺性能(如铸造性能)取决于它的结晶特点,因此,具有平衡组织的合金的性能与相图之间存在着一定的对应关系。

1)合金的使用性能与相图的关系

二元合金在室温下的平衡组织可分为两大类。一类是由单相固溶体构成的组织,这种合金称为(单相)固溶体合金。另一类是由两固相构成的组织,这种合金称为两相混合物合金。共晶转变、共析转变都会形成两相混合物合金。

实验证明,单相固溶体合金的力学性能和物理性能与它的成分呈曲线变化关系,如图 3-16(a)所示。与作为溶剂的纯金属相比,单相固溶体合金的强度、硬度升高,电导率降低,并在某一成分下达到最大值或最小值。但因为固溶强化对硬度的提高有限,不能满足工程结构对材料性能的要求,所以工程上经常将固溶体作为合金的基体。两相混合物合金的力学性能和物理性能与它的成分主要呈直线变化关系,但某些对组织形态敏感的性能还要受到组织细密程度等组织形态的影响。例如,在图 3-16(b)中,当合金处在 α 或 β 固溶体单相区时,它的力学性能和物理性能与它的成分呈曲线变化关系;而当合金处在 α+β 两相区时,合金的这些性能与它的成分主要呈直线变化关系。但是,当合金处在共晶成分附近时,由于合金中两相晶粒构成的细密的共晶体组织的比例大大增加,因此对组织形态敏感的一些性能(如强度等)就会偏离与成分的直线变化关系,而出现如图 3-16(b)中虚线所示的高峰,而且高峰的峰值随着组织细密程度的增加而增大。

需要指出的是:只有当两相晶粒比较粗大且均匀分布时,以及对组织形态不敏感的一些性能(如密度、电阻)等,才符合直线变化关系。

2)合金的工艺性能与相图的关系

合金的工艺性能与相图的关系如图 3-17 所示。可见,合金的工艺性能取决于结晶区间的大小。结晶区间越大,相图中液相线与固相线之间的距离越大,合金结晶时的温度范围就越大,这使得形成枝晶偏析的倾向也越大。另外,先结晶的树枝晶容易阻碍未结晶的液体的流动,从

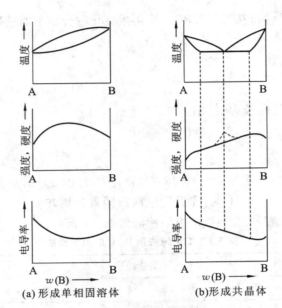

图 3-16 合金的使用性能与相图的关系

而增加了分散缩孔或疏松的形成,因此合金的铸造性能差。反之,结晶区间小,合金的铸造性能好。

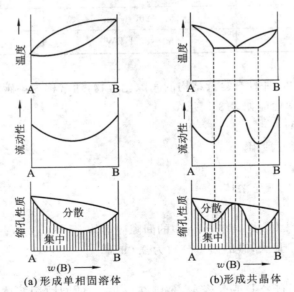

图 3-17 合金的工艺性能与相图的关系

纯组元和共晶成分的合金的流动性最好,缩孔集中,铸造性能好。但结构材料一般不使用纯组元金属,所以铸造结构材料常选取共晶或接近共晶成分的合金。

合金为单相固溶体时变形抗力小,变形均匀,不易开裂,具有良好的锻造性能,但切削加工时不易断屑,加工表面比较粗糙。双相组织的合金变形能力较差,特别是组织中存在有较多的化合物相时,不利于锻造加工,而切削加工性能好于固溶体合金。

固态下不存在同素异构转变、共析转变、固溶度变化的合金不能进行热处理。

3.3 铁碳合金相图

3.3.1 铁碳合金的组元及基本相

1. 铁碳合金的组元

1）Fe

Fe是过渡元素，熔点或凝固点为1 538 ℃，密度是7.87 g/cm²。纯铁从液态结晶为固态后，继续冷却到1 394 ℃及912 ℃时，先后发生两次同素异构转变。工业纯铁的力学性能特点是强度低、硬度低、塑性好。工业纯铁的力学性能如表3-1所示。

表 3-1 工业纯铁和 Fe₃C 的力学性能

性能指标	工业纯铁	Fe₃C
抗拉强度 R	180～230 MPa	30 MPa
规定残余延伸强度 $R_{r0.2}$	100～170 MPa	—
断后伸长率 A	30%～50%	0
断面收缩率 Z	70%～80%	0
冲击韧度 a_K	160～200 J/cm²	0
硬度	50～80 HBW	800 HV

2）Fe₃C

Fe₃C是Fe与C的一种具有复杂结构的间隙化合物，通常称为渗碳体。它的力学性能特点是硬而脆。Fe₃C的力学性能如表3-1所示。

2. 铁碳合金中的相

铁碳相图中存在着五种相。

1）液相 L

液相 L 是 Fe 与 C 的液态溶体。

2）δ 相

δ相又称为高温铁素体，是碳在δ-Fe中的间隙固溶体，呈体心立方晶格，在1 394 ℃以上存在，在1 495 ℃时溶碳量最大，碳的质量分数为0.09%。

3）α 相

α相也称铁素体，用符号 F 或 α 表示，是碳在α-Fe中的间隙固溶体，呈体心立方晶格。铁素体中碳的固溶度极小，室温时碳的质量分数约为0.008%；600 ℃时碳的质量分数为0.005 7%；在727 ℃时碳的质量分数为0.021 8%，溶碳量最大。铁素体的力学性能特点是强度低、硬度低、塑性好，与工业纯铁大致相同。

4）γ 相

γ相常称为奥氏体，用符号 A 或 γ 表示，是碳在γ-Fe中的间隙固溶体，呈面心立方晶格。奥氏体中碳的固溶度较大，在1 148 ℃时溶碳量最大，碳的质量分数达2.11%。奥氏体强度较低,硬度不高,易产生塑性变形。

5)Fe_3C 相

Fe_3C 相是一个化合物相,它的晶体结构和性能前文已述。渗碳体根据生成条件不同有条状、网状、片状、粒状等形态,对铁碳合金的力学性能有很大的影响。

3.3.2 相图分析

1. 相图中的点、线、区及其意义

(1)图 3-18 所示是 $Fe-Fe_3C$(铁碳合金)相图,图中各特性点的温度、碳浓度及意义如表 3-2 所示。各特性点的符号是国际通用的,不能随意更换。

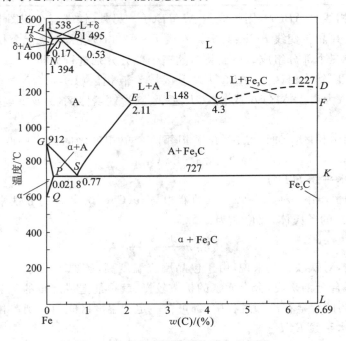

图 3-18 相组成表示的铁碳合金相图

表 3-2 铁碳合金相图中的特性点

点的符号	温度/℃	$w(C)/(\%)$	物理意义
A	1 538	0	纯铁的熔点
B	1 495	0.53	包晶转变时液态合金的浓度
C	1 148	4.30	共晶点,$L_C \longrightarrow A_E + Fe_3C$
D	1 227	6.69	渗碳体熔点
E	1 148	2.11	碳在 γ-Fe 中的最大溶解度
F	1 148	6.69	渗碳体的成分
G	912	0	α-Fe $\longrightarrow \gamma$-Fe 同素异构转变点
H	1 495	0.09	碳在 δ-Fe 中的最大溶解度

点的符号	温度/℃	$w(C)/(\%)$	物理意义
J	1 495	0.17	包晶点，$L_B+\delta_H \longrightarrow A_J$
K	727	6.69	渗碳体的成分
N	1 394	0	γ-Fe $\longrightarrow \alpha$-Fe 同素异构转变点
P	727	0.021 8	碳在 α-Fe 中的最大溶解度
S	727	0.77	共析点，$A_S \longrightarrow F_P+Fe_3C$
Q	600	0.005 7	600 ℃时碳在 α-Fe 中的溶解度

(2)相图的液相线是 $ABCD$，固相线是 $AHJECF$。另外，铁碳合金相图上有三条水平线，即包晶转变线 HJB、共晶转变线 ECF、共析转变线 PSK。事实上，铁碳合金相图由包晶反应、共晶反应和共析反应三个部分组成。后面将对这三个部分分别进行分析。

(3)相图中有五个单相区线：$ABCD$ 以上区域为液相区（L），$AHNA$ 区域为 δ 固溶体区（δ），$NJESGN$ 区域为奥氏体区（A 或 γ），$GPQG$ 区域为铁素体区（α 或 F），$DFKL$ 垂线为渗碳体区（Fe_3C）。

相图中有七个两相区，它们分别存在于相邻两个单相区之间。这些两相区分别是 $L+\delta$、$L+A$、$L+Fe_3C$、$\delta+A$、$\alpha+A$、$A+Fe_3C$ 及 $\alpha+Fe_3C$。

2. 包晶转变（水平线 HJB）

在 1 495 ℃的恒温下，$w(C)=0.53\%$ 的液相与 $w(C)=0.09\%$ 的 δ 铁素体发生包晶反应，形成 $w(C)=0.17\%$ 的奥氏体，反应式为

$$L_B+\delta_H \xrightarrow{1\,495\,℃} A_J$$

应当指出的是，对铁碳合金来说，由于包晶反应温度高，碳原子的扩散较快，所以包晶偏析并不严重。但对高合金钢来说，合金元素的扩散较慢，就可能造成严重的包晶偏析。

$w(C)<2.11\%$ 的合金在冷却过程中，都可在一定的温度区间内得到单相的奥氏体组织。

3. 共晶转变（水平线 ECF）

铁碳合金相图上的共晶转变产物，是在 1 148 ℃的恒温下，由 $w(C)=4.3\%$ 的液相转变为 $w(C)=2.11\%$ 的奥氏体和渗碳体而组成的混合物，反应式为

$$L_C \xrightarrow{1\,148\,℃} A_E+Fe_3C$$

共晶转变所形成的奥氏体和渗碳体的混合物，称为莱氏体，以符号 L_d 表示。凡是 $w(C)$ 在 $2.11\%\sim6.69\%$ 范围内的铁碳合金，都要进行共晶转变。

在莱氏体中，渗碳体是连续分布的相，奥氏体呈颗粒状分布在渗碳体的基底上。由于渗碳体很脆，所以莱氏体是塑性很差的组织。

4. 共析转变（水平线 PSK）

铁碳合金相图上的共析转变产物，是在 727 ℃恒温下，由 $w(C)=0.77\%$ 的奥氏体转变为 $w(C)=0.021\,8\%$ 的铁素体和渗碳体而组成的混合物，反应式为

$$A_S \xrightarrow{727\,℃} \alpha_P+Fe_3C$$

共析转变的产物称为珠光体，用符号 P 表示。共析转变的水平线 PSK，称为共析线或共析

温度。PSK 线亦称 A_1 线。凡是 $w(C)>0.0218\%$ 的铁碳合金都将发生共析转变。

经共析转变形成的珠光体是层片状的,其中的铁素体和渗碳体的含量可以分别用杠杆定律进行计算:

$$\omega(F)=\frac{\overline{SK}}{\overline{PK}}\times100\%=\frac{6.69-0.77}{6.69-0.0218}\times100\%=88.8\%$$

$$w(Fe_3C)=100\%-w(F)=11.2\%$$

渗碳体与铁素体含量的比值为 $w(Fe_3C)/w(F)\approx1/8$。这就是说,如果忽略铁素体和渗碳体比容上的微小差别,铁素体的体积是渗碳体的 8 倍。

5. 三条重要的特性曲线

1)GS 线

GS 线又称为 A_3 线,它是在冷却过程中,由奥氏体析出铁素体的开始线,或者说是在加热过程中,铁素体溶入奥氏体的终了线。事实上,GS 线是由 G 点(A_3 点)演变而来的,随着含碳量的增加,使奥氏体向铁素体发生同素异构转变的温度逐渐下降,从而由 A_3 点变成了 A_3 线。

2)ES 线

ES 线是碳在奥氏体中的溶解度曲线。当温度低于此曲线时,奥氏体中析出次生渗碳体(通常称为二次渗碳体,记为 Fe_3C_{II}),因此该曲线又是一次渗碳体的开始析出线。ES 线也称为 A_{cm} 线。由相图可以看出,E 点表示奥氏体的最大溶碳量,即奥氏体的溶碳量在 1 148 ℃时为 $w(C)=2.11\%$,而在 S 点(727 ℃)时 $w(C)=0.77\%$。

3)PQ 线

PQ 线是碳在铁素体中的溶解度曲线。铁素体中的溶碳量于 727 ℃时达到最大,$w(C)=0.0218\%$。随着温度的降低,铁素体中的溶碳量逐渐减少,在 300 ℃以下,溶碳量 $w(C)<0.001\%$。因此,当铁素体从 727 ℃冷却下来时,要从铁素体中析出渗碳体(称为三次渗碳体,记为 Fe_3C_{III})。

3.3.3 铁碳合金的平衡结晶过程及组织

铁碳合金的组织是液态结晶及固态重结晶的综合结果。研究铁碳合金的结晶过程,目的在于分析铁碳合金的组织形成及其对铁碳合金性能的影响。为了讨论方便,先将铁碳合金进行分类。通常按有无共晶转变将铁碳合金分为碳钢和铸铁两大类。按铁碳合金系结晶的铸铁,碳以 Fe_3C 形式存在,断口呈亮白色,称为白口铸铁。

1. 铁碳合金的类型

根据组织特征和含碳量,将铁碳合金按划分为以下三种类型。

1)工业纯铁

工业纯铁是指 $w(C)<0.0218\%$ 的铁碳合金。

2)钢

钢是指 $0.0218\%\leqslant w(C)\leqslant2.11\%$ 的铁碳合金,包括:①共析钢,$w(C)=0.77\%$;②亚共析钢,$0.0218\%<w(C)<0.77\%$;③过共析钢,$0.77\%<w(C)\leqslant2.11\%$。

3)白口铸铁

白口铸铁是指 $2.11\%<w\leqslant(C)\leqslant6.69\%$ 的铁碳合金,包括:①共晶白口铸铁,$w(C)=$

4.3%;②亚共晶白口铸铁,2.11%＜w(C)＜4.3%;③过共晶白口铸铁,4.3%＜w(C)≤6.69%。

　　现从每种类型中选择一种铁碳合金来分析其平衡结晶过程和组织。所选取的合金成分在相图上的位置如图 3-19 所示。

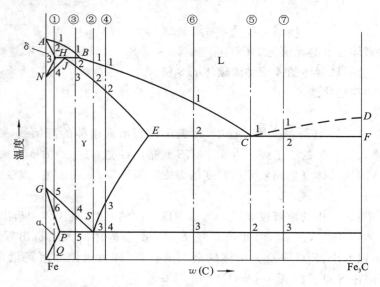

图 3-19　典型铁碳合金在铁碳合金相图中的位置

2. 工业纯铁

　　以 w(C)=0.01% 的工业纯铁(即图 3-19 中的铁碳合金①)为例,它的结晶过程示意图如图 3-20 所示。

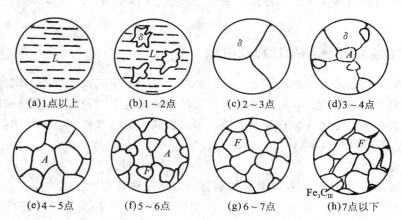

<table>
<tr><td>(a)1点以上</td><td>(b)1~2点</td><td>(c)2~3点</td><td>(d)3~4点</td></tr>
<tr><td>(e)4~5点</td><td>(f)5~6点</td><td>(g)6~7点</td><td>(h)7点以下</td></tr>
</table>

图 3-20　w(C)=0.01% 的工业纯铁结晶过程示意图

　　合金溶液在 1~2 点温度区间,按匀晶转变结晶出 δ 固溶体,液相成分按液相线 AB 变化,δ固溶体的成分沿 AH 线变化。冷却到 2 点,匀晶转变结束,合金全部转变为 δ 固溶体。2~3 点间无变化,组织为 δ 固溶体。冷却到 3 点时,开始发生固溶体的同素异构转变 δ ——→ A。A 的晶核通常优先在 δ 相的晶界上形成,然后长大,这一转变在 4 点结束。在 4~5 点,合金全部呈单相奥氏体。冷却到 5~6 点间又发生同素异构转变 A ——→F,铁素体同样是在奥氏体的晶界上优先形核长大,到 6 点结束,A 全部转变为 F。在 6~7 点,F 无变化。冷却到 7 点,碳在铁素体中的溶解量达到饱和,在 7 点以下将从铁素体中析出沿铁素体晶界分布的片状三次渗碳体 Fe_3C_{III}。所以,工业纯铁的室温组织为铁素体和三次渗碳体。工业纯铁的显微组织如图 3-21 所示。在含碳量小于 0.021 8% 的工业纯铁中,随着含碳量的增加,Fe_3C_{III} 的量增加,在 P 点处 Fe_3C_{III} 的量达到最大值。

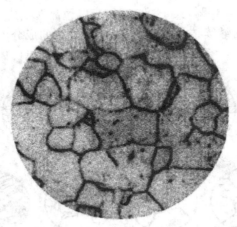

图 3-21 工业纯铁的室温平衡组织

3. 共析钢

共析钢即图 3-19 中的铁碳合金②,它的结晶过程如图 3-22 所示。在 1 点与 2 点温度区间,合金按匀晶转变结晶出奥氏体。奥氏体冷却到 3 点(727 ℃),在恒温下发生共析转变 $A_S \longrightarrow \alpha_P + Fe_3C$,转变产物为珠光体。珠光体中的渗碳体称为共析渗碳体。在随后的冷却过程中,铁素体中的含碳量沿 PQ 线变化,于是从珠光体的铁素体相中析出三次渗碳体。在缓慢冷却条件下,三次渗碳体在铁素体与渗碳体的相界上形成,与共析渗碳体连接在一起,在显微镜下难以分辨,同时三次渗碳体的数量很少,对珠光体的组织和性能没有明显影响。共析钢的平衡组织如图 3-23 所示。

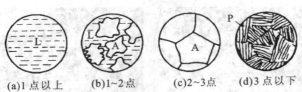

(a)1 点以上　(b)1~2 点　(c)2~3 点　(d)3 点以下

图 3-22 共析钢结晶过程

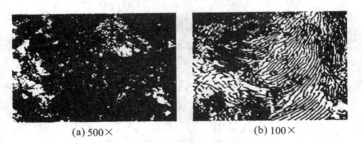

(a) 500×　(b) 100×

图 3-23 共析钢的平衡组织

4. 亚共析钢

现以 $w(C)=0.40\%$ 的碳钢为例进行分析。它在铁碳合金相图上对应于图 3-19 中的铁碳合金③,结晶过程如图 3-24 所示。在结晶过程中,冷却至 1 点与 2 点温度区间,该合金按匀晶转变结晶出 δ 固溶体。当冷却到 2 点时,δ 固溶体的 $w(C)=0.09\%$,液相的 $w(C)=0.53\%$,此时的温度为 1 495 ℃,于是液相和 δ 固溶体在恒温下发生包晶转变,即 $L_B+\delta_H \longrightarrow A_J$,形成奥氏体。但由于钢中 $w(C)=0.40\%$,大于 0.17%,所以包晶转变终了后,仍有液相存在,这些剩余的液相在 2 点与 3 点之间继续结晶成奥氏体,此时液相的成分沿 BC 线变化,奥氏体的成分沿 JE 线变化。温度降到 3 点,合金全部由 $w(C)=0.40\%$ 的奥氏体组成。

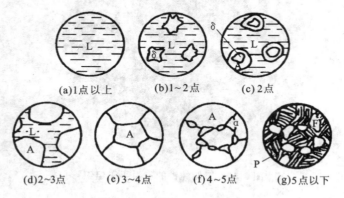

(a)1点以上   (b)1~2点   (c) 2点

(d)2~3点   (e)3~4点   (f)4~5点   (g)5点以下

图 3-24　亚共析钢结晶过程

单相的奥氏体冷却到 4 点时,在晶界上开始析出铁素体。随着温度的降低,铁素体的数量不断增多,此时铁素体的成分沿 GP 线变化,而奥氏体的成分沿 GS 线变化。当温度降至 5 点与共析线(727 ℃)相遇时,奥氏体的成分达到 S 点,即 $w(C)=0.77\%$,于恒温下发生共析转变,即 $A_S \longrightarrow \alpha_P+Fe_3C$,形成珠光体。在 5 点以下,先共析铁素体和珠光体中的铁素体都将析出三次渗碳体,但三次渗碳体的数量很少,一般可忽略不计。因此,亚共析钢在室温下的组织(见图 3-25)由先共析铁素体和珠光体所组成。

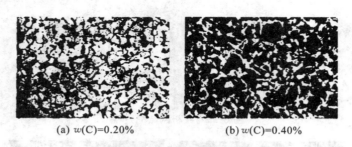

(a) $w(C)=0.20\%$　　　(b) $w(C)=0.40\%$

图 3-25　亚共析钢在室温下的平衡组织

亚共析钢的室温组织均由铁素体和珠光体组成。钢中含碳量越高,组织中的珠光体量也就越多。

利用杠杆定律可分别计算出钢中的组织组成物——先共析铁素体和珠光体的含量,即

$$w(\alpha)=\frac{0.77-0.40}{0.77-0.021\ 8}\times100\%=49.5\%$$

$$w(P)=1-49.5\%=50.5\%$$

同样,也可以算出相组成的含量,即

$$w(\alpha)=\frac{6.69-0.40}{6.69-0.021\,8}\times100\%=94.3\%$$

$$w(Fe_3C)=1-94.3\%=5.7\%$$

根据亚共析钢的平衡组织,也可近似地估计亚共析钢的含碳量,即 $w(C)\approx w(P)\times0.8\%$,其中 $w(P)$ 为珠光体在显微组织中所占面积的百分数,0.8% 是珠光体碳的质量分数 0.77% 的近似值。

5. 过共析钢

以 $w(C)=1.2\%$ 的过共析钢为例。该钢在相图上对应于图 3-19 中的铁碳合金④,结晶过程如图 3-26 所示。该合金在 1 点与 2 点之间以匀晶转变为单相奥氏体。当冷即至 3 点与 ES 线相遇时,奥氏体中析出二次渗碳体,直到 4 点为止。这种先共析渗碳体一般沿着奥氏体晶界呈网状分布。由于渗碳体的析出,奥氏体中的含碳量沿 ES 线变化,当温度降至 4 点(727 ℃)时,奥氏体的含碳量正好达到 S 点,$w(C)=0.77\%$,在恒温下发生共析转变,形成珠光体。因此,过共析钢在室温下的平衡组织(见图 3-27)为珠光体和二次渗碳体。

(a)1点以上　　(b)1~2点　　(c)2~3点　　(d)3~4点　　(e)4点以下

图 3-26　过共析钢结晶过程

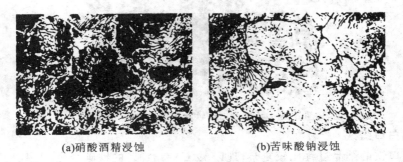

(a)硝酸酒精浸蚀　　　　　　　(b)苦味酸钠浸蚀

图 3-27　过共析钢在室温下的平衡组织

在过共析钢中,二次渗碳体的数量随钢中含碳量的增加而增加,当含碳量较多时,除了沿奥氏体晶界呈网状分布外,二次渗碳体还在晶内呈针状分布。

6. 共晶白口铸铁

共晶白口铸铁中 $w(C)=4.3\%$。它在相图中对应于图 3-19 中的铁碳合金⑤,结晶过程如图 3-28 所示。液态合金冷却到 1 点(1 148 ℃)时,在恒温下发生共晶转变,即 $L_c\longrightarrow A_E+Fe_3C$,形成莱氏体($L_d$)。当冷却至 1 点温度以下时,碳在奥氏体中的溶解度不断下降,因此共晶奥氏体中不断析出二次渗碳体,但由于它依附在共晶渗碳体上析出并长大,所以难以分辨。当温度降至 2 点(727 ℃)时,共晶奥氏体的含碳量降至 $w(C)=0.77\%$,在恒温下发生共析转变,即共晶奥氏体转变为珠光体。最后在室温下形成珠光体分布在共晶渗碳体的基体上的组织。室温莱氏体保持了在高温下共晶转变后所形成的莱氏体的形态特征,但组成相发生了改变。因此,常将室温莱氏体称为低温莱氏体或变态莱氏体,并用符号 L'_d 表示。共晶白口铸铁在室温下的平衡组织如图 3-29 所示。

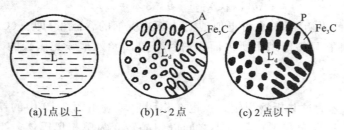

(a)1点以上　　　　(b)1~2点　　　　(c) 2点以下

图 3-28　共晶白口铸铁结晶过程

图 3-29　共晶白口铸铁在室温下的平衡组织

7. 亚共晶白口铸铁

亚共晶白口铁的结晶过程比较复杂,现以 $w(C)=3.0\%$ 的铁碳合金(见图 3-19 中的铁碳合金⑥)为例进行分析。

在结晶过程中,在 1 点与 2 点之间,该合金按匀晶转变结晶出初晶(或先共晶)奥氏体,奥氏体的成分沿 JE 线变化,而液相的成分沿 BC 线变化。当温度降至 2 点时,液相成分达到共晶点 C,于恒温(1 148 ℃)下发生共晶转变,即 $L_C \longrightarrow A_E + Fe_3C$,形成莱氏体。当冷却至 2 点与 3 点温度区间时,初晶奥氏体和共晶奥氏体中都析出二次渗碳体。随着二次渗碳体的析出,奥氏体的成分沿着 ES 线不断降低。当温度到达 3 点(727 ℃)时,奥氏体的成分也到达了 S 点,于恒温下发生共析转变,所有的奥氏体均转变为珠光体。图 3-30 所示为亚共晶白口铁结晶过程。图中大块黑色部分是由初晶奥氏体转变成的珠光体,由初晶奥氏体析出的二次渗碳体与共晶渗碳体连成一片,难以分辨。亚共晶白口铸铁在室温下的平衡组织如图 3-31 所示。

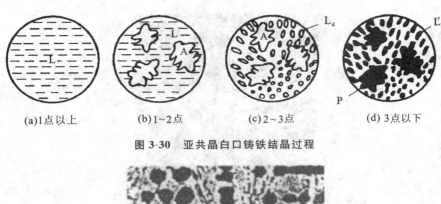

(a)1点以上　　　(b)1~2点　　　(c)2~3点　　　(d) 3点以下

图 3-30　亚共晶白口铸铁结晶过程

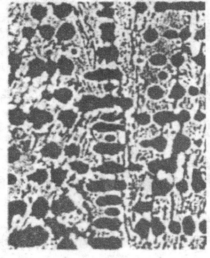

图 3-31　亚共晶白口铸铁在室温下的平衡组织

8. 过共晶白口铸铁

以 $w(C)=5.0\%$ 的过共晶白口铁为例,它在相图中对应于图 3-19 中的铁碳合金⑦,结晶过程如图 3-32 所示。在结晶过程中,该合金在 1 点与 2 点温度区间从液体中结晶出粗大的先共晶渗碳体(称为一次渗碳体)。随着一次渗碳体数量的增多,液相成分沿着 DC 线变化。当温度降至 2 点时,液相成分的含碳量达到 $w(C)=4.3\%$,于恒温下发生共晶转变,形成莱氏体。在继续冷却过程中,共晶奥氏体先析出二次渗碳体,然后于 727 ℃ 恒温下发生共析转变,形成珠光体。因此,过共晶白口铸铁在室温下的平衡组织为一次渗碳体和室温莱氏体。过共晶白口铸铁在室温下的平衡组织如图 3-33 所示。

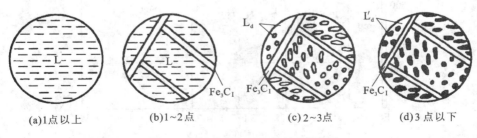

(a)1点以上　　　(b)1~2点　　　(c)2~3点　　　(d) 3点以下

图 3-32　过共晶白口铸铁结晶过程

图 3-33　过共晶白口铸铁在室温下的平衡组织

3.3.4　含碳量对铁碳合金平衡组织和性能的影响

1. 合金成分与平衡组织的关系

根据对铁碳合金平衡结晶过程的分析,可得到按组织组成物区分的 Fe-Fe₃C 相图,如图 3-34所示。

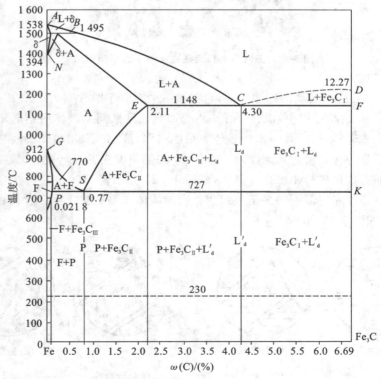

图 3-34　按组织组成物区分的 Fe-Fe₃C 相图

56

由杠杆定律计算可知,铁碳合金的成分与平衡结晶后组织组成物及相组成物之间存在定量关系,如图 3-35 所示。从相组成方面分析,铁碳合金在室温下的平衡组织均由铁素体和渗碳体组成,当碳的质量分数为零时,铁碳合金全部由铁素体组成,随着碳质量分数的增加,铁素体的量逐渐减少,到 $w(C)=6.69\%$ 时降为零,而渗碳体由零增至 100%。

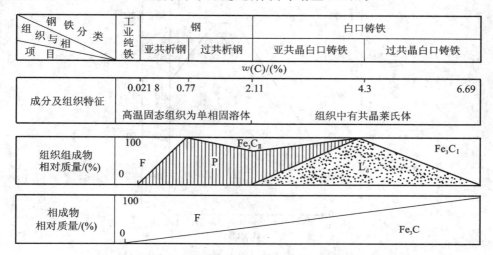

图 3-35 铁碳合金的成分与平衡组织组成物及相组成物的关系

碳质量分数的变化还影响着两相相互组合的形态(铁碳合金的组织)变化,这是由于成分的变化引起不同性质的结晶过程,从而使相发生变化的结果。由图 3-35 可知,随碳质量分数的增加,铁碳合金的组织变化顺序为

$$F \longrightarrow F+Fe_3C_{III} \longrightarrow F+P \longrightarrow P \longrightarrow P+Fe_3C_{II}$$
$$\longrightarrow P+Fe_3C_{II}+L'_d \longrightarrow L'_d \longrightarrow L'_d+Fe_3C_I$$

$w(C)<0.021\,8\%$ 时铁碳合金组织为铁素体,$w(C)=0.77\%$ 时铁碳合金的组织为珠光体,$w(C)=4.3\%$ 时铁碳合金的组织为莱氏体,$w(C)=6.69\%$ 时铁碳合金的组织为渗碳体。在上述碳的质量分数之间为相应组织组成物的混合物,而且同一种组成相,由于生成条件不同,虽然相的本质未变,但相的形态会有很大的差异。例如渗碳体,当 $w(C)<0.021\,8\%$ 时:三次渗碳体从铁素体中析出,沿晶界呈小片状分布;由共析反应生成的共析渗碳体与铁素体呈交替层片状分布;从奥氏体中析出的二次渗碳体以网状分布于奥氏体的晶界处。又例如:共晶渗碳体与奥氏体相关形成,在莱氏体中为连续的基体,比较粗大,有时呈鱼骨状;从液相中直接析出的一次渗碳体呈规则的长条状。可见,成分的变化,不仅会引起相的相对量的变化,而且会引起组织的变化,从而对铁碳合金的性能产生好的影响。

2. 合金成分与力学性能的关系

碳的质量分数对退火碳钢力学性能的影响如图 3-36 所示。可见,随碳质量分数的增加,珠光体的数量逐渐增多,因此,亚共析钢的强度、硬度升高,而表征塑性的断后伸长率 A、断面收缩率 Z、冲击韧度 a_K 下降。碳的质量分数在接近 1.0% 时,过共析钢的强度达到最高值,随后碳的质量分数继续增加,过共析钢的强度下降,这是由于 $w(C)=1.0\%$ 时,二次渗碳体在晶界形成连续的网络,使过共析钢的脆性大大增加,拉伸试验时在二次渗碳体处出现早期裂纹,使过共析钢的抗拉强度下降。

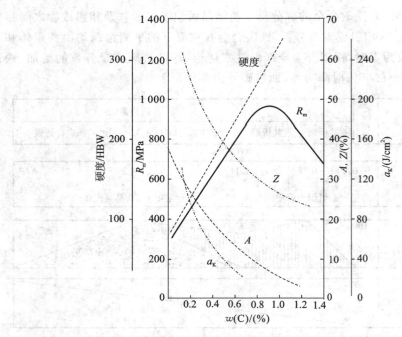

图 3-36 碳的质量分数对退火碳钢力学性能的影响

铁碳合金的塑性主要由铁素体提供,因此,当铁碳合金中碳的质量分数增加而使铁素体减少时,铁碳合金表征塑性的指标不断降低,当组织中出现以渗碳体为基体的莱氏体时,这些指标接近于零。

冲击韧度对组织十分敏感。碳的质量分数增加时,渗碳体增多,当出现网状二次渗碳体时,冲击韧度急剧下降。总体来看,随碳的质量分数增加,冲击韧度的下降趋势要大于断后伸长率和断面收缩率。

硬度是对组织或组成相不十分敏感的性能,它主要取决于组成相的数量和硬度。因此,随碳的质量分数增加,渗碳体增多,铁素体减少,合金的硬度上升。

结构材料(亚共析钢)的硬度、强度和断后伸长率可根据成分(质量分数)或进行估算。

$$硬度(HBW) = 80 \times w(F) + 180 \times w(P) (或 80 \times w(F) + 800 \times w(Fe_3C))$$

$$抗拉强度(MPa) R_m = 230 \times w(F) + 770 \times w(P)$$

$$断后伸长率(\%) A = 50 \times w(F) + 20 \times w(P)$$

式中的数字相应为铁素体、珠光体或渗碳体的大致硬度、强度和断后伸长率,符号相应表示组织中铁素体、珠光体和渗碳体的质量分数。

为了保证工业上使用的铁碳合金具有适当的塑性和韧性,铁碳合金中渗碳体相的量不应过多。对于碳钢及普通低合金钢而言,碳的质量分数一般不超过 1.3%。

3.3.5 铁碳相图的应用

Fe-Fe₃C 相图主要应用于钢铁材料的选用和加工工艺的制订两个方面。

1. 在钢铁材料选用方面的应用

Fe-Fe₃C 相图所表明的某些成分、组织、性能的规律,为钢铁材料的选用提供了根据。建筑结构和各种型钢塑性、韧性应较好,因此应选用碳的质量分数较低的钢材。各种机械零件强度应较高、塑性及韧性应较好,因此应选用碳的质量分数适中的钢材。各种工具强度应高和耐磨性应好,因此应选用碳的质量分数高的钢材。纯铁的强度低,不宜用作结构材料,但由于磁导率高、矫顽力小,纯铁,可作为软磁材料使用,如做电磁铁的铁芯等。白口铸铁硬度高、脆性大,不能切削加工,也不能锻造,但耐磨性好,铸造性能优良,适于制造要求耐磨、不受冲击、形状复杂的铸件,如拔丝模、冷轧辊、犁铧、球磨机的磨球等。

2. 在铸造工艺方面的应用

根据 Fe-Fe₃C 相图可以合理地确定铁碳合金的浇注温度。浇注温度一般在液相线以上 50~100 ℃。从 Fe-Fe₃C 相图上可看出,纯铁和共晶白口铸铁的铸造性能最好。它们的凝固温度区间最小,因而流动性好,分散缩孔少,可以获得致密的铸件,所以铸铁的成分在生产上总是选在共晶成分附近。在铸钢生产中,碳的质量分数规定在 0.15%~0.6% 范围内,因为在这个范围内钢的结晶温度区间较小,铸造性能较好。

3. 在锻造、轧制工艺方面的应用

钢处于奥氏体状态时强度较低,塑性较好,易于锻造或轧制。一般始锻、始轧温度控制在固相线下 100~200 ℃ 范围内。温度高时,钢的变形抗力小,节约能源,设备要求的吨位低,但温度不能过高,以免钢材严重烧损或发生晶界熔化(过烧)。终锻、终轧温度不能过低,以免钢材因塑性差而发生锻裂或轧裂。亚共析钢热加工终了温度多控制在 GS 线以上,避免变形时出现大量的铁素体,形成带状组织,从而使韧度降低。过共析钢变形终了温度应控制在 PSK 线以上,以便把呈网状析出的二次渗碳体打碎。终了温度不能太高,否则再结晶后奥氏体晶粒粗大,使热加工后的组织也粗大。一般钢的始锻温度为 1 150~1 250 ℃,终锻温度为 750~850 ℃。

4. 在焊接工艺方面的应用

由于焊接工艺的特点是对被焊材料进行局部加热,使被焊材料熔化并冷却结晶,因此焊件上不同的部位处于不同的温度条件下,整个焊缝区相当于经受一次冶金过程或不同加热规范的热处理过程,从而出现不同的组织,引起性能不均匀。根据 Fe-Fe₃C 相图可分析碳钢焊缝组织并用适当的热处理方法来减轻或消除组织不均匀而引起的性能不均匀,或选用适当成分的钢材来减轻焊接过程对焊缝区组织和性能产生的不利影响。

5. 在热处理工艺方面的应用

热处理工艺中钢的加热温度都是依据 Fe-Fe₃C 相图确定的,这将在金属材料热处理章节中详细阐述。

【习题与思考题】

1. 金属结晶的条件和动力是什么?
2. 绘图阐明金属结晶过程的一般规律。
3. 何谓组元、成分、合金系、相图?二元合金相图表达了合金的哪些关系?它有哪些实际意义?
4. 简述金属铸锭组织形成的一般规律。
5. 何谓合金的组织组成物?指出 $w(Sn)=30\%$ 的铅锡合金在 183 ℃ 下全部结晶完毕后的组织组成物和相组成物,并利用杠杆定律计算它们的质量分数。
6. 什么是共晶反应?什么是共析反应?它们各有何特点?

7. 分析 $w(C)=0.45\%$、$w(C)=0.77\%$、$w(C)=1.2\%$ 的铁碳合金从液态缓冷至室温时的结晶过程及室温组织,分别计算 $w(C)=1.2\%$ 的铁碳合金在室温下相的质量分数和组织组成物的质量分数。

8. 默绘 Fe-Fe₃C 相图,标明重要的点、线、成分及温度,并填出各区组织。相图中组元碳的质量分数为什么只研究到 6.69%?

9. 现有两种铁碳合金,一种铁碳合金在室温下的显微组织为珠光体和铁素体,珠光体的质量分数为 75%,铁素体的质量分数为 25%;另一种铁碳合金在室温下的显微组织为珠光体和二次渗碳体,珠光体的质量分数为 92%,二次渗碳体的质量分数为 8%。这两种铁碳合金中碳的质量分数大约是多少?

10. 简述 Fe-Fe₃C 相图中的共晶转变与共析转变,写出转变式,标出反应温度及反应前后各相的含碳量。

11. 钢与白口铸铁在成分上的界限是多少?碳钢按室温下的组织如何分类?写出各类碳钢的室温平衡组织。

12. 说明钢中碳的质量分数对钢力学性能的影响。

第4章　金属的塑性变形及再结晶

金属经过熔炼浇注形成铸锭后,通常需要进行各种塑性加工。塑性加工是指金属在外力(通常是压力)作用下,产生塑性变形,从而获得所需形状、尺寸、组织和性能的一种基本的金属加工方法,也称为金属的压力加工。它的一个基本特点就是金属在外力作用下不能自行恢复其原来的形状和尺寸,如锻压、轧制、挤压、冷拔冲压等。金属的塑性加工示例如图4-1所示。

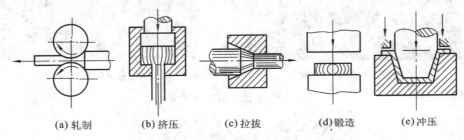

(a)轧制　　(b)挤压　　(c)拉拔　　(d)锻造　　(e)冲压

图 4-1　金属的塑性加工示例

对金属进行塑性加工,不仅为了得到零件所需要的外形和尺寸,还为了改善金属的组织和性能。例如:用压力加工的方法可以改善铸态组织中晶粒粗大、分布不均匀及成分偏析等缺陷;通过锻造的方法可击碎高速钢中的碳化物,并使碳化物均匀分布;对于直径小的线材,通过拉丝成型,可以显著提高它的强度。因此,了解金属塑性变形过程中组织变化的本质与变化规律,不仅对改进金属材料的加工工艺具有重要的指导意义,而且对发挥材料的性能潜力、提高产品的质量都具有重要的指导意义。

4.1　金属的塑性变形

对材料加载,若加载的应力超过材料的弹性极限,则卸载后,试样不会完全恢复原状,会留下一部分永久变形,这种永久变形称为塑性变形。虽然工程上应用的金属材料大多数为多晶体,但是由于多晶体中每个晶粒的变形机理与单晶体相同,因此有必要先了解单晶体的塑性变形机制,再讨论多晶体中晶界对塑性变形的影响,以便全面了解金属塑性变形的本质与变化规律。

4.1.1　单晶体的塑性变形

单晶体是指原子排列方式完全一致的晶体。单晶体只有受到切应力作用,且切应力到临界值时,才发生塑性变形。单晶体的塑性变形主要有两种,一种为滑移变形(简称滑移),另一种为孪生变形(简称孪生)。其中滑移为单晶体塑性变形中主要的变形方式。

1. 滑移

将表面抛光后的纯金属试样进行拉伸,试样产生一定的塑性变形后,在试样表面观察到晶体的一部分晶面相对于另一部分发生了滑动,如图 4-2 所示。在切应力的作用下,晶体的一部分沿一定晶面(滑移面)和晶向(滑移方向)相对于另一部分发生的滑动称为滑移。在显微镜下观察时,可看到试样表面有许多互相平行的线条。这些互相平行的线条称为滑移带,如图 4-3 所示。在高倍下观察发现,滑移带由许多密集且相互平行的更细的滑移线和小台阶组成,如图 4-4 所示。

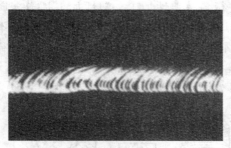

(a)单晶体表面的滑移痕迹

(b)多晶铜表面的滑移痕迹

图 4-2　晶体表面的滑移痕迹

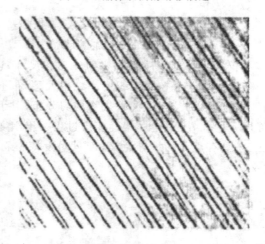

图 4-3　单晶铜变形后的滑移带

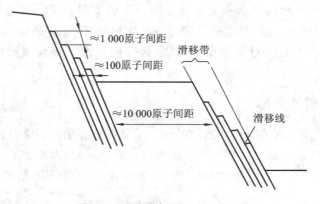

图 4-4　滑移带与滑移线示意图

计算表明:把滑移设想为刚性整体滑动,所需的理论临界切应力值比实际测量的临界切应力值大 3～4 个数量级;而按照位错运动模型计算,所得的临界切应力值与实测值相符。因此,滑移实际上是位错在切应力作用下的运动结果,如图 4-5 所示。

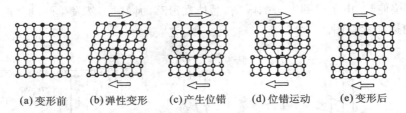

(a)变形前　(b)弹性变形　(c)产生位错　(d)位错运动　(e)变形后

图 4-5　刃型位错在切应力作用下的运动

单晶体的滑移具有以下特点。

(1)滑移只能在切应力的作用下发生,产生滑移所需的最小切应力称为临界切应力。临界切应力的大小取决于金属原子间的结合力。

(2)一般来说,滑移面总是原子排列最密的晶面,而滑移方向也总是原子排列最密的晶向。这是因为在晶体的原子密度最大的晶面上,原子间的结合力最强,而面与面之间的距离最大,密排面之间的原子间结合力最弱,滑移的阻力最小,所以最易于滑移。沿原子密度最大的晶向滑动时,阻力也最小。一个滑移面与其上的一个滑移方向构成一个滑移系。表 4-1 列出了三种常见金属晶体结构的滑移系。

表 4-1　三种常见金属晶体结构的滑移系

晶体结构	体心立方	面心立方	密排六方
滑移面	(110)	(111)	(0001)
滑移方向	[111]	[110]	[1120]
滑移系数目	6×2=12	4×3=12	1×3=3

在体心立方晶格中,滑移面为(110)×6,滑移方向为[111]×2,故滑移系数目为 6×2=12。铬和常温下的 α-Fe 等属于这类结构。

在面心立方晶格中,滑移面为(111)×4,滑移方向为[110]×3,故滑移系数目为 4×3=12。铜、铝及高温下的 γ-Fe 等属于这类结构。

在密排六方晶格中,在室温时只有 1 个(0001)滑移面,滑移方向为[1120]×3,故滑移系数目为 1×3=3。属于这类结构的金属有镁、锌等。

另外,金属塑性的好坏,不仅取决于滑移系的多少,还与滑移面上原子的密排程度和滑移方向的数目等因素有关。滑移系数目越多,金属的塑性越好。滑移方向对提高金属的塑性起到的作用更大,这也就是铝、铜的塑性比 α-Fe 的塑性更好的原因。此外,滑移面间距离较小,原子间结合力较大,必须在较大的应力作用下才能开始滑移,所以 α-Fe 的塑性要比铜、铝、银等面心立方结构的金属要差些。

（3）滑移时，晶体的一部分相对于另一部分沿滑移方向位移的距离为原子间距的整数倍。一个位错移动到晶体表面时，便产生一个原子间距的滑移量，如图 4-5 所示。同一滑移面上，若有大量位错移出，则会在晶体表面形成一条滑移线。若干条滑移线组成一个滑移带。

（4）试样拉伸时，由于受到夹头的限制，晶体在滑移的同时必然发生转动。图 4-6 所示为试样及其晶体的运动示意图。

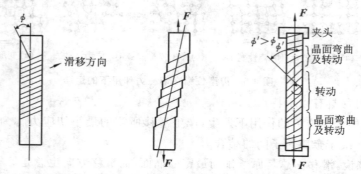

(a) 拉伸前的原始试样　　(b) 拉伸时试样无夹头限制　　(c) 拉伸时试样有夹头限制

图 4-6　试样及其晶体的运动示意图

2. 孪生

在切应力作用下，晶体有时还以另一种形式发生塑性变形，这种变形方式就是孪生。当晶体在切应力的作用下发生孪生时，晶体的一部分沿一定的晶面（孪生面）和一定的晶向（孪生方向）相对于另一部分晶体均匀地切变。在切变区域内，与孪生面平行的每层原子的切变量与它距孪晶面的距离成正比，并且不是原子间距的整数倍。这种切变不会改变晶体的点阵类型，但可使变形部分的位向发生变化，并与未变形部分的晶体以孪晶界为分界面构成镜面对称的位向关系。通常把对称的两部分晶体称为孪晶，将形成孪晶的过程称为孪生。面心立方晶体的孪生如图 4-7 所示。经过孪生后，在孪生面两侧的晶体形成镜面对称。发生孪生的晶体经抛光后，能在显微镜下观察到孪生带，即孪晶。金属中的孪晶如图 4-8 所示。

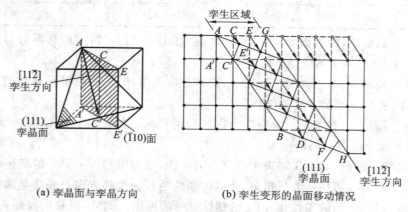

(a) 孪晶面与孪晶方向　　　(b) 孪生变形的晶面移动情况

图 4-7　面心立方晶体的孪生

(a) 钛合金六方相中的形变孪晶

(b) 奥氏体不锈钢中的退火孪晶

图 4-8　金属中的孪晶

3. 滑移和孪生的比较

滑移和孪生是单晶体塑性变形的两种主要方式,它们之间既有相同的地方,也有不同的地方。它们的相同点如下。

(1)二者在宏观上都是在切应力的作用下发生的剪切变形。

(2)二者在微观上都是晶体塑性变形的基本形式,都是晶体的一部分沿一定晶面和晶向相对另一部分的移动过程。

(3)两者都不会改变晶体结构。

(4)从机制上看,二者都是位错运动的结果。

(5)二者都存在临界切应力,但发生孪生的临界切应力远大于发生滑移的临界切应力。

二者的不同点如下。

(1)滑移不改变晶体的位向,孪生改变晶体的位向。

(2)二者的原子运动不同。滑移时原子的位移是沿滑移方向原子间距的整数倍,而孪生时原子的位移不是孪生方向原子间距的整数倍。

(3)滑移是不均匀切变过程,只集中在某些晶面上大量进行,各滑移带之间的晶体并未发生滑移;而孪生是均匀切变过程,即在切变区内与孪生面平行的每一层原子面均沿孪生方向发生一定量的位移。

(4)二者发生的条件不同。孪生所需临界切应力远大于滑移,因此只有在滑移受阻的情况下晶体才以孪生的方式变形,如在滑移系较少的密排六方结构(Mg、Zn、Cd 等金属)中发生。晶体对称度越低,相对来说越容易发生孪生。另外,变形温度越低,加载速率越高,也越容易发生孪生。

由于孪生的临界切应力要比滑移的临界切应力大得多,只有在滑移很难进行的条件下,晶体才发生孪生,因此孪生对塑性变形的贡献比滑移小得多。但是,孪生后变形部分的晶体位向发生改变,可使原来处于不利取向下的滑移系转变为处于新的有利取向下,这样就可以激发晶体的进一步滑移,提高金属的塑性变形能力。例如滑移系少的密排六方金属,当晶体相对于外力的取向不利于滑移时,如果发生孪生,则孪生后的取向大多会变得有利于滑移。这样滑移和孪生两者交替进行,即可获得较大的变形量。正是由于这个原因,当金属中存在大量的孪晶时,可以较顺利地发生形变。

4.1.2　金属塑性变形的实质

若晶体滑移时晶体的一部分相对另一部分做整体原子级的移动，则所需的临界切应力必须很大。例如铜的临界切应力理论计算值为 6 400 MPa，但实际上使铜的晶体产生滑移的实测值小得多，为 1.0 MPa。由此可见，滑移并不是晶体的整体刚性移动。近代物理学证明，实际晶体内部存在大量的缺陷（如点缺陷、线缺陷、面缺陷）。其中，线缺陷（位错）对金属塑性变形的影响最为明显。由于线缺陷（位错）的存在，部分原子处于不稳定状态。在比应力值低得多的切应力的作用下，处于高能位的原子很容易从一个相对平衡的位置上移动到另一个位置上，发生位错运动。图 4-9 所示就是在切应力作用下一个刃型位错在滑移面上的运动过程，它的形式为一个原子间距的位移（即位错的运动）。位错运动的结果是实现了整个晶体的塑性变形。

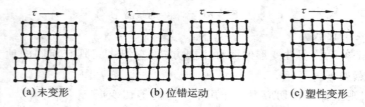

(a) 未变形　　　　(b) 位错运动　　　　(c) 塑性变形

图 4-9　位错运动引起塑性变形

由上面的模型可知，晶体的滑移过程，只需位错中心周围的少数原子做微量的位移即可实现。因此，晶体的塑性变形只需很小的临界切应力。塑性变形的过程是位错运动的过程，也是位错增殖的过程。

4.1.3　多晶体的塑性变形

多晶体的塑性变形虽与单晶体的塑性变形有相似之处，但由于各晶粒的位向不同，加之晶粒之间还有晶界，因此它的塑性变形又表现出以下不同于单晶体的特点。

1. 多晶体塑性变形的特点

（1）不均匀的塑性变形过程。由于每个晶粒的位向不相同，晶粒内部的滑移面及滑移方向分布也不一致，因此在外力的作用下，各晶粒内滑移系上的切应力也不相同，如图 4-10 所示。有些晶粒所处的位向能使晶粒内部的滑移系获得最大的切应力，这些晶粒将首先达到临界切应力值而开始滑移。

这些晶粒所处的位向为易滑移位向，又称为软位向。与单晶体的塑性变形一样，首批处于软位向的晶粒在滑移过程中也要发生转动。晶粒的转动，可能会导致晶粒从软位向逐步转到硬位向，不再继续滑移，而引起邻位未变形的硬位向晶粒开始滑移。由此可见，多晶体的塑性变形，先发生于软位向晶粒，然后发展到硬位向晶粒，是一个不均匀的塑性变形过程。图 4-10 中的 A、B、C 示意了不同位向晶粒的滑移次序。

（2）晶粒间的位向差阻碍滑移。由于各相邻晶粒之间存在位向差，当一个晶粒发生塑性变形时，如果周围的晶粒不发生塑性变形，就不能保持晶粒间的连续性，甚至造成材料出现孔隙或破裂。对于存在于晶粒间的这种相互约束，必须有足够大的外力才能予以克服，即外力足够大才能使某晶粒发生滑移并带动或引起相邻晶粒也发生滑移。这就意味着增大了晶粒变形的抗力，阻碍了滑移的进行。

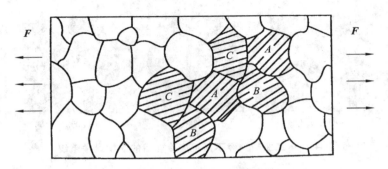

图 4-10 多晶体金属中各晶粒所处的位向

（3）晶界阻碍位错运动。晶界是相邻晶粒的过渡区，原子排列不规则，使位错运动到晶界附近时，受到晶界的阻碍而堆积起来，即发生位错的塞积。若使变形继续进行，则必须增大外力。可见，晶界使金属的塑性变形抗力增大。做晶粒试样的拉伸试验，在拉伸后观察试样发现，发生在晶界处的变形很小，而远离晶界的晶粒内变形量较大，这说明晶界的变形抗力大于晶内。由以上可知，金属的晶粒越细，在外力的作用下，越有利于滑移，从而推迟了金属裂纹的产生，即使金属发生的塑性变形很大也不致断裂，表现出塑性的提高。在强度和塑性同时提高的情况下，金属在断裂前要消耗大量的功，因此韧性比较好。这就是实际生产中一般希望获得细晶粒金属材料的原因。

2. 多晶体的塑性变形过程

中由于晶界的存在及各晶粒位向不同，因此多晶体中各晶粒都处于不同的应力状态。即使多晶体受到单向均匀拉伸力的作用，有的晶粒受到拉力或压力的作用，有的晶粒受到弯曲力或扭转力的作用，而且受力大小也不一样，有的晶粒变形大，有的晶粒变形小，有的晶粒已开始变形，而有的晶粒还处于弹性变形阶段等。多晶体的塑性变形就是这样极不均匀地、有先有后地进行着。最先产生滑移的将是那些滑移面和滑移方向与外力成 45°角（也称为软位向）的一些晶粒。但它们的滑移会受到晶界及周围不同位向的晶粒的阻碍，使得这些晶粒在变形达到一定程度时，在晶界附近造成足够大的应力集中，使滑移停止，同时激发邻近处于次软位向的晶粒中的滑移系移动，产生塑性变形，从而使塑性变形过程不断继续下去。此外，由于晶粒滑移时发生位向的转动，使已变形晶粒中原来的软位向逐渐转到硬位向，因此多晶体的塑性变形实质上是晶粒一批批地发生塑性变形，直至所有晶粒都发生变形。多晶体中晶粒越细，塑性变形的不均匀性就越小。

4.1.4 塑性变形对金属组织和性能的影响

1. 塑性变形对金属组织的影响

（1）形成纤维组织。经塑性变形后，金属材料的显微组织发生了明显的改变，除了出现大量的滑移带、孪晶带以外，各晶粒的形状也会发生变化；随着变形量的逐渐增大，原来的等轴晶粒沿变形方向逐渐被拉长；当变形量很大时，晶粒变成纤维状，如图 4-11 所示。

（2）形成亚结构。在塑性变形的过程中，位错密度迅速增大，可从变形前退火态的 $10^6 \sim 10^{10}$ cm^{-2} 增至 $10^{11} \sim 10^{12}$ cm^{-2}。变形量越大，位错密度越大。位错聚集在局部地区，将原晶粒分成小块，形成胞状亚结构，如图 4-12 所示。

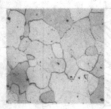  

(a)正火态　　　　　　(b)40%变形率　　　　　　(c)80%变形率

图 4-11　工业纯铁经不同程度冷轧后的光学显微组织

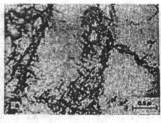 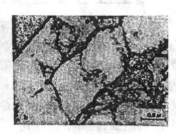

(a)应变9%　　　　　　　　　(b)应变20%

图 4-12　塑性变形引起的胞状亚结构

(3)产生形变织构。在多晶材料的塑性变形过程中,随着变形度的增加,多晶体中原先任意取向的各个晶粒发生转动,从而使各晶粒的取向趋于一致,形成特殊的择优取向。这种有序化的结构叫作形变织构。变形量越大,择优取向的程度越大,形变织构越多。形变织构一般分为两种。一种是各晶粒的一定晶向平行于拉拔方向,称为丝织构。例如,经过大变形量冷拔后,低碳钢的晶粒的晶向[100]平行于拔丝方向。另一种是各晶粒的一定晶向和晶面平行于轧制方向,称为板织构。低碳钢的板织构为(001)[110]。形变织构如图 4-13 所示。

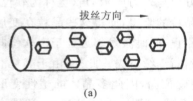 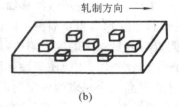

(a)　　　　　　　　　　　　(b)

图 4-13　形变织构

(4)形变织构造成了各向异性,对材料的性能和加工工艺有很大的影响,且即使退火后仍然存在。一般来说,不希望金属材料存在形变织构。当用有形变织构的轧制板材深冲成形零件时,由于板材各方向变形能力不同,因而深冲出来的工件边缘不整齐,壁厚不均匀。深冲产品的杯口部出现的波浪形突起像人的耳朵,故称制耳,如图 4-14 所示。

2. 塑性变形对金属性能的影响

(1)力学性能变化。图 4-15 所示是工业纯铜和 45 钢经不同程度冷变形后的力学性能变化。可见,随着形变量的增加,晶体的强度、硬度提高,塑性、韧性下降。这种现象称为加工硬化,也叫形变强化。

加工硬化可作为变形金属的一种强化方式,许多不能通过热处理强化的金属材料,可以利

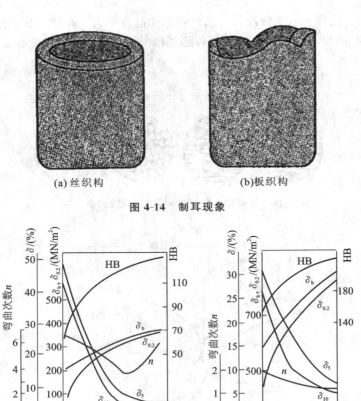

(a) 丝织构   (b)板织构

图 4-14 制耳现象

(a) 工业纯铜   (b) 45钢

图 4-15 工业纯铜和 45 钢冷变形后的力学性能变化

用冷变形加工同时实现成形与强化的目的。此外,正是由于材料本身的加工硬化特性,金属零件的冲压成形等加工才能使零件均匀变形,避免因局部变形导致的断裂。不过加工硬化现象也存在不利之处:当连续进行变形加工时,由于加工硬化使金属的塑性大为降低,因此中间必须进行再结晶退火处理,以便继续进行变形加工。

(2)其他性能变化。经塑性变形后,由于点阵畸变、位错与空位等晶体缺陷的增加,金属的物理性能和化学性能会发生一定的变化,如电阻率增大,电阻温度系数降低,磁导率、热导率减小等。此外,由于原子活动能力增大,因而原子的扩散加速,使金属的耐蚀性降低。

金属的性能还可能出现各向异性,通常沿纤维长度方向的强度和塑性远大于沿垂直方向的强度和塑性。金属经塑性变形也会产生残余应力,需要进行热处理来消除内应力。

4.2 冷变形金属在加热时组织和性能的变化

塑性变形使金属的组织和性能都发生了变化,大量的空位、位错结构以及内应力产生的畸变能和弹性应变能被储存下来,导致金属在热力学上处于不稳定状态,有自发向稳定态转化的趋势。变形金属被重新加热时,自发地向冷变形前的状态转变。根据金属显微组织及性能的变化情况,可将这种变化分为三个阶段:回复、再结晶和晶粒长大。在这一变化过程中组织和性能的变化分别如图 4-16 和图 4-17 所示。其中,回复和再结晶的驱动力是储存能,晶粒长大的驱动力是界面能。

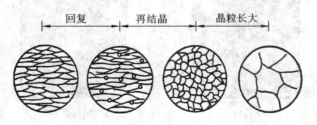

图 4-16 冷变形金属退火时晶粒形状、大小的变化

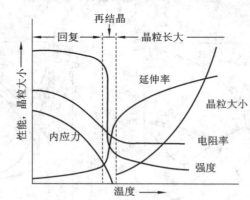

图 4-17 冷变形金属退火时性能的变化

4.2.1 回复

回复是指新的无畸变晶粒出现前产生亚结构和发生性能变化的阶段。回复在较低温度下发生,仅能使金属中的一些点缺陷和位错迁移,使空位和间隙原子合并,使点缺陷的数目大大减少,使金属的电阻减小,使位错重排,减小晶格畸变,使内应力明显下降。由于温度低,因此回复不能改变晶粒形态,光学金相组织几乎没有发生变化,仍保持形变结束时的变形晶粒形貌。在回复阶段,金属的强度和硬度略有降低,塑性略有升高。产生回复的温度为

$$T_{回} = (0.25 \sim 0.35) T_m$$

式中:T_m——该金属的熔点,单位为开尔文,简称开(K),$T_m =$ 摄氏温度 $t + 273\ ℃$。

生产上常用回复过程对变形金属进行去应力退火,以降低残余内应力,保留加工硬化效果,使材料保持高的强度。例如,用冷拔钢丝卷制的弹簧应在 $250 \sim 300\ ℃$ 的低温下进行退火,以消除应力;经深冲制成的黄铜弹壳要进行 $260\ ℃$ 的去应力退火,以防止晶间应力腐蚀开裂等。

4.2.2 再结晶

再结晶是指新的无畸变的等轴晶粒逐步取代变形晶粒的过程。当变形过的金属被加热到较高温度时,首先在畸变较大的区域产生新的无畸变的晶粒核心,即开始再结晶的形核过程,然后新的无畸变的等轴核心通过逐渐消耗周围变形晶粒而长大,转变成为新的等轴晶粒,直至冷

变形晶粒完全消失。再结晶不是一个恒温过程,而是发生在一个温度范围之内。能够进行再结晶的最低温度称为再结晶温度。再结晶过程不是相变过程,因为再结晶前后,新旧晶粒的晶格类型和成分完全相同。再结晶发生后,金属的强度和硬度明显降低,塑性和韧性大大提高,加工硬化被消除,物理性能和化学性能基本上恢复到变形前的水平。再结晶在生产上主要用于冷塑性变形加工过程中的中间处理,以消除加工硬化,便于下道工序的继续进行。例如,冷拔丝过程中要经过再结晶退火。

变形后的金属发生再结晶的温度并非恒定值,而是一个温度范围。一般所说的再结晶温度是指的最低再结晶温度($T_{再}$),通常用经大变形量(70%以上)的冷塑性变形金属在一个小时内完全再结晶的最低温度表示。最低再结晶温度为

$$T_{再} = (0.35 \sim 0.4)T_m$$

例如,用作架空导线和电灯花导线时,冷拉铜导线发生了加工硬化,内部存在内应力,强度和硬度较高,导电性有所降低。为了改善它的使用性能,需要对它进行一定的热处理。架空导线需要具有一定的强度和良好的导电性,可采用去应力退火,以保留硬化状态,同时消除内应力,提高导电性。电灯花导线需要具有良好的塑性和好的导电性,需要进行再结晶退火,以消除感化状态,恢复良好的导电性。

4.2.3 晶粒长大

晶粒长大指再结晶结束后晶粒的长大过程。再结晶完成后,金属获得均匀细小的等轴晶粒,如果继续升高温度或在再结晶温度下长时间保温,则在晶界界面能的驱动下晶粒会合并长大,最终会达到一个相对稳定的尺寸,这就是晶粒长大阶段。粗大的晶粒会使金属的力学性能变差,所以在生产中应严格控制温度和保温时间,尽量避免这种情况。

以上是金属在再结晶温度以下进行塑性变形(如实际生产中的冷拔、冷冲压等加工)后的加热变化,表 4-2 列出了各阶段变化的特点和实用性。

表 4-2 回复、再结晶、晶粒长大的特点和应用

特点和应用	回复	再结晶	晶粒长大
发生温度	较低温度	较高温度	更高温度
转变机制	原子活动能量小,空位移动使晶格扭曲回复;位错短程移动,适当集中,形成规则排列	原子扩散能力大,新晶粒在严重畸变组织中形核和生长,直至畸变晶粒完全消失,无晶格类型转变	新生晶粒中,大晶粒吞并小晶粒,晶界位移
组织变化	金相显微镜下观察,组织无变化	形成新的等轴晶粒,有时还出现再结晶结构,位错密度大大下降	晶粒明显长大
性能变化	强度、硬度略有下降,塑性略有提高,电阻率明显下降	强度、硬度明显下降,加工硬化基本消除,塑性提高	使性能恶化,特别是塑性明显下降
应用说明	去应力退火,可消除内应力,稳定组织	再结晶退火,可消除加工硬化,消除组织各向异性	应在工艺处理过程中防止产生二次再结晶

4.2.4 再结晶退火后的晶粒度

由于晶粒的大小对金属的力学性能具有重大的影响,因此生产上非常重视再结晶退火后晶粒的尺寸。影响再结晶退火后晶粒大小的因素如下。

1. 加热温度和保温时间

加热温度越高、保温时间越长,金属的晶粒越大。加热温度对晶粒大小的影响尤为显著,如图 4-18 所示。图 4-19 所示为高纯铝经变形后在不同的温度下进行再结晶退火后的组织。

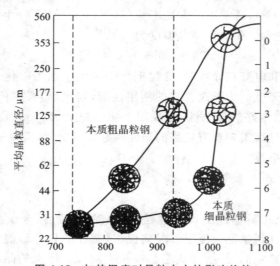

图 4-18　加热温度对晶粒大小的影响趋势

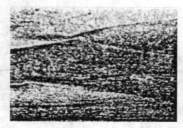
(a) 高纯铝变形75%

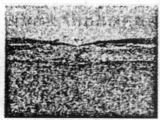
(b) 高纯铝变形75%,260 ℃保温30 min,再结晶刚开始

(c) 高纯铝变形75%,280 ℃保温30 min,再结晶晶粒增多

(d) 高纯铝变形75%,350 ℃保温30 min,再结晶基本完成

(e) 高纯铝变形75%,400 ℃保温30 min,晶粒长大

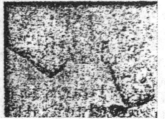
(f) 高纯铝变形75%,550 ℃保温30 min,晶粒急剧长大

图 4-19　退火温度对晶粒大小的影响

2. 预变形度

当变形度很小时,金属材料的晶粒仍然保持原状,这是由于变形度很小时,畸变能很小,不足引起再结晶,所以晶粒的大小没有变化。当变形度达到某一数值(一般金属均在 2%～10% 范围内)时,再结晶后的晶粒变得特别粗大。通常把对应于得到特别粗大晶粒的变形度称为临界变形度。图 4-20 所示为不同程度预变形后再结晶晶粒的大小。

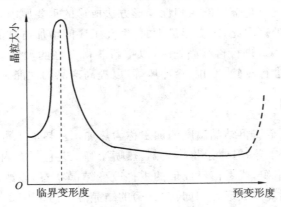

图 4-20　预变形度对晶粒大小的影响

粗大的晶粒对金属的力学性能十分不利,故在压力加工时,应当避免在临界变形程度范围内进行加工,以免再结晶后产生粗晶。此外,在锻造零件时,如果锻造工艺或锻模设计不当,局部区域的变形量可能在临界变形度范围内,则退火后造成局部粗晶区,零件易在这些部位遭到破坏。

3. 晶粒尺寸

晶界附近区域的形变情况比较复杂,并且这些区域的储存能较大,晶核易于形成。细晶粒金属的晶界面积大,所以储存能大的区域多,形成的再结晶核心也多,再结晶后的晶粒尺寸一般比较小。

4. 杂质

金属中杂质的存在可提高金属的强度,因此在同样的形变量下,杂质将增大冷变形金属中的储存能,从而使再结晶时的驱动力增大。另外,杂质对降低界面的迁移能力是极为有效的,即它会降低再结晶完成后晶粒的长大速率,因此,金属中的杂质将会使再结晶后的晶粒变小。

4.2.5　金属的冷加工

金属在再结晶温度以下的塑性变形称为冷塑性变形,简称冷变形,又称冷加工。冷加工过程只产生冷变形强化而无再结晶现象。冷加工通常指金属的切削加工,是用切削工具(包括刀具、磨具和磨料)把坯料或工件上多余的材料层切去,使坯料或工件获得规定的几何形状、尺寸和表面质量的加工方法。任何切削加工都必须具备三个基本条件:切削工具、工件和切削运动。切削工具应有刃口,且所有材质必须比坯料或工件坚硬。不同的刀具结构和切削运动形式构成不同的切削方法。用刃形和刃数都固定的刀具进行切削的方法有车削、钻削、镗削、铣削、刨削、拉削和锯切等;用刃形和刃数都不固定的磨具或磨料进行切削的方法有研磨、珩磨和抛光等。经冷加工的工件,尺寸、形状精度高,表面质量好。但经冷加工后,金属的变形抗力大,塑性降低,变形程度小,成形件内部残余应力大,若变形量过大,则还会导致金属的破裂。随变形度的增大,材料的强度、硬度升高,塑性、韧性下降,这种现象称为冷变形强化,又称加工硬化。冷变形强化是生产中常用的强化金属的重要手段,如各类冷冲压件、冷拔冷挤压型材、冷卷弹簧、冷拉线材、冷镦螺栓等构件,经冷加工后,强度和硬度均得到提高。对于纯金属和不能用热处理强化的合金,如奥氏体不锈钢、形变铝合金等,也可通过冷轧、冷挤、冷拔或冷冲压等加工方法提高强度和硬度。冷变形强化也是金属能用塑性变形方法成形的重要原因,但冷变形强化给金属进一步的塑性变形带来困难。因此,冷变形量大时,需在工序间增加再结晶退火工艺(即加热到再结晶温度以上 $100\sim200\ ℃$,进行再结晶处理,以重新获得良好的塑性)。生产中冷加工常用于对已热变形过的坯料再进行冷轧、冷拉、冷冲压等,以提高产品的性能。

4.2.6 金属的热加工

在金属学中,把高于金属再结晶温度的加工称为热加工。热加工可分为金属铸造、热轧、锻造、焊接和金属热处理等工艺,有时也将热切割、热喷涂等工艺包括在内。热加工能在使金属零件成形的同时改善它的组织,或者使已成形的零件改变结晶状态,以改善零件的机械性能。铸造、焊接是将金属熔化再凝固成形。例如:铁(Fe)的结晶温度为 $450\ ℃$,在 $400\ ℃$ 以下的塑性变形均属于冷加工;而铅(Pb)的再结晶温度为 $-14\ ℃$,在室温下的加工变形就是热加工。热加工时产生的加工硬化现象随时被再结晶过程产生的软化抵消,因而热加工通常可以消除加工硬化带来的不利影响。

1. 热加工的优缺点

1)热加工的优点

与冷加工等其他加工方法相比,热加工具有以下优点。

(1)金属在热加工时变形抗力较小,消耗能量较少。

(2)经热加工后,金属的塑性提高,产生断裂的倾向性减小。

(3)在生产过程中,热加工不需要像冷加工那样进行中间退火,从而可使生产工序简化、生产效率提高。

2)热加工的缺点

热加工也有以下不足。

(1)对于薄的或细的轧件,由于散热较快,在生产中保持热加工的温度条件比较困难,因此,对于生产薄的或细的金属材料来讲,目前一般仍采用冷加工(如冷轧、冷拉)的方法。

(2)热加工后轧件表面的尺寸精度和光洁度不如冷加工生产的轧件好。因为在加热时,轧件表面会生成氧化皮,冷却时氧化皮收缩不均匀,造成轧件的表面质量下降。

(3)热加工产品的组织及性能不如冷加工产品的组织及性能均匀。因为热加工结束时,工件各处的温度难以均匀一致。

2. 热加工对金属组织与性能的影响

热加工不仅改变了材料的形状,而且对材料组织和微观结构产生影响,使材料的性能发生改变。热加工对金属组织与性能的影响主要体现在以下几个方面。

(1)改善铸态组织,减少缺陷。热加工可焊合铸态组织中的气孔和疏松等缺陷,提高组织致密性,并通过反复的形变和再结晶破碎粗大的铸态组织,减少偏析,因而材料的塑性和强度都明显提高。

（2）形成流线和带状组织，使材料出现各向异性。热加工后，材料中的偏析、夹杂物、第二相、晶界等将沿金属变形方向呈断续、链状（脆性夹杂）和带状（塑性夹杂）延伸，形成流动状的纤维组织（称为流线），如图 4-21（a）所示。通常，沿流线方向比垂直于流线方向具有更高的力学性能。锻造曲轴的流线分布合理，曲轴工作时所受的最大拉应力与流线一致，而外加剪切应力或冲击应力与流线垂直，因而锻造的曲轴不易断裂。直接机械加工的曲轴流线分布不合理，如图 4-21（b）所示，易沿轴肩发生断裂。

 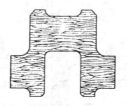

(a)锻造的曲轴　　　　　　　　　　　(b)直接机械加工的曲轴

图 4-21　锻造的曲轴和直接机械加工的曲轴的组织

（3）晶粒大小的控制。热加工时动态再结晶的晶粒的大小主要取决于变形时的流变应力，流变应力越大，晶粒越细小。因此，为了在热加工后获得细小的晶粒，必须控制变形量、变形的终止温度和随后的冷却速度。另外，添加微量的合金元素、抑制热加工后的静态再结晶也是很好的方法。热加工后的细晶材料具有较高的强韧性。

4.2.7　热加工与冷加工的区别

1. 变形温度不同

再结晶温度以上进行的压力加工称为热加工，而再结晶温度以下进行的压力加工称为冷加工。例如，钨的再结晶温度约为 1 200 ℃，因此，即使在 1 000 ℃进行变形加工也属于冷加工。

2. 加工过程不同

冷加工时，在组织上有晶粒的变形，如图 4-22（a）所示。同时，晶粒内和晶界上位错数目增加，导致加工硬化。

热加工时，同时经历加工硬化和再结晶两个过程，加工中发生变形的晶粒也会立即发生再结晶，通过形核、长大成为新的晶粒，如图 4-22（b）所示。因此，热加工后加工硬化现象消失，最后终止在再结晶状态。

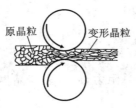 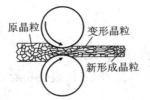

原晶粒　变形晶粒　　　　　　原晶粒　变形晶粒　　新形成晶粒

(a)冷加工变形晶粒被拉长　　　　(b)热加工再结晶成等轴晶粒

图 4-22　冷、热加工晶粒组织的变化

3. 特点不同

热加工与冷加工具有不同的特点,如表 4-3 所示。

表 4-3　热加工与冷加工在特点上的比较

比较内容	冷加工	热加工
能量	大	小
变形量	小	大
变形抗力	大	小
工具耗损	大	小
适用的零件	中、小薄板和型材	中大型零件、毛坯
精度/表面质量	高/好	低/差
组织	冷变形的组织	再结晶组织
力学性能	加工硬化	不产生明显的加工硬化

4.2.8　强化材料的方法

塑性好的金属在成形与制造过程中,较容易被加工成具有预定的形状与尺寸的零件。但在工程使用中,绝大多数零件都是不允许发生塑性变形的,因为塑性变形会使它们丧失原有的功能。例如:精密机床的丝杠,在工作中如果产生塑性变形,精度就会明显下降;炮筒如果产生微量的塑性变形,就会使炮弹偏离射击目标;所有的弹簧件不管形状如何,都必须在弹性范围内工作。实验证明,在给定载荷的条件下,零件是否发生塑性变形,取决于它的截面大小及所有材料的屈服强度。材料的屈服强度越高,变形抗力越大,发生塑性变形的可能性就越小。可见,提高材料的变形抗力,使零件在使用工程中不因发生塑性变形或过量塑性变形而丧失工作能力是必要的。

提高材料变形抗力的过程称为材料的强化。由于金属的塑性变形主要是由位错运动造成的,因此金属的强化在于设法增大位错运动的阻力。常用的强化方法有以下几种。

1. 细化晶粒

晶界是错位运动难以逾越的障碍。晶界上原子排列紊乱,存在晶格畸变,位错只能在晶界附近堆积,从而形成了阻碍其他位错继续向晶界移动的反向应力。金属的晶粒越细,这一阻碍作用越强。计算表明,金属的屈服强度与晶粒大小存在以下关系:

$$\sigma_s = \sigma_0 + Kd^{-\frac{1}{2}}$$

式中:d——晶粒尺寸;

　　　σ_s——材料的屈服强度;

　　　σ_0,K——材料常数,前者代表位错在晶内运动的总阻力,后者表征晶界对变形的影响,与晶界结构有关。

2. 形成固溶体

由于溶质原子与基体金属(溶剂)原子的大小不同,形成固溶体后晶体晶格发生畸变,导致滑移面变得"粗糙",增强了位错运动的阻力,因此金属塑性变形的抗力得到提高。形成固溶体是强化金属的重要方法,如钢的淬火。

3. 形成第二相

通常把在合金中呈连续分布且数量占多数的相称为基本相,把数量少的"析出相"或利用机械、化学等方法加入的极细小分散离子称为第二相。弥散分布的第二相可以提高金属塑性变形的抗力,因为它有效阻碍了位错的运动。研究表明,当运动的位错在滑移面上遇到第二相粒子时必须提高外加应力,才能克服它的阻碍,使滑移继续进行,并且只有当第二相粒子的尺寸小于 $0.1~\mu m$ 时,这种阻碍效果才是最好的。

在金属材料中,利用过饱和固溶体的析出是获得第二相的手段之一。由于回火时析出了呈细小弥散的合金碳化物微粒,产生了弥散硬化,钢的屈服强度得到提高。

4. 采用冷加工

金属在发生塑性变形的过程中,欲使变形继续进行下去,必须不断增加外力,这说明金属中产生了阻碍塑性变形进行的抗力。而这种抗力就是由变形过程中位错密度不断增加、位错运动受阻碍引起的,即加工硬化。采用冷加工对于提高金属板材与线材的强度有着很大的实用价值。例如,经冷拉拔的琴弦可具有很高的强度。此外,对于那些在热处理过程中不发生相变的金属,加工硬化更是极为重要的强化手段。

【习题与思考题】

1. 滑移变形和孪生变形有何区别? 为什么金属材料的塑性变形多为滑移变形?
2. 实际金属(多晶体)的塑性变形是如何发生的? 塑性变形后组织和性能有何变化?
3. 为了改善材料的性能,指出下列钢件的退火方式。
   (1)经冷轧后的 15 钢钢板,要求降低硬度。
   (2)经焊接后的 Q215 钢,要求消除残余应力。
4. 对铅在 20 ℃、钨在 1 000 ℃下进行加工,各属于哪种变形? 为什么?(铅的熔点为 327 ℃,钨的熔点为 3 380 ℃)
5. 用一根冷拉钢丝绳吊装一大型轧辊至炉中,并随轧辊一起加热到 900 ℃,保温一段时间后再次吊装出炉时,钢丝绳发生断裂。试分析原因。
6. 热加工与冷加工有何区别与联系? 常见的机械加工工艺中哪些是热加工? 哪些是冷加工?
7. 强化材料的方法通常有哪些?
8. "趁热打铁"的含义何在?
9. 用同一种钢材,选用下列三种毛坯制成齿轮,哪一种较好? 为什么?
   (1)由厚钢板割制出的圆件。
   (2)直接从较粗钢棒上切一段。
   (3)用较细钢棒热锻成圆饼。

第5章　材料的热处理及改性技术

5.1　钢的热处理

热处理(heat treatment)是指通过不同的加热、保温和冷却的方式,使金属材料内部的组织结构发生变化,从而获得所需性能的一种工艺方法。

5.1.1　热处理的实质、目的及应用范围

热处理改变钢的性能,是通过改变钢的组织结构来实现的。钢在固态下加热、保温和冷却的过程中会发生一系列组织结构的转变,这些转变具有严格的规律性。如果钢在加热和冷却过程中不存在组织结构变化的可能性,钢就不可能进行热处理,钢的用途也就不会像现在这样广泛了。

热处理的主要目的在于改变钢的性能,即改善钢的工艺性能和提高钢的力学性能。例如,用工具钢制造钻头,先要采用退火来降低钢的硬度,改善工艺性能,以利于切削加工;加工成钻头之后,又必须进行淬火和回火来提高硬度和耐磨性,以保证钻头的力学性能。

通过热处理可以改善或强化金属材料的性能,所以绝大多数机器零件都要经过热处理工艺来提高产品的质量,延长使用寿命。例如,机床工业中需要经过热处理的零件占总量的60%～70%,汽车、拖拉机工业占70%～80%,而各种工具制造业达到100%。如果把原材料的预先热处理也包括进去,几乎所有的零件都需要进行热处理。因此,随着我国工业生产的不断发展,热处理必将发挥更大的作用。

5.1.2　热处理的分类及工艺曲线

根据热处理加热和冷却的规范以及组织性能变化的特点,热处理方法大致可划分为普通热处理和表面热处理两大类,如图 5-1 所示。

热处理 {
　普通热处理:退火、正火、淬火、回火
　表面热处理 {
　　表面淬火:如感应加热、火焰加热等
　　化学热处理:如渗碳、渗氮、碳氮共渗等
　}
}

图 5-1　热处理

除此之外,还有其他热处理方法,如形变热处理、真空热处理、可控气氛热处理、激光热处理等。

热处理的方法是多种多样的,但它们的工艺都不外乎包括加热、保温和冷却三个阶段,这可用如图 5-2 所示的热处理工艺曲线来表述。其中保温只是加热的继续,因此,钢在加热和冷却过程中组织转变的规律以及对性能的影响是制订各种热处理工艺的重要理论基础。

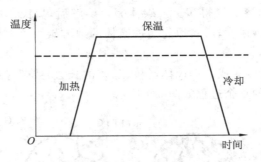

图 5-2　热处理工艺曲线

5.1.3　钢在加热时的组织转变

Fe-Fe₃C 相图中,PSK 线、GS 线、ES 线是钢的固态平衡临界温度线,分别以 A_1、A_3、A_{cm} 表示,但在实际加热时,相变临界温度都会有所提高。为了区别于平衡临界温度,实际加热时,固态平衡临界温度线分别以 Ac_1、Ac_3、Ac_{cm} 表示。实际冷却时,相变临界温度又都比平衡时的临界温度有所降低,固态平衡临界温度线分别以 Ar_1、Ar_3、Ar_{cm} 表示。这些固态平衡温度线在 Fe-Fe₃C 相图上的位置如图 5-3 所示。上述的实际临界温度并不是固定的,它们受到碳的质量分数、合金元素的质量分数、奥氏体化温度、加热速度和冷却速度等因素的影响而变化。

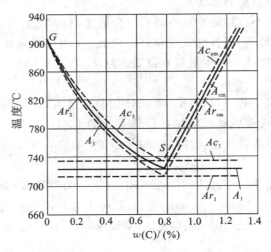

图 5-3　碳钢加热和冷却的相变点在 Fe-Fe₃C 相图上的位置

1. 奥氏体化过程

以共析钢为例,常温组织为珠光体,当温度升高到 Ac_1 以上时,必将发生奥氏体转变。奥氏体转变也是由形核和晶核长大两个基本过程完成的。此时珠光体很不稳定,铁素体和渗碳体的界面在成分和结构上处于有利于转变的条件下,首先在这里形成奥氏体晶核,随即建立奥氏体与铁素体以及奥氏体与渗碳体之间的平衡,依靠铁、碳原子的扩散,使邻近的铁素体晶格转变为面心立方晶格的奥氏体。同时,邻近的渗碳体不断溶入奥氏体,一直进行到铁素体全部转变为奥氏体,这样各个奥氏体的晶核均得以长大,直到各个位向不同的奥氏体晶粒相互接触为止。

由于渗碳体的晶体结构和碳的质量分数都与奥氏体的差别很大,因此铁素体向奥氏体的转变要比渗碳体向奥氏体的溶解快得多。渗碳体完全溶解后,奥氏体中碳浓度的分布是不均匀的,原来是渗碳体的地方碳浓度较高,原先是铁素体的地方碳浓度较低,必须继续保温,通过碳的扩散获得均匀的奥氏体。

上述奥氏体化过程可以看成由奥氏体形核、晶核的长大、残留渗碳体的溶解和奥氏体的均匀化四个阶段组成,转变的整个过程如图 5-4 所示。

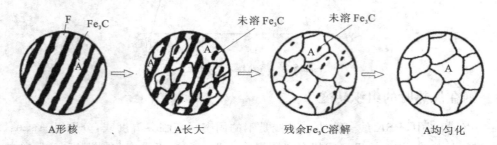

图 5-4　珠光体向奥氏体转变

亚共析钢和过共析钢的完全奥氏体化过程与共析钢基本相似。亚共析钢加热到 Ac_1 以上时,组织中的珠光体先转变为奥氏体,而组织中的铁素体只有在加热到 Ac_3 以上时才能全部转变为奥氏体。同样,过共析钢只有加热到 Ac_{cm} 以上时才能得到均匀的单相奥氏体组织。

2. 奥氏体晶粒的大小及影响因素

钢的奥氏体晶粒的大小直接影响到冷却后所得的组织和性能。奥氏体的晶粒越细,冷却后的组织也越细,钢的强度越高,塑性和韧性越好。因此,在用材和热处理工艺上,尽量获得细的奥氏体晶粒,对工件最终的性能和质量具有重要的意义。

1)奥氏体的晶粒度

晶粒度是表示晶粒大小的一种指标。奥氏体的晶粒度有以下三种不同的概念:① 起始晶粒度,指珠光体刚刚全部转变成奥氏体时奥氏体晶粒的大小;② 实际晶粒度,指钢在某个具体热处理或热加工条件下所获得的奥氏体晶粒的大小;③ 本质晶粒度,表示钢在规定条件下奥氏体晶粒的长大倾向。

根据奥氏体晶粒在加热时长大的倾向性不同,将钢分为两类:一类是晶粒长大倾向小的钢,称为本质细晶粒钢;另一类是晶粒长大倾向大的钢,称为本质粗晶粒钢。原冶金部标准规定,本质晶粒度是将钢加热到(930 ± 10)℃、保温 3～8 h 冷却后,在显微镜下放大 100 倍测定的奥氏体晶粒的大小。

本质细晶粒钢在加热到临界点 Ac_1 以上直到 930 ℃时,晶粒并无明显长大,超过此温度后,由于阻止晶粒长大的氧化铝等不溶质点消失,晶粒随即迅速长大。由于没有氧化物等阻止晶粒长大的因素,加热到临界点 Ac_1 以上时,本质粗晶粒钢的晶粒开始不断长大。

在工业生产中:一般经铝脱氧的钢大多是本质细晶粒钢,而只用锰硅脱氧的钢为本质粗晶粒钢;沸腾钢一般都为本质粗晶粒钢,而镇静钢一般都为本质细晶粒钢。需经热处理的工件一般都采用本质细晶粒钢。

评定奥氏体晶粒的大小,可参阅《金属平均晶粒度测定方法》(GB/T 6394—2017)。

2)影响奥氏体晶粒度的因素

(1)加热温度和保温时间。随着奥氏体晶粒的长大,晶界总面积减小,而系统的能量降低,所以在高温下奥氏体晶粒的长大是一个自发过程。奥氏体化温度越高,晶粒长大越明显。在一定的温度下,保温时间越长越有利于晶界总面积减小,从而使晶粒粗化。

(2)钢的成分。奥氏体中碳的质量分数增加时,奥氏体晶粒的长大倾向也增大。碳是一种促使钢的奥氏体晶粒长大的元素。碳如果以未溶碳化物的形式存在,则具有阻碍晶粒长大的作用。

钢中加入能形成稳定碳化物的元素(如 Ti、V、Nb、Zr 等),能生成氧化物和氮化物的元素(如 Al),由于所形成的化合物弥散分布在晶界上,因而都会不同程度地阻碍奥氏体晶粒长大。

Mn 和 P 是促进奥氏体晶粒长大的元素,在热处理加热温度的选择和温度控制中需小心谨慎,以免晶粒长大而导致工件的性能下降。

5.1.4 钢在冷却时的组织转变

钢加热奥氏体化后,再进行冷却,奥氏体将发生变化。因为冷却条件不同,转变产物的组织结构也不同,性能也会有明显的差异,所以冷却是热处理的关键工序,决定着钢在热处理后的组织和性能。

热处理的冷却方式有两种:一种是将奥氏体迅速冷至 Ar_1 以下某个温度,等温一段时间,再继续冷却,通常称为等温冷却,如图 5-5 中曲线 1 所示;另一种是将奥氏体以一定的速度冷却,如水冷、油冷、空冷、炉冷等,称为连续冷却,如图 5-5 中曲线 2 所示。

钢在高温时形成的奥氏体,过冷至 Ar_1 以下,成为热力学上不稳定状态的过冷奥氏体。现以共析钢为例,讨论过冷奥氏体在不同冷却条件下的转变形式及转变产物的组织和性能。

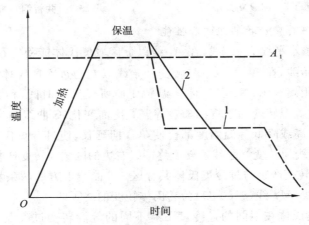

图 5-5 热处理的两种冷却方式
1—等温冷却;2—连续冷却

1. 过冷奥氏体等温转变曲线

1)过冷奥氏体等温转变曲线的建立

共析钢的等温转变曲线通常采用金相法配合测量硬度的方法建立,有时需用磁性法和膨胀法给予补充和校核。

如图 5-6 所示,将一系列共析钢薄片试样加热到奥氏体化后,分别迅速投入 Ac_1 以下不同温度的等温槽中,使之在等温条件下进行转变,每隔一定时间取出一块,立即在水中冷却,对各试样进行金相观察,并测定硬度,由此得出在不同温度、不同恒温时间下奥氏体的转变量。同时,分别测定出过冷奥氏体的转变开始时间和转变终了时间,将所得结果标注在温度与时间的坐标系中,再将意义相同的点连接起来,即可得过冷奥氏体等温转变曲线,即 TTT 图。因曲线形状如字母"C",故称为 C 曲线。图 5-7 所示为完整的共析钢 C 曲线,图中标出了过冷奥氏体在各温度范围等温所得组织及硬度。应注意的是,图中的时间坐标采用了对数坐标分度。

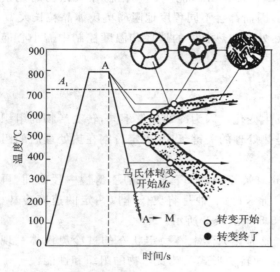 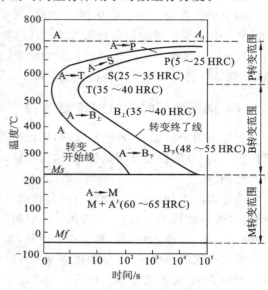

图 5-6 共析钢 TTT 图建立方法   图 5-7 共析钢 C 曲线及转变产物

2)过冷奥氏体等温转变产物的组织和性能

C 曲线上方的一条水平线为 A_1 线,在 A_1 线以上区域奥氏体能稳定存在。在 C 曲线中,左边一条曲线为转变开始线,在 A_1 线以下和转变开始线以左为过冷奥氏体区。由纵坐标轴到转变开始线之间的水平距离表示过冷奥氏体等温转变前所经历的时间,称为孕育期。由 C 曲线形状可知,过冷奥氏体等温转变的孕育期随着等温温度而变化,C 曲线鼻尖处的孕育期最短,过冷奥氏体最不稳定,提高或降低等温温度都会使孕育期延长,使过冷奥氏体的稳定性增强。在 C 曲线中,右边一条曲线为转变终了线。转变终了线右边的区域为转变产物区,两条曲线之间的区域为转变过渡区,即转变产物与过冷奥氏体共存区。C 曲线下方的两条水平线中,Ms(230 ℃)为马氏体转变的开始线,Mf 线(-50 ℃)为马氏体转变的终了线。

由 C 曲线可知,奥氏体在不同的过冷度下有不同的等温转变过程及相应的转变产物。以共析钢为例,根据转变产物的不同特点,可划分为三个转变区。

(1)珠光体类型组织转变。过冷温度在 A_1 至 550 ℃范围内的转变产物为珠光体类型组织。如图 5-6 所示,首先在奥氏体晶界或缺陷密集处形成渗碳体晶核,而后渗碳体晶核依靠周围奥氏体不断供给碳原子而长大,同时渗碳体晶核周围的奥氏体中碳的质量分数逐渐减小,于是 γ-Fe 晶格转变为 α-Fe 晶格,从而成为铁素体。铁素体的溶碳能力很弱,在长大过程中将过剩的碳扩散到相邻的奥氏体中,使其碳的质量分数增大,这又为生成新的渗碳体晶核创造了条件。如此反复,奥氏体就逐渐转变成渗碳体和铁素体片层相间的珠光体类型组织。随着转变温度的下降,渗碳体形核和长大加快,因此形成的珠光体类型组织变得越来越细。为了便于区别,根据片层间距的大小,将珠光体类型组织分为珠光体 P、索氏体 S(sorbite)、托氏体 T(troostite),三者的比较如表 5-1 所示。

表 5-1 共析钢三种珠光体类型组织的比较

组织名称及符号	珠光体 P	索氏体 S	托氏体 T
形成温度范围	$A_1 \sim 650$ ℃	$650 \sim 600$ ℃	$600 \sim 550$ ℃
片层间距/μm	>0.4	$0.4 \sim 0.2$	<0.2
硬度/HRC	$5 \sim 25$	$25 \sim 35$	$35 \sim 40$
R_m/MPa	550	870	1 100

总体上讲,珠光体类型组织中层片间距愈小,相界面愈多,塑性变形的抗力愈大,强度、硬度愈高。同时由于渗碳体片变薄,因此塑性和韧性有所改善。

从上面的分析也可看出,奥氏体向珠光体类型组织的转变是一种扩散型相变,是通过铁、碳原子的扩散和晶格的转变来实现的。

(2)贝氏体(bainite)转变。过冷温度在 550 ℃至 Ms 范围内,转变产物为贝氏体 B。贝氏体是铁素体及其中分布着的弥散碳化物所形成的亚稳组织。奥氏体向贝氏体的转变属半扩散型转变,铁原子基本不扩散而碳原子尚有一定的扩散能力。当转变温度在 $550 \sim 350$ ℃范围内时,先在奥氏体晶界上碳含量较低的地方生成铁素体晶核,然后铁素体晶核向晶粒内沿一定方向成排长大成一束大致平行的含碳微过饱和的板条状铁素体。在此温度下,碳仍具有一定的扩散能力,铁素体长大时它能扩散到铁素体外围,并在铁素体板条的边界上形成沿板条长轴方向排列的碳化物短棒或小片,从而形成羽毛状的组织,称为上贝氏体 $B_上$,如图 5-8、图 5-9 所示。

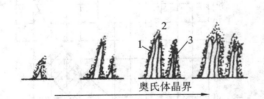

<table>
<tr><td align="center">图 5-8 上贝氏体形成机理
1—铁素体;2—奥氏体;3—碳化物</td><td align="center">图 5-9 上贝氏体显微组织</td></tr>
</table>

当温度降到 350 ℃至 Ms 时,铁素体晶核首先在奥氏体晶界或晶内某些缺陷较多的地方形成,然后沿奥氏体的一定晶向呈片状长大。由于温度较低,因而碳原子的扩散能力更弱,碳原子只能在铁素体内沿一定的晶面以细碳化物粒子的形式析出,并与铁素体叶片的长轴成 $55° \sim 60°$。这种组织称下贝氏体 $B_下$,在光学显微镜下呈暗黑色针叶状,如图 5-10、图 5-11 所示。

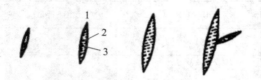

图 5-10　下贝氏体形成机理　　　　　　　　　图 5-11　下贝氏体显微组织
1—奥氏体;2—铁素体;3—碳化物

贝氏体的力学性能完全取决于显微组织的结构和形态。上贝氏体组织中铁素体较宽,塑性变形抗力较低,而且渗碳体分布在铁素体之间,容易引起脆断,因此上贝氏体在工业生产上的应用价值较低。下贝氏体组织中的片状铁素体细小,碳的过饱和度大,位错密度高,而且碳化物沉淀在铁素体内弥散分布,因此下贝氏体硬度高、韧性好,具有较好的综合力学性能。共析钢下贝氏体硬度为 45~55 HRC,生产中常采用等温淬火的方法获得下贝氏体组织。

(3)马氏体(martensite)转变。钢从奥氏体状态快速冷却到 Ms 温度以下,会发生马氏体转变。由于温度很低,碳来不及扩散,全部保留在 α-Fe 中,形成碳在 α-Fe 中的过饱和固溶体,即马氏体 M。此转变属于非扩散型转变。

Ms、Mf 分别为马氏体转变的开始点和终了点。过冷奥氏体快速冷却至 Ms(230 ℃)时开始发生马氏体转变,直至 Mf(−50 ℃)转变结束。如果仅冷却到室温,则仍有部分奥氏体未转变而被保留下来。通常将奥氏体在冷却过程中发生相变后,在环境温度下残存的奥氏体称为残余奥氏体,因此马氏体转变量主要取决于 Mf。奥氏体中碳的质量分数越高,Mf 越低,转变后的残余奥氏体量就越多,如图 5-12 所示。

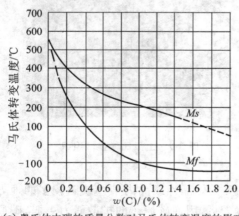

(a) 奥氏体中碳的质量分数对马氏体转变温度的影响

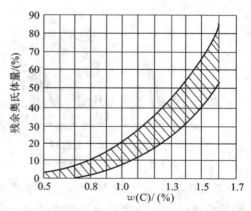

(b) 奥氏体中碳的质量分数对残余奥氏体量的影响

图 5-12　奥氏体中碳的质量分数的影响

马氏体的显微组织形态有板条状和片状两种类型,这主要与钢中碳的质量分数有关。$w(C)<0.2\%$ 时,马氏体呈板条状,如图 5-13 所示。$w(C)>1.0\%$ 时,马氏体呈片状,如图 5-14

所示。$w(C)=0.2\%\sim1.0\%$ 的马氏体由板条状马氏体和片状马氏体组成,且随着奥氏体中碳的质量分数增加,板条状马氏体不断减少,而片状马氏体逐渐增多。板条状马氏体和片状马氏体的性能比较如表 5-2 所示。

图 5-13　板条状马氏体的形态

图 5-14　片状马氏体的形态

表 5-2　板条状马氏体和片状马氏体的性能比较

马氏体类型	R_m/MPa	$R_{r0.2}$/MPa	硬度/HRC	A/(%)	a_K/(J/cm²)
板条状马氏体 ($w(C)<0.2\%$)	1 500	1 300	50	9	60
片状马氏体 ($w(C)>1\%$)	2 300	2 000	66	1	10

马氏体的硬度主要与马氏体中碳的质量分数有密切关系,如图 5-15 所示。随着碳的质量分数增加,马氏体的硬度增加,尤其是在碳的质量分数较小的情况下,硬度增加较明显,但当碳的质量分数超过 0.6% 时硬度不再继续增加,这一现象是由奥氏体中碳的质量分数增加,使淬火后的残余奥氏体量增加而总的硬度下降所导致的。

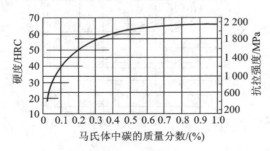

图 5-15　马氏体中碳的质量分数对马氏体强度和硬度的影响

马氏体的塑性和韧性也与马氏体中碳的质量分数有关。因为高碳马氏体晶格的畸变增大,淬火应力也较大,往往存在许多内部显微裂纹,所以高碳马氏体的塑性和韧性都很差。低碳板条状马氏体中碳的过饱和度较小,淬火内应力较低,一般不存在显微裂纹,同时板条状马氏体中的高密度位错是不均匀分布的,存在低密度区,为位错运动提供了活动余地,所以板条状马氏体具有较好的塑性和韧性。在生产上利用低碳马氏体的优点,常采用低碳钢淬火和低温回火工艺来获得性能优良的回火马氏体,这样不仅能降低成本,而且可得到良好的综合力学性能。

3）影响 C 曲线的因素

（1）碳的质量分数的影响。碳的质量分数对 C 曲线的形状和位置有很大的影响，如图 5-16 所示。随着奥氏体中碳质量分数的增加，过冷奥氏体的稳定性增加，C 曲线的位置右移。应当指出的是，在通常的热处理加热条件下，对过共析钢规定淬火加热温度为 Ac_1 以上 30～50 ℃。虽然钢中碳的质量分数增大，但奥氏体中碳的质量分数并不增大，而未溶渗碳体量增多，可以作为珠光体转变的核心，促进奥氏体分解，因而 C 曲线左移。因此，在通常的热处理加热条件下：对于亚共析钢，碳的增加将使 C 曲线右移；对于过共析钢，碳的增加将使 C 曲线左移；而共析钢的过冷奥氏体最稳定，C 曲线最靠右边。将亚共析钢、过共析钢的 C 曲线和共析钢的 C 曲线相比较发现，亚共析钢在奥氏体向珠光体转变之前，有先共析铁素体析出，亚共析钢有一条先共析铁素体线（见图 5-16(a)），而过共析钢存在一条二次渗碳体的析出线（见图 5-16(c)）。

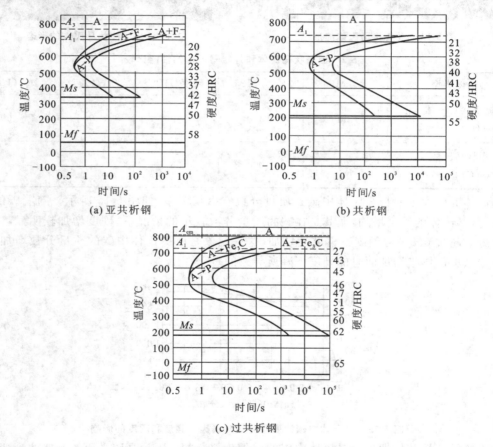

图 5-16　碳的质量分数对钢 C 曲线的影响

（2）合金元素的影响。除了 Co 以外，所有的合金元素溶入奥氏体后，都会增加奥氏体的稳定性，使 C 曲线右移。碳化物形成元素（如 Cr、Mo、W、Ti）的质量分数较大时，C 曲线的形状也将发生变化，C 曲线可出现两个鼻尖。必须注意，合金元素未完全溶入奥氏体，而以化合物（如碳化物）形式存在时，在奥氏体转变过程中将起晶核的作用，使过冷奥氏体的稳定性下降，使 C 曲线左移。

除 Co、Al 之外,溶入奥氏体中的合金元素均会不同程度地降低马氏体转变的开始温度 Ms 与马氏体转变的终了温度 Mf,使钢淬火后冷却到室温时的残余奥氏体的量增加。

(3)加热温度和保温时间的影响。随着加热温度的提高和保温时间的延长,奥氏体的成分更加均匀,作为奥氏体转变的晶核数减少,同时奥氏体晶粒长大,晶界面积减小,这些都不利于过冷奥氏体的转变,从而增强了过冷奥氏体的稳定性,使 C 曲线右移。

2. 过冷奥氏体连续冷却转变曲线

在生产实践中,奥氏体大多是在连续冷却中转变的,这就需要测定和利用过冷奥氏体连续冷却转变曲线(又称 CCT 图)。

1)CCT 图的特点

在图 5-17 中,共析钢的 CCT 图中 P_s 线和 P_f 线分别表示过冷奥氏体向珠光体转变的开始线和终了线。K 线表示过冷奥氏体向珠光体转变的中止线。凡连续冷却曲线碰到 K 线,过冷奥氏体就不再继续发生珠光体转变,而一直保持到 Ms 以下后,转变为马氏体。

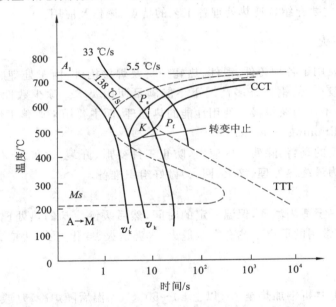

图 5-17 共析钢的 CCT 图与 TTT 图及冷却速度的影响

由图 5-17 可见,过冷奥氏体连续冷却转变曲线位于过冷奥氏体等温转变曲线右下方。这两种转变的不同处在于:在连续冷却转变曲线中,珠光体转变所需的孕育期要比相应过冷度下的等温转变略长,而且珠光体转变是在一定温度范围内发生的;与过共析钢一样,共析钢连续冷却时一般不会得到贝氏体组织。

2)临界冷却速度

连续冷却转变时,过冷奥氏体的转变过程和转变产物取决于冷却速度(见图 5-17)。v_k 称为淬火临界冷却速度,它表示钢在淬火时过冷奥氏体全部发生马氏体转变所需的最小冷却速度。v_k 愈小,钢在淬火时愈容易获得马氏体组织,即钢接受淬火的能力愈强。v_k' 称为 TTT 图的上临界冷却速度,相比之下,$v_k' > v_k$,可以推断,在连续冷却时用 v_k 作为临界冷却速度去研究钢接受淬火的能力的强弱是不合适的。

图 5-17 表明,以不同的冷却速度连续冷却,过冷奥氏体转变成不同的产物:珠光体(5.5 ℃/s时),珠光体和少量马氏体(33 ℃/s时),马氏体和残余奥氏体(138 ℃/s时)。

5.2 钢的普通热处理

钢的热处理是将钢在固态下进行加热、保温和冷却,改变钢的内部组织,从而获得所需性能的一种金属加工工艺。

热处理能有效地改善钢的组织,提高钢的力学性能,并延长钢的使用寿命,是钢铁材料重要的强化手段。机械工业中的钢铁制品,几乎都要进行不同形式的热处理才能保证其使用性能。所有的量具、模具、刃具和轴承,70%~80%的汽车零件和拖拉机零件,60%~70%的机床零件,都必须进行热处理,才能合理地加工和使用。

钢的普通热处理包括退火(annealing)、正火(normalizing)、淬火(quench hardening)、回火(tempering)。这里主要介绍普通热处理各工艺的特点、操作及应用。

5.2.1 退火和正火

退火和正火主要用于各种铸件、锻件、热轧型材及焊接构件,由于处理时冷却速度较慢,因此对钢的强化作用较小,使钢在许多情况下不能满足使用要求。除少数性能要求不高的零件外,退火和正火一般不作为获得最终使用性能的热处理,而主要用来改善工件的工艺性能,故称为预备热处理(conditioning treatment)。

退火和正火的目的是:消除残余内应力,防止工件变形、开裂;改善组织,细化晶粒;调整硬度,改善切削性能,为最终热处理(淬火、回火)做好组织准备。

1. 退火

退火是将钢加热至适当温度,保温一定的时间,然后缓慢冷却的热处理工艺。根据目的和要求的不同,工业上常用的退火工艺有完全退火、等温退火、球化退火、去应力退火、再结晶退火和均匀化退火。

1)完全退火

完全退火是将亚共析钢加热至 Ac_3 以上 30~50 ℃,保温后随炉冷却(或埋在砂中或石灰中冷却)至 500 ℃ 以下,再在空气中冷却,以获得接近平衡组织的热处理工艺。

2)等温退火

等温退火是将钢加热至 Ac_3 以上 30~50 ℃,保温后较快地冷却到 Ar_1 以下某一温度等温,使奥氏体在恒温下转变成铁素体和珠光体,然后出炉空冷的热处理工艺。由于转变在恒温下进行,所以组织均匀,并可缩短退火时间。

完全退火和等温退火主要用于亚共析成分的各种碳钢和合金钢的铸件、锻件及热轧型材,有时也用于焊接结构。

3)球化退火

球化退火是将过共析钢加热至 Ac_1 以上 20~40 ℃,保温适当时间后缓慢冷却,以获得在铁素体基体上均匀地分布着球粒状渗碳体组织的热处理工艺。这种组织也称为球化体。T12 钢球化退火后的显微组织如图 5-18 所示。

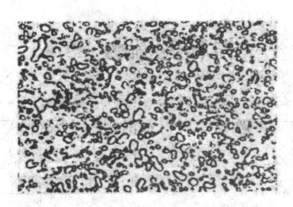

图 5-18 T12 钢球化退火后的显微组织

过共析钢经热轧、锻造空冷后,组织为片层状珠光体和网状二次渗碳体。这种组织硬度高,塑性、韧性差,脆性大,不仅切削性能差,而且淬火时易产生变形和开裂。因此,必须进行球化退火,使网状二次渗碳体和片层状珠光体中的片状渗碳体球粒化,降低钢的硬度,改善钢的切削性能。此工艺常用于过共析钢和合金工具钢。共析钢以及接近共析成分的亚共析钢也可采用球化退火工艺来获得最佳的塑性和较低的硬度,以利于冷成形(冷挤、冷拉、冷冲等)。

4)去应力退火

去应力退火是将工件加热至 Ac_1 以下 $100 \sim 200 \, ℃$,保温后缓冷的热处理工艺。去应力退火的目的主要是消除构件(如铸件、锻件、焊件、热轧件、冷拉件等)中的残余内应力。

5)再结晶退火

再结晶退火主要用于经冷加工的钢,可以软化因冷加工而引起的材料硬化现象。

6)均匀化退火

为了减少钢锭、铸件或锻坯的化学成分的偏析和组织的不均匀性,将其加热到 Ac 以上 $150 \sim 200 \, ℃$,长时间($10 \sim 15 \, h$)保温后缓冷的热处理工艺,称为均匀化退火或扩散退火。均匀化退火的目的是实现化学成分和组织的均匀化。均匀化退火后钢的晶粒粗大,因此一般还要进行完全退火或正火。

2. 正火

正火是将工件加热至 Ac_3 (或 Ac_{cm})以上 $30 \sim 50 \, ℃$,保温后出炉空冷的热处理工艺。正火主要应用于以下几个方面:对于力学性能要求不高的零件,正火可作为最终热处理;低碳钢退火后硬度偏低,切削加工后表面粗糙度高,正火后可获得合适的硬度,改善切削性能;过共析钢球化退火前进行一次正火,可消除网状二次渗碳体,以保证球化退火时渗碳体全部球粒化。

正火与退火的主要区别是:正火的冷却速度稍快,所得组织比退火细,硬度和强度有所提高;正火的生产周期比退火短,节约能源,且操作简便。生产中常优先采用正火工艺。碳钢正火与退火的加热温度规范与工艺曲线如图 5-19 所示。

5.2.2 淬火

淬火是将工件加热至 Ac_3 或 Ac_1 以上某一温度,保温后以适当速度冷却,获得马氏体和(或)下贝氏体组织的热处理工艺。淬火的目的是提高钢的硬度和耐磨性。淬火是强化工件最重要

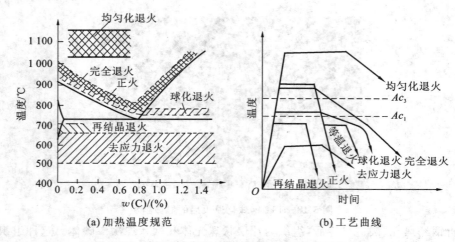

(a) 加热温度规范　　　　　(b) 工艺曲线

图 5-19　碳钢正火与退火的加热温度规范与工艺曲线

的热处理方法。

1. 钢的淬火工艺

1）淬火温度的选择

碳钢的淬火温度根据 Fe-Fe$_3$C 相图选择，如图 5-20 所示。为了防止奥氏体晶粒粗化，一般淬火温度不宜太高，仅允许超出临界点 30～50 ℃。

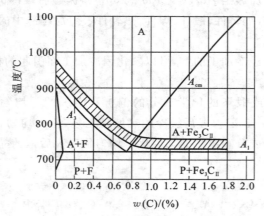

图 5-20　碳钢的淬火温度选择

对于亚共析钢，适宜的淬火温度一般为 Ac 以上 30～50 ℃，这样可获得均匀细小的马氏体组织。如果淬火温度过高，则将获得粗大的马氏体组织，同时引起工件较严重的变形。如果淬火温度过低，则在淬火组织中将出现铁素体，造成钢的硬度、强度不高。

对于过共析钢，适宜的淬火温度一般为 Ac_1 以上 30～50 ℃，这样可获得均匀细小的马氏体组织和粒状渗碳体的混合组织。如果淬火温度过高，则将获得粗片状马氏体组织，同时引起较严重的变形，使淬火开裂倾向增大；由于渗碳体溶解过多，因而淬火后钢中残余奥氏体的量增多，还将降低钢的硬度和耐磨性。如果淬火温度过低，则可能得到非马氏体组织，使钢的硬度达不到要求。

对于合金钢，因为大多数合金元素（Mn、P 除外）都会阻碍奥氏体晶粒长大，所以淬火温度允许比碳钢稍微提高一些,这样可使合金元素充分溶解和均匀化,从而取得较好的淬火效果。

2)淬火冷却介质

淬火时为了得到马氏体组织,冷却速度必须大于淬火临界冷却速度。但快冷又不可避免地会造成很大的内应力,引起工件变形与开裂。因此,理想的淬火冷却介质应具有图 5-21 所示的冷却曲线,即只在 C 曲线鼻部附近快速冷却,而在淬火温度至 650 ℃ 范围内以及 Ms 以下以较慢的速度冷却,但实际生产中还没有找到一种淬火冷却介质符合这一理想淬火冷却速度。常用的淬火冷却介质是水、盐水、油。水的冷却能力很强,NaCl 的质量分数为 5%～10% 的盐水,冷却能力更强,尤其是在 650～550 ℃ 范围内冷却速度非常快,大于 600 ℃/s。在 300～200 ℃ 的温度范围,水和盐水的冷却能力仍很强,这将导致工件变形,甚至开裂,因而,水和盐水主要用于淬透性较小的碳钢零件。淬火油几乎都是矿物油。它的优点是在 300～200 ℃ 的范围内冷却能力弱,有利于减小变形和开裂;缺点是在 650～550 ℃ 范围内冷却能力远低于水,所以不宜用于碳钢,通常只用作合金钢的淬火冷却介质。

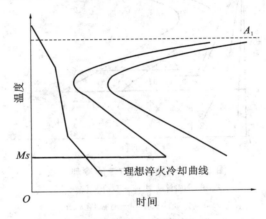

图 5-21 理想淬火冷却曲线

为了减小工模具淬火时的变形,工业上常用熔融盐浴或碱浴作为淬火冷却介质来进行分级淬火或等温淬火。

3)常用的淬火方法

为了保证淬火时既能得到马氏体组织,又能减小变形,避免开裂,一方面可选用合适的淬火冷却介质,另一方面可采用不同的淬火方法进行淬火。工业上常用的淬火方法有以下几种。

(1)单介质淬火法。它是将加热的工件放入一种淬火冷却介质中连续冷却至室温的操作方法,如碳钢工件的水冷淬火、合金钢工件的油冷淬火等。单介质淬火法的冷却曲线如图 5-22 中曲线 1 所示。这种方法操作简单,容易实现机械化、自动化,但在连续冷却至室温的过程中,水淬容易产生变形和裂纹,油淬容易产生硬度不足或不均匀等现象。

(2)双介质淬火法。对于形状复杂的碳钢工件,为了防止在低温范围内马氏体相变时发生裂纹,可在水中淬冷至接近 Ms 温度时从水中取出立即转到油中冷却。双介质淬火法的冷却曲线如图 5-22 中曲线 2 所示。双介质淬火法也常称为水淬油冷法。采用这种淬火方法时如果能恰当地掌握好在水中的停留时间,则可有效地防止裂纹的产生。

(3)分级淬火法。分级淬火法是将工件加热保温后,迅速放入温度稍高于 Ms 的恒温盐浴或碱浴中,保温一定的时间,待工件表面与芯部温度均匀一致后取出空冷,以获得马氏体组织的一种淬火方法。它的冷却曲线如图 5-22 中曲线 3 所示。采用这种淬火方法能有效地减小变形和开裂倾向。但由于盐浴或碱浴的冷却能力较弱,故该方法只适用于尺寸较小、淬透性较好的工件。

(4)等温淬火法。等温淬火法是将工件加热保温后,迅速放入温度稍高于 Ms 的盐浴或碱浴中,保温足够时间,使奥氏体转变成下贝氏体后取出空冷的一种淬火方法。它的冷却曲线如图 5-22 中曲线 4 所示。等温淬火可大大降低工件的内应力,下贝氏体具有较高的强度、硬度和良好的塑性、韧性,综合性能优于马氏体。该方法适用于尺寸较小、形状复杂,要求变形小,且强度、韧度都较高的工件,如弹簧、工模具等。等温淬火后一般不必回火。

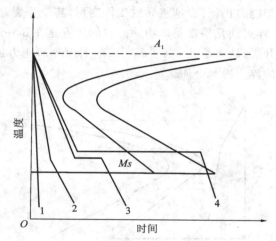

图 5-22 不同淬火方法的冷却曲线

1—单介质淬火法;2—双介质淬火法;
3—分级淬火法;4—等温淬火法

(5)局部淬火法。有些工件按其工作条件如果只是局部要求高硬度,则可进行局部加热淬火,以避免工件其他部分产生变形和裂纹。

(6)冷处理。为了尽量减少钢中残余奥氏体以获得最大量的马氏体,可进行冷处理,即把淬冷至室温的钢继续冷却到 $-70\sim-80$ ℃(也可冷到更低的温度),保持一段时间,使残余奥氏体在继续冷却过程中转变为马氏体,这样可提高工件的硬度和耐磨性,并稳定工件的尺寸。

2. 钢的淬透性和淬硬性

在规定的条件下,决定钢材淬硬层深度和硬度分布的特性称为淬透性。一般规定,钢的表面至内部马氏体组织占 50% 处的距离称为淬硬层深度。淬硬层越深,淬透性就越好。如果淬硬层深度达到芯部,则表明这工件全部淬透。

1)钢的淬透性

钢的淬透性主要取决于钢的临界冷却速度,临界冷却速度越低,过冷奥氏体越稳定,钢的淬透性也就越好。

合金元素是影响淬透性的主要因素。除 Co 和质量分数大于 2.5% 的 Al 以外,大多数合金元素溶入奥氏体都使 C 曲线右移,使临界冷却速度减小,因而使钢的淬透性显著提高。

此外,提高奥氏体化的温度,将使奥氏体晶粒长大、奥氏体成分均匀、奥氏体稳定,因而使钢的临界冷却速度减小、淬透性得到改善。

在实际生产中,工件淬火后的淬硬层深度除取决于淬透性外,还与零件的尺寸及淬火冷却介质有关。

2)淬硬性

钢在理想条件下进行淬火硬化所能达到的最高硬度的能力称为淬硬性。它主要取决于马氏体中的含碳量,合金元素对淬硬性的影响不大。

3. 钢的淬火变形与开裂

1)热应力与相变应力(组织应力)

工件淬火后出现的变形与开裂是由内应力引起的。内应力分为热应力与相变应力。

工件在加热或冷却时,由于不同部位存在着温差而导致热胀或冷缩不一致所引起的应力称为热应力。

淬火工件在加热时,铁素体和渗碳体转变为奥氏体,冷却时奥氏体又转变为马氏体。由于不同组织的比容不同,因此加热冷却过程中必然发生体积变化。热处理过程中由于工件表面与芯部的温差使各部位组织转变不同时进行而产生的应力称为相变应力或组织应力。

淬火冷却时,工件中的内应力超过材料的屈服点,就可能产生塑性变形,如内应力大于材料的抗拉强度,工件将开裂。

2)减小淬火变形、防止开裂的措施

对于形状复杂的零件,应选用淬透性好的合金钢,以便能在缓和的淬火冷却介质中冷却;工件的几何形状应尽量做到厚薄均匀,截面对称,使工件淬火时各部分能均匀冷却;高合金钢锻造时尽可能改善碳化物分布,高碳钢及高碳合金钢采用球化退火有利于减小淬火变形;适当降低淬火温度,采用分级淬火或等温淬火都能有效地减小淬火变形。

5.2.3 回火

将淬火后的工件加热至 Ac_1 以下某一温度,保温一定的时间,然后冷至室温的热处理工艺称为回火。

工件淬火后必须进行回火。回火的主要目的是:减小或消除淬火应力,减小变形,防止开裂;通过采用不同温度的回火来调整硬度,减小脆性,获得所需的塑性和韧性;稳定工件的组织和尺寸,避免工件在使用过程中组织和尺寸发生变化。

1. 淬火钢回火时的组织转变

随回火温度的升高,淬火钢的组织发生以下几个阶段的变化。

1)马氏体的分解

在 100~200 ℃温度下回火时,马氏体开始分解。马氏体中的碳以 ε 碳化物($Fe_{2.4}C$)的形式析出,使过饱和程度略有降低,这种组织称为回火马氏体($M_回$)。因碳化物极细小,且与母体保持共格,故工件的硬度略有下降。

2)残余奥氏体的转变

在 200~300 ℃温度下回火时,马氏体继续分解,同时残余奥氏体也向下贝氏体转变。此阶段的组织大部分仍然是回火马氏体,工件的硬度有所下降。

3)回火托氏体的形成

在 300~400 ℃温度下回火时,马氏体分解结束,过饱和固溶体转变为铁素体,同时非稳定的ε碳化物也逐渐转变为稳定的渗碳体,从而形成在铁素体的基体上分布着细颗粒状渗碳体的混合物。这种组织称为回火托氏体($T_{回}$)。经过此阶段,工件的硬度继续下降。

4)渗碳体的聚集长大

在400℃以上回火时,渗碳体逐渐聚集长大,形成较大的粒状渗碳体。这种组织称为回火索氏体($S_{回}$)。与回火托氏体相比,回火索氏体的渗碳体颗粒较粗大。随回火温度进一步升高,渗碳体迅速长大,而且铁素体开始发生再结晶,由针状形态变成等轴多边形。钢的硬度与回火温度的关系如图5-23所示。

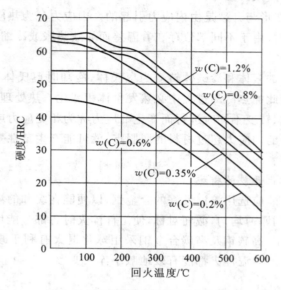

图5-23 钢的硬度与回火温度的关系

2. 回火的种类及应用

根据零件对性能的不同要求,按回火温度范围,可将回火分为以下几类。

1)低温回火

低温(150~250℃)回火后的组织为回火马氏体,这种组织基本上保持了淬火后的高硬度(一般为58~64 HRC)和高耐磨性。低温回火的主要目的是降低淬火应力。低温回火一般用于有耐磨性要求的零件,如刃具、工模具、滚动轴承、渗碳零件等。

2)中温回火

中温(350~500℃)回火后的组织为回火托氏体,这种组织的硬度一般为35~45 HRC,具有较高的弹性极限和屈服强度,因而中温回火主要用于有较高弹性和韧性要求的零件,如各种弹簧。

3)高温回火

高温(500~650℃)回火后的组织为回火索氏体,这种组织既有较高的强度,又具有一定的塑性、韧性,综合力学性能优良。工业上通常将淬火与高温回火相结合的热处理称为调质处理。调质处理广泛应用于各种重要的结构零件,特别是在交变负荷下工作的连杆、螺栓、齿轮及轴类等。高温回火也可用作量具、模具等精密零件的预备热处理。高温回火所得组织的硬度一般为200~350 HBW。

除了以上三种常用的回火方法外，某些高合金钢还在 640～680 ℃温度下进行软化回火。某些量具等精密工件，为了保持淬火后的高硬度及尺寸稳定性，有时需在 100～150 ℃温度下进行长时间（10～50 h）的加热。这种低温长时间的回火称为尺寸稳定处理或时效处理。

由以上各温度范围可看出，没有在 250～350 ℃温度下进行的回火，因为这是钢易产生低温回火脆性的温度范围。

5.3　钢的表面热处理

在冲击、交变和摩擦等动载荷条件下工作的机械零件，如齿轮、曲轴、凸轮轴、活塞销等汽车、拖拉机和机床零件，要求表面具有高的强度、硬度、耐磨性和疲劳强度，而芯部具有足够的塑性和韧性。仅通过选材和普通热处理工艺来满足以上要求是很困难的，表面热处理是能满足上述要求的合理选择。

表面淬火是一种不改变表层的化学成分，只改变表层组织的局部热处理方法。表面淬火是通过快速加热，使工件表层奥氏体化，然后迅速冷却，使表层形成一定深度的淬硬组织（马氏体），而芯部仍保持原来塑性、韧性较好的组织（退火、正火或调质处理组织）的热处理工艺。

根据加热方法的不同，表面淬火可分为感应加热表面淬火、火焰加热表面淬火、接触电阻加热表面淬火、电解液加热表面淬火、激光加热表面淬火和电子束加热表面淬火等。下面主要介绍感应加热表面淬火、火焰加热表面淬火和激光加热表面淬火。

5.3.1　感应加热表面淬火

感应加热表面淬火（见图 5-24）是利用电磁感应、集肤效应、涡流和电阻热等，使工件表层快速加热，并快速冷却的热处理工艺。

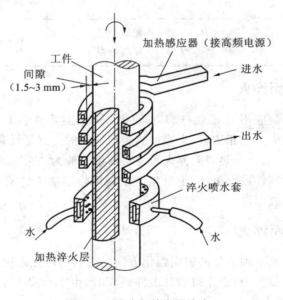

图 5-24　感应加热表面淬火

感应加热表面淬火时,将工件放在用铜管制成的加热感应器内,当一定频率的交流电通过加热感应器时,处于交变磁场中的工件产生感应电流,由于集肤效应和涡流的作用,由工件表层的高密度交流电产生的电阻热迅速加热工件的表层,使工件的表层很快达到淬火温度,随即喷水冷却,工件的表层被淬硬。

感应加热时,工件截面上感应电流的分布状态与电流频率有关。电流频率愈高,集肤效应愈强,感应电流集中的表层就愈薄,这样加热层深度与淬硬层深度也就愈浅。因此,可通过调节电流频率来获得不同的淬硬层深度。常用的感应加热类型及其应用范围如表5-3所示。感应加热表面淬火的特点是:感应加热速度极快,只需几秒或十几秒;淬火层马氏体组织细小,力学性能好;工件表面不易氧化脱碳,变形也小,而且淬硬层深度易控制,质量稳定,操作简单,特别适合用于大批量生产。感应加热表面淬火常用于中碳钢工件或中碳低合金钢工件,如45钢、40Cr钢、40MnB钢等,也可用于高碳工具钢工件或铸铁工件,一般零件淬硬层深度约为半径的1/10时,即可得到强度、耐疲劳性和韧度配合良好的处理效果。感应加热表面淬火不宜用于形状复杂的工件,因为加热感应器制作困难。为了保证芯部具有良好的力学性能,表面淬火前应进行调质或正火处理;表面淬火后应进行低温回火,以减小淬火应力,降低脆性。

表5-3 常用的感应加热类型及其应用范围

感应加热类型	常用频率	一般淬硬层深度/mm	应用范围
高频感应加热	200～1 000 kHz	0.5～2.5	中小模数齿轮及中小尺寸的轴类零件
中频感应加热	2 500～8 000 Hz	2～10	较大尺寸的轴和大中模数齿轮
工频感应加热	50 Hz	10～20	较大直径零件的穿透加热,大直径零件(如轧辊、火车车轮)的表面淬火
超音频感应加热	30～36 kHz	淬硬层沿工件轮廓分布	中小模数齿轮

5.3.2 火焰加热表面淬火

火焰加热表面淬火是应用氧-乙炔(或其他可燃气)焰,对零件表面进行加热,随之淬火冷却的工艺。与其他表面淬火工艺相比较,火焰加热表面淬火的优点是设备简单,成本低;缺点是生产率低,质量较难控制。火焰加热表面淬火淬硬层深度一般为2～6 mm,通常用来对中碳钢、中碳合金钢和铸铁的大型零件进行单件、小批生产或局部修复加工。例如,大型齿轮、轴、轧辊等零件就常进行火焰加热表面淬火。

5.3.3 激光加热表面淬火

激光加热表面淬火是一种新型的表面强化方法。它利用激光来扫描工件表面,将工件表面迅速加热至钢的临界点以上,当激光束离开工件表面时,由于自身大量吸热使工件表面迅速冷却而淬火,因此不需要淬火冷却介质。

在进行激光加热表面淬火前,必须在淬火表面覆盖一层吸光涂层。该涂层由金属氧化物、暗色的化学膜(如磷酸盐膜)或黑色材料(如炭黑)组成,通过控制激光入射功率密度($10^3 \sim 10^5$ W/cm²)、照射时间及照射方式,即可达到不同淬硬层深度、硬度、组织及其他性能的要求。

激光硬化区组织基本上为细马氏体。铸铁的激光硬化区组织为细马氏体加未溶石墨。经激光加热表面淬火的工件淬硬层深度一般为 $0.3 \sim 0.5$ mm,硬度比常规淬火的相同含碳量的钢材硬度高 10% 左右,表面具有残余压应力,耐磨性、耐疲劳性一般均优于常规热处理的工件。

激光加热表面淬火后工件变形极小,表面质量很高,特别适用于拐角、沟槽、盲孔部及深孔内壁的热处理。工件经激光加热表面淬火后,一般不再进行其他加工就可以直接使用。

5.4 钢的化学热处理

化学热处理是将工件置于活性介质中加热并保温,使活性介质分解析出的活性原子渗入工件的表层,改变工件表层的化学成分、组织和性能的热处理工艺。化学热处理的目的是提高工件表面的硬度、疲劳强度、耐磨性、耐热性、耐蚀性和抗氧化性等。常用的化学热处理有渗碳、渗氮、碳氮共渗和渗金属等。

5.4.1 渗碳

渗碳是将工件置于渗碳介质中加热并保温,使渗碳介质分解析出的活性碳原子渗入工件表层的化学热处理工艺。渗碳适用于承受冲击载荷和强烈摩擦的低碳钢工件或低碳合金钢工件,如汽车和拖拉机的齿轮、凸轮、活塞销、摩擦片等零件。渗碳层深度一般为 $0.5 \sim 2$ mm,渗碳层中碳的质量分数可达到 $0.8\% \sim 1.1\%$。渗碳后应进行淬火和回火处理,才能有效地发挥渗碳的作用。

按渗碳所用的渗碳介质不同,渗碳可分为气体渗碳、固体渗碳和液体渗碳三类。生产中常用的渗碳方法为气体渗碳。

气体渗碳是将工件置于密闭的加热炉中(如井式气体渗碳炉),通入煤气、天然气等气体介质(或滴入煤油、丙酮等易于汽化分解的液体介质),加热到 $900 \sim 950$ ℃的温度后保温,使工件在高温渗碳气氛中进行渗碳的热处理工艺。

气体渗碳的关键过程是渗碳介质在高温下分解析出活性碳原子[C],活性碳原子依靠工件表层与内部的碳浓度差,不断地从表面向内部扩散而形成渗碳层。活性碳原子生成的反应为

$$2CO \longrightarrow CO_2 + [C]$$
$$CH_4 \longrightarrow 2H_2 + [C]$$
$$CO + H_2 \longrightarrow H_2O + [C]$$

气体渗碳的渗碳层厚度与渗碳时间有关,在温度 $900 \sim 950$ ℃下每保温 1 h,渗碳层厚度增加 $0.2 \sim 0.3$ mm。低碳钢渗碳缓冷后的显微组织为:表层为珠光体和二次渗碳体,芯部为原始的亚共析钢组织,中间为过渡组织。一般规定,从表面到过渡层的 1/2 处称为渗碳层厚度。

气体渗碳的优点是:渗碳层质量好,渗碳过程易控制,生产率高,劳动条件较好,易于实现机械化和自动化;缺点是设备成本高,维护调试要求较高。气体渗碳不适合用于单件、小批生产。

5.4.2 渗氮

渗氮又称氮化,是将工件置于含氮介质中加热至 $500 \sim 560$ ℃,使含氮介质分解析出的活性

氮原子渗入工件表层的化学热处理工艺。渗氮层厚度一般为 0.6～0.7 mm。渗氮广泛用于承受冲击、交变载荷和强烈摩擦的中碳合金结构钢重要精密零件,如精密机床的丝杠、镗床的主轴、高速柴油机的曲轴、汽轮机的阀门和阀杆等。

为了有利于渗氮过程中在工件表面形成颗粒细小、分布均匀、硬度极高且非常稳定的氮化物,渗氮用钢通常是含有 Al、Cr、Mo 等元素的合金钢,最典型的渗氮钢是 38CrMoAl 钢,渗氮硬度可达 1 000 HV 以上。工件渗氮后,表面即具有很高的硬度和很好的耐磨性,不必再进行热处理。但由于渗氮层很薄且较脆,要求芯部具有良好的综合力学性能,因此渗氮前应进行调质处理,以获得回火索氏体组织。

1. 气体渗氮

气体渗氮是指将工件置于井式炉中加热至 550～570 ℃,并通入氨气,氨气受热分解生成活性氮原子($2NH_3 \longrightarrow 3H_2 + 2[N]$),渗入工件表面。渗氮保温时间一般为 20～50 h,渗氮层厚度为 0.2～0.6 mm。

2. 离子渗氮

离子渗氮是指将工件置于离子氮化炉内,抽出炉内空气,待真空度达 1.33 Pa 后通入氨气,炉压升至 70 Pa 时接通电源,在阴极(工件)和阳极间施加 400～700 V 的直流电压,使炉内气体放电,迫使电离后的氮离子高速轰击工件表面,并渗入工件的表层,形成氮化层。离子渗氮最大的优点是渗氮时间短,仅为气体渗氮的 1/3 左右,且渗氮层质量好。

5.4.3 碳氮共渗

碳氮共渗是在奥氏体状态下将碳和氮原子都渗入工件的表层,并以渗碳为主的化学热处理工艺。碳氮共渗的方法有液体碳氮共渗、气体碳氮共渗和离子碳氮共渗。目前主要使用的碳氮共渗方法是气体碳氮共渗。气体碳氮共渗又分为高温(820～880 ℃)气体碳氮共渗和低温(560～580 ℃)气体碳氮共渗两类。常用的碳氮共渗介质是尿素、甲酰胺和三乙醇胺。

气体碳氮共渗的特点是:共渗层比渗碳层硬度高,耐磨性、耐蚀性和疲劳强度更好;比渗氮层深度大,表面脆性小且抗压强度高;共渗速度快,生产率高,变形开裂倾向小。这种工艺广泛应用于自行车、缝纫机、仪表零件,机床、汽车的齿轮、轴类等小型零件,以及模具、量具和刃具的表面处理。

5.5 热处理新技术简介

随着工业及科学技术的发展,热处理工艺在不断改进,近年来发展了一些新的热处理工艺,计算机技术也已越来越多地应用于热处理工艺控制。

5.5.1 可控气氛热处理

在炉气成分可控制在预定范围内的热处理炉中进行的热处理称为可控气氛热处理。可控气氛热处理的目的是有效地控制渗碳、碳氮共渗等化学热处理时表面的碳浓度,或防止工件在加热时氧化和脱碳。可控气氛热处理还可用于实现低碳钢的光亮退火及中、高碳钢的光亮淬火。可控气氛按炉气可分渗碳性气氛、还原性气氛和中性气氛等。目前我国常用的可控气氛有吸热式气氛、放热式气氛、放热吸热式气氛和有机液滴注式气氛等,其中以放热式气氛的制备最便宜。

5.5.2 真空热处理

在真空中进行的热处理称为真空热处理。它包括真空淬火、真空退火、真空回火和真空化学热处理(如真空渗碳、真空渗铬等)。真空热处理是在 $1.33\sim0.013\,3$ Pa 真空度的真空介质中加热工件。

真空热处理可以减小工件的变形,使钢脱氧、脱氢和净化工件的表面,使工件的表面无氧化、不脱碳且光洁,可显著提高工件的耐磨性和疲劳强度。真空热处理的工艺操作条件好,有利于实现机械化和自动化,而且节约能源,减少污染,因而真空热处理目前发展较快。

5.5.3 形变热处理

形变热处理是将塑性变形同热处理有机结合在一起,获得形变强化和相变强化综合效果的工艺方法。这种工艺方法不仅可以提高钢的强韧性,还可以大大简化金属材料或工件的生产流程。

形变热处理的方法很多,有低温形变热处理、高温形变热处理、等温形变淬火、形变时效处理和形变化学热处理等。

1. 高温形变热处理

高温形变热处理是将钢加热到稳定的奥氏体区内,使钢在该状态下进行塑性变形,随即进行淬火、回火的综合热处理工艺,又称为高温形变淬火。与普通热处理相比,某些钢材经高温形变热处理能提高抗拉强度 $10\%\sim30\%$,提高塑性 $40\%\sim50\%$。一般非合金钢、低合金钢均可采用这种热处理工艺。

2. 低温形变热处理

低温形变热处理是将钢加热到奥氏体状态后,将钢快速冷却到 Ar_1 以下,使钢发生大量($70\%\sim50\%$)的变形,随即淬火、回火的工艺,又称为亚稳奥氏体的形变淬火。与普通热处理相比,某些钢材经低温形变热处理在保持塑性不变的情况下,抗拉强度可提高 $30\sim70$ MPa,有时甚至提高 100 MPa。这种热处理工艺适用于某些珠光体与贝氏体之间有较长孕育期的合金钢。

形变热处理主要受设备和工艺条件的限制,应用还不普遍,对形状比较复杂的工件进行形变热处理尚有困难,形变热处理对工件的切削加工和焊接也有一定的影响。这些问题有待进一步研究解决。

5.6 化学热处理新技术

1. 电解热处理

电解热处理是将工件和加热容器分别接在电源的负极和正极上,加热容器中装有渗剂,利用电化学反应使欲渗元素的原子渗入工件表层的工艺。电解热处理可以用于电解渗碳、电解渗硼和电解渗氮等。

2. 离子化学热处理

离子化学热处理是在真空炉中通入少量与热处理目的相适应的气体,在高压直流电场的作用下,稀薄的气体放电、启辉加热工件,与此同时,欲渗元素从通入的气体中离解出来,渗入工件表层的工艺。离子化学热处理比一般化学热处理速度快,这在渗层较薄的情况下尤为显著。离子化学热处理可进行离子渗氮、离子渗碳、离子碳氮共渗、离子渗硫和离子渗金属等。

3.电子束表面淬火

电子束表面淬火是利用电子枪发射成束电子,轰击工件的表面,使之急速加热,而后自冷淬火。电子束表面淬火的能量利用率大大高于激光加热表面淬火,可达80%。

这种化学热处理工艺不受钢材种类的限制,淬火质量高,基体性能不变,是很有发展前途的新工艺。

5.7 钢的表面强化处理

5.7.1 钢的表面形变强化

钢的表面形变强化主要用于提高钢的表面性能,已成为提高钢的疲劳强度、延长钢的使用寿命的重要工艺措施。目前常用的表面形变强化工艺有喷丸、滚压和内孔挤压等。

1.喷丸

喷丸是利用高速弹丸流强烈喷射工件的表面,从而产生表面形变强化的工艺。弹丸流使工件的表面层产生强烈的冷塑性变形,形成极高密度的位错($\rho > 1 \times 10^{12}\,cm^{-2}$),使亚晶粒极大地细化,并形成较高的宏观残余压应力,因而提高工件的抗疲劳性能和耐应力腐蚀性能。例如,对1Cr13不锈钢采用喷丸强化处理后,对试样加载,产生420 MPa的拉应力,然后放入150 ℃的饱和水蒸气中做应力腐蚀试验,结果未喷丸的试样在1周内断裂,而喷丸后的试样到8周后才断裂。

常用的喷丸有铸铁弹丸($w(C)=2.75\%\sim3.60\%$,硬度为58~65 HRC,经退火后韧度提高,硬度降低为30~57 HRC,直径为0.2~1.5 mm)、弹簧钢或不锈钢弹丸($w(C)=0.7\%$,硬度为45~50 HRC,直径为0.4~1.2 mm)和玻璃弹丸(硬度为46~50 HRC,直径为0.05~0.4 mm)。喷丸设备可采用机械离心式喷丸机或气动式喷丸机。

2.滚压

滚压适用于外圆柱面、锥面、平面、齿面、螺纹、圆角、沟槽及其他特殊形状的表面。滚压属于少无切削加工,能较容易地压平工件表面的粗糙度凸峰,使表面粗糙度Ra达到0.4~0.1 μm,同时不切断金属纤维,增加滚压层的位错密度,形成有利的残余压应力,提高工件的耐磨性和疲劳强度。例如,滚压螺纹的生产率比车削螺纹高10~30倍,抗拉强度高20%~30%,疲劳强度高50%。

5.7.2 钢的表面覆层强化

钢的表面覆层强化是在金属表面涂覆一层其他金属或非金属,以提高钢的耐磨性、耐蚀性、耐热性或对钢进行表面装饰等。钢常用的表面覆层强化方法有金属喷涂强化、金属碳化物覆层强化和离子注入覆层强化等。

1.金属喷涂强化

金属喷涂强化是将金属粉末熔化,并喷涂在工件的表面形成覆层的方法,常用氧-乙炔焰喷涂或等离子喷涂。等离子喷涂强化是将金属粉末送入含有氩、氦、氢、氮等气体的等离子枪内，将金属粉末加热至微熔并喷射到工件的表面，形成覆层。它的优点是等离子喷射火焰温度高（达 50 000 K），喷射速度快，又有惰性气体保护，故覆层与基材的黏附力强。金属喷涂强化可以用于不同的材料，达到不同的目的。例如：在已磨损的机件上喷涂一层耐磨合金，以进行修复，或在钢铁零件上喷涂一层铝，以提高它的耐蚀性；可以将氧化铝、氧化锆、氧化铬等氧化物喷涂到钢的表面，使之具有良好的耐磨性、耐热性。

为了提高覆层与基材的结合强度，又发展了喷涂重熔技术。例如，沈阳工业大学与沈阳鼓风机集团股份有限公司协作研究提高风机叶片耐磨性的喷涂重熔工艺，采用镍基、钴基自熔合金，先在 16 Mn 钢试样上用氧-乙炔焰预热到 200 ℃，接着喷涂 0.8～1.5 mm 的覆层，而后再用氧-乙炔焰加热重熔，生成较薄的合金层，使覆层与基材达到原子间的冶金结合。试验结果表明，16 Mn 钢经镍基、钴基自熔合金喷涂重熔后，耐磨性提高 2～4 倍。

2. 金属碳化物覆层强化

在工件表面涂覆一层金属碳化物，可显著提高它的耐磨性、耐蚀性和耐热性。金属碳化物的覆层方法有以下几种。

1）化学气相沉积（CVD）法

将工件置于反应室中，抽真空并加热至 900～1 100 ℃。如果要涂覆 TiC 层，则将钛以挥发性氯化物（如 $TiCl_4$）与气体碳氢化合物（如 CH_4）一起通入反应室内，这时就会在工件的表面发生化学反应，生成 TiC，并且 TiC 沉积在工件表面，形成 6～8 μm 厚的覆盖层。工件经气相沉积镀覆后，再进行淬火、回火处理，表面硬度可达 2 000～4 000 HV。

化学气相沉积 TiC 工艺于 1955—1960 年由西德法兰克福有限公司首先研制出，直至 1968 年才投入工业生产。

2）物理气相沉积（PVD）法

物理气相沉积法是通过蒸发、电离或溅射等过程，产生金属粒子并与反应气体反应形成化合物沉积在工件的表面。物理气相沉积法有真空镀、真空溅射和离子镀三种。目前应用较广的是离子镀。

离子镀是借助于惰性气体的辉光放电，使镀料（如金属钛）汽化蒸发离子化，离子经电场加速，以较高的能量轰击工件的表面，此时如果通入二氧化碳、氮气等反应气体，则可在工件的表面获得 TiC、TiN 覆盖层，且覆盖层硬度高达 2 000 HV。离子镀的重要特点是沉积温度只有 500 ℃左右，且覆盖层的附着力强，适用于高速钢工具、热锻模等。

3）盐浴法

盐浴法是由日本丰田公司中央研究所提出的一种覆渗碳化物的工艺，可以在工件表面形成 V、Nb、Ta、Ti、W、Mo、Cr、B 等元素的碳化物。它的工艺条件是将工件浸入含有碳化物生成元素的金属粉末的硼砂浴中，加热温度为 800～1 200 ℃，时间为 1～10 h。具体参数按基体材料和渗层厚度而定。

Cr 的碳化物渗层硬度为 1 400～2 000 HV，Nb 的碳化物渗层硬度为 2 500～3 100 HV，V 的碳化物渗层硬度为 3 200～3 800 HV。盐浴法已广泛应用于各种模具、刃具、工夹具和机械零件的制造中，对提高产品的使用寿命有显著效果。

3. 离子注入覆层强化

离子注入覆层强化是根据工件的性能要求选择适当种类的原子，使其在真空电场中离子化,并在高压作用下加速注入工件表层的技术。离子注入覆层强化使金属材料的表层合金化,显著提高金属材料表面的硬度、耐磨性及耐蚀性等。

1)对硬度的影响

离子注入覆层强化产生表面硬化,主要是将 N、C、B 等非金属元素注入非铁金属及各种合金中,当注入离子的剂量大于 10^{17} ions/cm² 时,将产生明显的硬化作用,一般金属材料的硬度可提高 $10\%\sim100\%$,甚至更高。

2)对耐磨性的影响

由于离子注入覆层强化提高了金属材料的硬度,因此金属材料的耐磨性增加。同时,实践证明,离子注入覆层强化还能改变金属表面的摩擦因数。例如:钢中注入 2.8×10^{16} ions/cm² 的 Sn^+ 时,摩擦因数从 0.3 降至 0.1 左右;GCr15 轴承钢注入 N_2 后,磨损率减小 50%;38CrMoAl 渗氮钢注入 N、C、B 后,磨损率减小 90%。

3)对耐蚀性的影响

注入某些合金元素后,钢的耐蚀性将大大提高。例如,在含硫的氧化性环境中工作的燃煤设备,氧和硫的综合腐蚀作用导致锅炉管件等零件过早蚀穿而发生事故,但当离子注入 Ce、Y、Hf、Th、Zr、Nb、Ti 或其他能稳定氧化物的活性元素后,大大提高了这些零件的耐蚀能力。

5.7.3 铸铁的改性处理

工业生产中常用的铸铁的组织为钢的基体＋石墨,它们的性能主要取决于铸铁中石墨的形状、大小、分布和基体组织的类型。因此,铸铁强化应该从以下两方面着手。

1. 改变石墨的形状、大小和分布

人们通过改变石墨的形状、大小和分布的规律,在灰铸铁的粗片状石墨的基础上,使石墨呈细小而均匀分布,研制成功了孕育铸铁;使石墨呈团絮状、球状和蠕虫状,获得了可锻铸铁、球墨铸铁和蠕墨铸铁。

2. 改变基体组织

铸铁中的基体组织是决定铸铁力学性能的重要因素,铸铁可通过合金化和热处理的办法强化基体,进一步提高铸铁的力学性能。

5.7.4 铸铁的热处理

铸铁的热处理主要改变铸铁的基体组织,因铸铁的基体组织相当于钢的组织,故铸铁的热处理规律与钢基本相同。

1. 退火

1)消除内应力的退火

铸件在铸造冷却过程中容易产生内应力,可能导致铸件翘曲和裂纹。为了保证尺寸稳定性,防止变形和开裂,对一些形状复杂的铸件,如机床的床身、柴油机的气缸等,往往进行消除内应力的退火。消除内应力的退火的工艺条件一般为:加热温度 500～550 ℃,加热速度 60～120 ℃/h,经一定时间保温后,炉冷到 150～220 ℃ 出炉空冷。

2)低温退火

球墨铸铁的基体往往包含铁素体和珠光体,为了获得较好的塑性、韧性,必须使珠光体中的

Fe_3C 分解。分解的工艺是:将球墨铸铁件加热到 700~760 ℃,保温 2~8 h,然后随炉冷至 600 ℃出炉空冷。最终组织为铁素体基体上分布着石墨。

3)高温退火

当铸铁组织中不仅有珠光体,还有自由渗碳体时,为了使自由渗碳体分解,需将铸铁件加热至 850~950 ℃,保温 2~5 h 后,随炉冷却至 600 ℃,再出炉空冷。最终组织为铁素体基体上分布着石墨。

2. 正火

1)高温正火

一般将铸铁件加热到 880~920 ℃,保温 1~3 h,使基体组织全部奥氏体化,然后出炉空冷,获得珠光体的基体组织。

2)低温正火

一般将铸铁件加热到 840~880 ℃,保温 1~4 h,然后出炉空冷,获得珠光体和铁素体的基体组织。低温正火的铸铁件强度比高温正火略低,但塑性和韧性较好。低温正火要求原始组织中无自由渗碳体,否则将影响力学性能。

正火后,为了消除正火时铸铁件产生的内应力,通常还要对铸铁件进行去应力退火。

3. 调质处理

对于受力复杂、综合力学性能要求较高的重要零件,如柴油机的连杆、曲轴等,需进行调质处理。调质处理的工艺是:将工件加热至 860~900 ℃,保温后油淬,然后在 550~600 ℃回火 2~4 h,最终组织为回火索氏体上分布着球状石墨。

4. 等温淬火

对于一些外形复杂、易变形或开裂的零件,如齿轮、凸轮等,为提高它们的综合力学性能,可采用等温淬火。等温淬火的工艺是:将工件加热至 860~900 ℃,适当保温后迅速将工件移至 250~300 ℃的盐浴炉中等温保持 30~90 min,然后取出空冷,一般不再回火。等温淬火后的组织是下贝氏体基体上分布着球状石墨。在生产上,等温淬火只适用于截面尺寸不大的零件。

5. 表面淬火

有些铸铁件,如机床导轨的表面、气缸的内壁等,需要有较高的硬度和耐磨性,常进行表面淬火处理,如高频加工表面淬火、火焰加工表面淬火等。

6. 化学热处理

对于要求表面耐磨或抗氧化、耐蚀的铸铁件,特别是球墨铸铁件,可进行化学热处理,如渗氮、渗铝、渗硼、渗硫等。

5.7.5　铸铁的合金化

常规元素高于规定含量或含有一种或多种合金元素,具有某种特殊性能的铸铁称为合金铸铁。因为具有耐磨、耐热、耐蚀等特殊性能,所以合金铸铁又称特殊性能铸铁。合金铸铁中合金元素的作用如下。

(1)Cr 是合金铸铁中应用最广泛的合金元素,它的作用是:在高温下使铸铁的表面形成一层致密的氧化层,提高铸铁的耐热性、耐蚀性;提高基体(铁素体)电极电位,以提高合金铸铁的耐蚀性;当含量较高时,碳化物(Cr_7C_3)呈团块状,此碳化物具有比渗碳体更高的硬度,既显著提高合金铸铁的耐磨性，又对合金铸铁的韧性有较大的改善。

（2）P的质量分数通常为0.3%～0.6%，主要以磷共晶形式存在，呈断续网状分布在基体上，具有良好的减摩作用，可显著提高合金铸铁的耐磨性。

（3）Si、Al等合金元素可使合金铸铁的表面形成一层连续致密的氧化层，提高合金铸铁的耐热性和耐蚀性，对合金铸铁的表面起到良好的保护作用。

（4）Mo、Cu、W、V、Ti等合金元素，可细化组织，提高铁素体电极电位，进一步提高合金铸铁的耐磨性、耐热性和耐蚀性。

5.7.6　高分子聚合物的改性强化

高分子聚合物材料已越来越多地用于工农业生产和人民生活中。随着现代科技的迅速发展，对聚合物材料提出了更高的要求。例如，希望聚合物既易于加工成形，又具有卓越的韧性和较高的硬度，且价格低廉。单一的均聚物是难以满足此要求的。于是，人们便开始了聚合物的改性强化研究。所谓改性强化，就是通过改变高分子聚合物的结构进而改变原聚合物的力学性能或形成具有崭新性能的新的聚合物的工艺过程。

目前，高分子聚合物的改性强化方式主要有同种聚合物改性强化和不同种类聚合物共混改性强化。其中，聚合物的共混改性强化已成为高分子材料科学和工程领域的"热点"。一些工程聚合物共混物的力学性能可与铝合金媲美。

聚合物共混物是指两种或两种以上的均聚物或共聚物的混合物，又称聚合物合金或高分子合金。聚合物共混物中各组分之间主要是物理结合，但不同聚合物大分子之间难免有少量化学键存在。此外，近年来为强化参与组分之间界面的胶接而采用的反应增容措施，也必然在组分之间引入化学键。

聚合物共混物的形态结构受聚合物组分之间的热力学相容性、实施共聚的方法和工艺条件等多方面因素的影响。在研究聚合物共混物形态结构的过程中，常引入"相容性""混溶性"等不同提法。相容性是指聚合物共混物各组分彼此相互容纳，形成宏观均匀结构的能力，以共混系是否能够产生热力学相互溶解为判据；而混溶性以是否能获得比较均匀和稳定的形态结构的共混体系为判据，而不考虑共混体系是否能够产生热力学相互溶解。可见，相容性具有工程上的含义，故也称工程相容性。

聚合物共混物的类型很多，一般是指塑料与塑料的共混物以及在塑料中掺混橡胶所获得的共混物。在塑料中掺混少量橡胶的共混体系，由于冲击性能有很大的提高，因此称为橡胶增韧塑料。近年来，又有工程聚合物共混物和功能性聚合物共混物出现。前者是指以工程塑料为基体或具有工程塑料特性的聚合物共混物；后者是指除通用性能之外，还具有某种特殊功能（如抗静电性、高阻隔性、离子交换性等）的聚合物共混物。

聚合物共混改性的效果主要体现在以下几个方面：各聚合物组分性能互相取长补短，消除各单一组分性能上的弱点，获得综合性能较为理想的聚合物材料；使用少量的某一聚合物作为另一聚合物的改性剂，改性效果显著；通过共混可改善聚合物的加工性能；聚合物共混可以满足一些特殊的需要，制备出一系列崭新性能的聚合物材料；对某些性能卓越，但价格昂贵的工程塑料，可通过共混，在不影响使用要求的前提下降低原材料的成本。

【习题与思考题】

1. 何谓钢的热处理？钢的热处理操作有哪些基本类型？试说明热处理同其他工艺过程的关系及热处理在机械制造中的地位和作用。

2. 试述加热时共析钢奥氏体形成的几个阶段，分析亚共析钢和过共析钢奥氏体形成的主要特点。

3. 说明共析钢 C 曲线各个区、各条线的物理意义，在曲线上标注出各类转变产物的组织名称及其符号和性能，并指出影响 C 曲线形状和位置的主要因素。

4. 什么是马氏体转变临界冷却速度？它对钢的淬火有何意义？它的大小受哪些因素的影响？它与钢的淬透性有何关系？

5. 试比较共析钢过冷奥氏体等温转变曲线和连续冷却转变曲线的异同点。

6. 试述马氏体转变的特点，并定性说明两种主要类型马氏体的组织形态和性能差异。

7. 某钢的等温转变曲线如图 5-25 所示，试说明该钢在 300 ℃经不同时间等温后，按①、②、③线冷却后得到的组织。

8. 某钢的连续冷却转变曲线如图 5-26 所示，试指出该钢按①、②、③、④线的速度冷却后得到的室温组织。

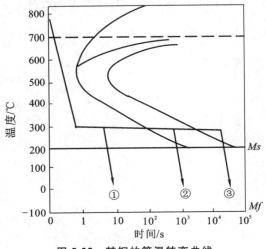

图 5-25　某钢的等温转变曲线　　　　图 5-26　某钢的连续冷却转变曲线

9. 正火和退火的主要区别是什么？生产中应如何选择正火和退火？下列情况下分别该用退火还是正火？简述原因。

　　(1)20 钢齿轮锻件；(2)45 钢小轴轧材毛坯；(3)45 钢钳口铁锻件；(4)T12 钢锉刀锻件。

10. 简述各种淬火方法及其适用范围。

11. 什么是回火？为什么淬火钢均应回火？

12. 三种类型的回火分别得到什么组织和性能？

13. 将一退火状态的 T8 钢圆柱形(φ412 mm×100 m)零件(见图 5-27)整体加热至 800 ℃后，把 A 段入水冷却，B 段空冷，处理后零件的硬度分布如该图所示。试判断各点的显微组织，并用 C 曲线近似分析其形成原因。

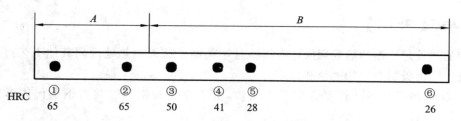

图 5-27　圆柱形零件及其硬度分布情况

14. 分析下列说法在什么情况下正确？在什么情况下不正确？(1)钢奥氏体化后,冷得愈快,钢的硬度愈高;(2)淬火钢硬而脆;(3)钢中含合金元素愈多,钢的淬火硬度愈高。

15. 用 T10 钢制造形状简单的手工刀具和用 45 钢制造较重要的螺栓,工艺路线均为:锻造→热处理→机加工→热处理→精加工。对于这两种工件:(1)说明预备热处理的工艺方法及其作用;(2)写出最终热处理工艺名称,并指出最终热处理后的显微组织及大致硬度。

16. 现有用 20 钢和 40 钢制造的齿轮各一个,为了提高齿面的硬度和耐磨性,宜采用何种热处理工艺？齿面热处理后在组织和性能上有何差异？

17. 甲、乙两厂同时生产一种 45 钢零件,硬度要求为 220～250 HBW。甲厂采用正火处理,乙厂采用调质处理,都达到了硬度要求。试分析甲、乙两厂的产品在组织和性能上的差异。

18. 主要的热处理缺陷有哪些？

第6章 工程用金属材料

工程材料是指用来制造工程结构和机器零件的材料,可分为金属材料、非金属材料和复合材料三大类。

金属材料包括钢铁材料、非铁金属及其合金。由于金属材料具有良好的力学性能、物理性能、化学性能及工艺性能,能用较简单和经济的工艺方法制成零件,因此金属材料是机械制造中应用最广泛的工程材料。

工程用金属材料以合金为主,很少使用纯金属。原因是合金比纯金属具有更好的力学性能、物理性能、化学性能及工艺性能,且价格低廉。最常用的合金是以铁为基体的铁碳合金,如碳素钢、合金钢、灰铸铁、球墨铸铁等,还有以铜为基体的黄铜、青铜,以及以铝为基体的铝硅合金等。

6.1 工业用钢

6.1.1 钢的分类

工业用钢的品种很多,为了便于生产、保管、选材和研究,可将钢进行分类。钢常用的分类方法有四种,即按钢的化学成分、钢中碳的质量分数、冶金质量和用途来分类。

根据国家标准《钢分类 第1部分 按化学成分分类》(GB/T 13304.1—2008),钢可分为:①非合金钢,即碳素钢;②低合金钢;③合金钢。

按碳的质量分数分类,钢可分为:①低碳钢,$w(C) < 0.25\%$;②中碳钢,$w(C) = 0.25\% \sim 0.60\%$;③高碳钢,$w(C) > 0.60\%$。

根据《钢分类 第2部分:按主要质量等级和主要性能或使用特性的分类》(GB/T 13304.2—2008),钢可分为:①普通质量钢;②优质钢;③特殊质量钢。

按用途分类,钢可分为:①结构钢,主要用来制造各种工程构件(如桥梁、船舶、建筑等的构件)和机器零件,一般属于低碳钢和中碳钢;②工具钢,主要用来制造各种刃具、量具、模具,这类钢含碳量较高,一般属于高碳钢;③特殊性能钢,指具有特殊物理、化学性能的钢,这类钢主要有不锈钢、耐热钢、耐磨钢,一般属于高合金钢。

6.1.2 非合金钢

非合金钢即碳素钢,简称碳钢,通常分为以下几类。

1.碳素结构钢

碳素结构钢冶炼简单,工艺性好,价格低廉,而且在性能上也能满足一般工程结构件及普通零件的要求,因此用量很大,约占钢材总量的70%。

碳素结构钢主要保证力学性能。按《碳素结构钢》(GB/T 700—2006)的规定,碳素结构钢的牌号以钢材的最低屈服强度表示:字母"Q"+数字。其中"Q"代表屈服强度,数字表示屈服强度值。牌号后面可标明质量等级符号 A、B、C、D,以及脱氧方法等的符号(用脱氧方法等名称的汉语拼音首位字母表示,如沸腾钢 F、镇静钢 Z、特殊镇静钢 TZ,其中"Z"与"TZ"符号可以省略)。例如,Q215AF 代表碳素结构钢,屈服强度为 215 MPa,并为 A 级沸腾钢。

普通碳素结构钢的牌号、化学成分、力学性能及应用举例如表 6-1 和表 6-2 所示。

表 6-1 普通碳素结构钢的牌号和化学成分(摘自 GB/T 700—2006)

牌号	统一数字代号[a]	等级	厚度(或直径)/mm	脱氧方法	化学成分(质量分数)/(%),不大于				
					C	Si	Mn	P	S
Q195	U11952	—	—	F、Z	0.12	0.30	0.50	0.035	0.040
Q125	U12152	A		F、Z	0.15	0.35	1.20	0.045	0.050
	U12155	B							0.045
Q235	U12352	A		F、Z	0.22	0.35	1.40	0.045	0.050
	U12355	B			0.20[b]				0.045
	U12358	C		Z	0.17			0.040	0.040
	U12359	D		TZ				0.035	0.035
Q275	U12752	A	—	F、Z	0.24	0.35	1.50	0.045	0.050
	U12755	B	≤40	Z	0.21			0.045	0.045
			>40		0.22				
	U12758	C	—	Z	0.20			0.040	0.040
	U12759	D		TZ				0.035	0.035

注:a 表中为镇静钢、特殊镇静钢牌号的统一数字,沸腾钢牌号的统一数字代号如下:Q195F——U11950;Q215AF——U12150,Q215BF——U12153;Q235AF——U12350,Q235BF——U12353;Q275AF——U12750。

b 经需方同意,Q235B的碳含量可不大于0.22%。

表 6-2 普通碳素结构钢的力学性能和应用举例(力学性能摘自 GB/T 700—2006)

牌号	质量等级	R_{eH}[a]/MPa,不小于				R_m/MPa	A/(%),不小于			应用举例
		厚度(或直径)/mm					厚度(或直径)/mm			
		≤16	>16~40	>40~60	>60~100		≤40	>40~60	>60~100	
Q195	—	195	185	—	—	315~430	33			用来制造受力不大的零件,如螺钉、螺母、垫圈、焊接件、冲压件,以及桥梁、建筑等的金属结构件
Q215	A	215	205	195	185	335~430	31	30	29	
	B									
Q235	A	235	225	215	215	370~500	26	25	24	
	B									
	C									
	D									
Q275	A	275	265	255	245	410~540	22	21	20	用来制造承受中等载荷的零件,如小轴、销、农机零件等
	B									
	C									
	D									

注:a Q195 的屈服强度值仅供参考,不作交货条件。

2. 优质碳素结构钢

优质碳素结构钢必须同时保证钢的化学成分和力学性能,大多为镇静钢。优质碳素结构钢有害杂质及非金属夹杂物的含量较少,其中 P、S 的质量分数均控制在 0.035% 以下,均匀性及表面质量都比较好,力学性能较好,广泛用来制造要求较高的各种机械零件和结构件。这些零件通常都要经过热处理后才使用。

优质碳素结构钢的牌号是用两位数字表示钢中碳的质量万分数。例如,40 钢表示碳的平均质量分数为 0.40% 的优质碳素结构钢。不足两位数时,前面补 0。从 10 钢开始,以数字"5"为变化幅度上升一个钢号。若数字后带"F"(如 08F),则表示为沸腾钢。优质碳素结构钢的牌号、化学成分及力学性能如表 6-3 所示。

表 6-3　优质碳素结构钢的牌号、化学成分及力学性能(摘自 GB/T 699—2015)

| 钢号 | 化学成分(质量分数)/(%) | | | | | 力学性能(不小于) | | | | |
	C	Si	Mn	P 不大于	S 不大于	R_m /MPa	R_{eL} /MPa	A/(%)	Z/(%)	K/J
08	0.05~0.11					325	195	33	60	—
10	0.07~0.13					335	205	31	55	—
15	0.12~0.18		0.35~0.65			375	225	27	55	—
20	0.17~0.23					410	245	25	55	—
25	0.22~0.29					450	275	23	50	71
30	0.27~0.34					490	295	21	50	63
35	0.32~0.39					530	315	20	45	55
40	0.37~0.44					570	335	19	45	47
45	0.42~0.50	0.17~0.37		0.035	0.035	600	355	16	40	39
50	0.47~0.55					630	375	14	40	31
55	0.52~0.60		0.50~0.80			645	380	13	35	—
60	0.57~0.65					675	400	12	35	—
65	0.62~0.70					695	410	10	30	—
70	0.67~0.75					715	420	9	30	—
75	0.72~0.80					1 080	880	7	30	—
80	0.77~0.85					1 080	930	6	30	—
85	0.82~0.90					1 130	980	6	30	—

优质碳素结构钢包括低碳钢、中碳钢和高碳钢,可用来制作各种机械零件。随着钢中含碳量的不同,低碳钢、中碳钢和高碳钢的力学性能也不同。常用的优质碳素结构钢的性质、热处理及应用范围如下。

08钢、10钢含碳量很低,强度低而塑性好,具有较好的焊接性和压延性,通常轧制成薄板或钢带,主要用来制造冷冲压零件,如各种仪表板、容器及垫圈等零件。

15钢、20钢、25钢具有较好的焊接性和压延性,常用来制造受力不大、韧性较好的结构件和零件,如焊接容器、螺母、螺杆等,以及制造强度要求不太高的渗碳零件,如凸轮、齿轮等。渗碳零件的热处理一般是在渗碳后再进行一次淬火(840~920 ℃)及低温回火。

30钢、35钢、40钢、45钢、50钢、55钢属于调质钢,可用来制造性能要求较高的零件,如齿轮、连杆、轴类等。调质钢一般要进行调质处理,以得到强度与韧性良好配合的综合力学性能。对综合力学性能要求不高或截面尺寸很大、淬火效果差的工件,可采用正火代替调质。

60钢、65钢、70钢、75钢、80钢、85钢属于弹簧钢,经淬火(接近850 ℃)及中温回火(350~500 ℃)处理,用来制造要求弹性好、强度较高的零件,如调压弹簧、调速弹簧、弹簧垫圈等;经淬火(接近850 ℃)及低温回火(200~250 ℃)处理后,也可用来制造耐磨零件。冷成形弹簧一般只进行低温去应力处理。

3. 碳素工具钢

碳素工具钢的碳质量分数为0.65%~1.35%。根据S、P的含量不同,碳素工具钢又可分为优质碳素工具钢和高级优质碳素工具钢两类。在机械制造业中,碳素工具钢用来制造各种刃具、模具及量具。由于工具要求有高硬度和高耐磨性且多数刃具还要求有热硬性,所以碳素工具钢的含碳量均较高。碳素工具钢通常采用淬火+低温回火的热处理工艺,以保证高硬度和耐磨性。

碳素工具钢的钢号以"碳"字汉语拼音首字母"T"加上数字表示,数字表示钢中碳的平均质量千分数,如果为高级优质碳素工具钢,则在数字后再加字母"A"。例如,T8、T12分别表示钢中碳的平均质量分数为0.8%和1.2%的优质碳素工具钢。

碳素工具钢经热处理(淬火+低温回火)后,硬度可达60~65 HRC,耐磨性和加工性都较好,价格便宜,在生产上得到了广泛应用。碳素工具钢一般应进行球化退火以改善切削加工性,并为最后淬火做组织准备,退火后的组织应为球状珠光体,硬度一般低于217 HBS。

碳素工具钢在使用性能上的缺点是热硬性差,当刃部温度大于200 ℃时,硬度、耐磨性会显著降低。碳素工具钢大多用来制造刃部受热程度较低的手用工具和低速刀具,也可做尺寸较小的模具和量具。常用碳素工具钢的牌号、化学成分、硬度和应用举例如表6-4所示。

表6-4 常用碳素工具钢的牌号、化学成分、硬度和应用举例(部分摘自 GB/T 1298—2014)

牌号	化学成分(质量分数)/(%)			退火交货状态 HBW,不大于	淬火后 HRC	淬火工艺	应用举例
	C	Mn	Si				
T7	0.65~0.74	≤0.40	≤0.35	187	≥62	800~820 ℃,水	承受冲击、硬度适当的工具,如扁铲、手钳、大锤、旋具、木工工具等

牌号	化学成分(质量分数)/(%)			退火交货状态 HBW,不大于	淬火后 HRC	淬火工艺	应用举例
	C	Mn	Si				
T8	0.75～0.84	≤0.40	≤0.35	187	≥62	780～800 ℃,水	承受冲击、要求较高硬度的工具,如冲头、木工工具等
T8Mn	0.80～0.90	0.40～0.60	≤0.35				与 T8 相似,但淬透性较好,可制造截面较大的工具等
T9	0.85～0.94	≤0.40	≤0.35	192			承受一定冲击、硬度较高的工具,如冲头、木工工具、凿岩工具等
T10	0.95～1.04	≤0.40	≤0.35	197		760～780 ℃,水	不受剧烈冲击的高硬度耐磨工具,如车刀、刨刀、冲头、丝锥、钻头、手锯条等
T11	1.05～1.14	≤0.40	≤0.35	207			丝锥、刮刀、尺寸不大且截面无急剧变化的冲模、木工工具等
T12	1.15～1.24	≤0.40	≤0.35				丝锥、刮刀、板牙、钻头、铰刀、锯条、冷切边模、冲孔模、量规等
T13	1.25～1.35	≤0.40	≤0.35	217			锉刀、刻刀、剃刀、拉丝模、加工坚硬岩石的刀具等

注:高级优质碳素工具钢在牌号后加"A"。

4. 工程用铸造碳钢

一些形状复杂、综合力学性能要求较高的大型零件,由于在工艺上难以用锻造方法成形,铸铁件在性能上又不能满足力学性能要求,故采用铸钢件。目前铸钢在重型机械制造、运输机械、国防工业等部门应用较多,如轧钢机的机架、水压机的横梁与气缸、机车的车架、铁道车辆转向架中的摇枕、汽车与拖拉机的齿轮拨叉、起重行车的车轮、大型齿轮等。常用工程用铸造碳钢的牌号、含碳量、力学性能和应用举例如表 6-5 所示。

表 6-5　常用工程用铸造碳钢的牌号、含碳量、力学性能和应用举例(部分摘自 GB/T 11352—2009)

牌号	$w(C)/(\%)$	力学性能,不小于					应用举例
		R_{eH} $(R_{p0.2})$/MPa	R_m/MPa	A_5/(%)	Z/(%)	A_{KU}/J	
ZG 200-400	0.20	200	400	25	40	47	机座、变速箱壳等
ZG 230-450	0.30	230	450	22	32	35	砧座、外壳、轴承盖、底板、阀体等
ZG 270-500	0.40	270	500	18	25	27	轧钢机的机架、轴承座、连杆、箱体、曲轴、缸体、飞轮、蒸汽锤等
ZG 310-570	0.50	310	570	15	21	24	大齿轮、缸体、制动轮、辊子等
ZG 340-640	0.60	340	640	10	18	16	起重运输机中的齿轮、联轴器等

注:(1)表中所列的各牌号性能,适应于厚度为 100 mm 以下的铸件。当铸件的厚度超过 100 mm 时,表中规定的 $R_{eH}(R_{p0.2})$ 屈服强度仅供设计使用。

(2)表中冲击吸收能量 A_{KU} 的试样缺口为 2 mm。

工程用铸造碳钢中碳的质量分数为 0.2%~0.6%。若含碳量过高,则钢的塑性不好,凝固时易产生裂纹。为了提高工程用铸造碳钢的力学性能,可向工程用铸造碳钢中加入合金元素,形成合金铸钢。

6.1.3　低合金高强度结构钢

低合金高强度结构钢是一种合金元素含量较少(质量分数一般在 3% 以下)、强度较高的工程用钢。低合金高强度结构钢生产过程比较简单,价格与普通碳素结构钢相近,但强度比一般低碳结构钢高 10%~30%,且具有良好的塑性($A>20\%$)和焊接性,便于冲压或焊接成形。低合金高强度结构钢通常在热轧或热轧后正火状态下供应,使用时不再进行热处理,其组织为铁素体和少量珠光体。对于强度要求更高的中小型件,有时通过淬火处理以获得低碳马氏体,以提高强度。

低合金高强度结构钢的牌号表示方法与碳素结构钢相似,即以字母"Q"开始,后面以 3 位数字表示最低屈服强度,最后以符号表示质量等级。例如,Q345A 表示屈服强度不低于 345 MPa 的 A 级低合金高强度结构钢。表 6-6 所示为一般用途的低合金高强度结构钢的牌号、化学成分、力学性能和应用举例。

表 6-6 一般用途的低合金高强度结构钢的牌号、化学成分、力学性能和应用举例(部分摘自 GB/T 1591—2018)

牌号	质量等级	相应旧牌号举例	化学成分(质量分数)/(%)							力学性能 不小于		应用举例
			C^a		Mn	V^c	Nb^d	Ti^c	Ni	R_{eH}^e /MPa	A^f /(%)	
			以下公称厚度或直径/mm									
			$\leq40^b$	>40			不大于					
			不大于									
Q355	B	16Mn, 12MnV	0.24		1.60	—	—	—	0.30	355	22	桥梁、船舶、压力容器、车辆等
	C		0.20	0.22								
	D		0.20	0.22								
Q390	B	15MnV, 15MnTi	0.20		1.70	0.13	0.05	0.05	0.50	390	21	桥梁、船舶、起重机、压力容器等
	C											
	D											
$Q420^g$	B	15MnVN, 15MnVTiRE	0.20		1.70	0.13	0.05	0.05	0.80	420	20	高压容器、船舶、桥梁、锅炉等
	C											
$Q460^g$	C	—	0.20		1.80	0.13	0.05	0.05	0.80	460	18	大型桥梁、大型船舶、高压容器等

注:a 公称厚度大于 100 mm 的型钢,碳含量可由供需双方协商确定。
b 公称厚度大于 30 mm 的钢材,碳含量不大于 0.22%。
c 最高可到 0.20%。
d Q390、Q420 最高可到 0.07%,Q460 最高可到 0.11%。
e 为公称厚度或直径不大于 16 mm 条件下的数据。
f 为公称厚度或直径不大于 40 mm,试样方向为纵向条件下的数据。
g 仅适用于型钢和棒材。

6.1.4 合金钢

非合金钢种类齐全、生产简单、价格低廉,通过不同的热处理后,可获得不同的力学性能,能满足某些企业生产的要求。但非合金钢的强度低、淬透性差,热硬性差,耐磨性、耐蚀性和耐热性等性能也都比较差,因而使用领域受到限制。为了改善钢的力学性能或获得某些特殊性能,在冶炼过程中有目的地加入合金元素,如 $Mn(w(Mn)>0.8\%)$、$Si(w(Si)>0.5\%)$、Cr、Ni、Mo、W、V、Ti、Zr、Co、Al、B、RE(稀土元素)等。非合金钢中加入定量的合金元素后即成为合金钢。

1. 钢中合金元素的作用

钢中加入合金元素不仅改变了钢的组织结构和性能,也改变了钢的相变点和合金状态图。合金元素在钢中的作用十分复杂。合金元素对钢的主要作用综合表现在对钢中基本相、铁碳合金相图和钢热处理的影响方面。

1)合金元素对钢中基本相的影响

在退火、正火、调质状态下，铁素体和渗碳体是钢中的两个基本相。少量合金元素进入钢中时，一部分溶于铁素体中形成合金铁素体，另一部分溶于渗碳体中形成合金渗碳体。

(1)形成合金碳化物。例如，Mn、Cr、Mo、W、V、Nb、Zr、Ti 等，可以溶于渗碳体中形成合金渗碳体，也可以和 C 直接结合形成特殊碳化物。它们形成碳化物的倾向按顺序依次增强。作为弱碳化物形成元素，Mn 与 C 的亲和力比 Fe 强，溶于渗碳体中，形成合金渗碳体$(Fe,Mn)_3C$，但难以形成特殊碳化物。Cr、Mo、W 属于中强碳化物形成元素，既能形成合金渗碳体，如$(Fe, Cr)_3C$ 等，又能形成各自的特殊碳化物，如 Cr_7C_3 和 $Cr_{23}C_6$、MoC、WC 等。Ti、Nb、V 是强碳化物形成元素，在钢中优先形成特殊碳化物，如 NbC、VC、TiC 等。

在碳化物中，渗碳体的稳定性是最差的。合金元素的加入使碳化物的稳定性提高。与 C 亲和力强的合金元素形成的特殊碳化物，稳定性最好，它们都具有高熔点、高稳定性、高硬度、高耐磨性和不易分解等特点。合金渗碳体和特殊碳化物主要以第二相强化的方式来提高材料的力学性能。碳化物的类型、数量、大小、形态及分布对钢的性能有很重要的影响。

(2)形成合金铁素体。例如，Ni、Si、Al、Co 等以及与 C 亲和力较弱的碳化物形成元素(如 Mn)，主要溶于铁素体中，形成合金铁素体，起固溶强化作用，使钢的强度和硬度提高、冲击韧度降低。固溶强化的效果取决于铁素体点阵畸变的程度。一般而言，所有晶格形式与铁素体不同的合金元素，原子半径与铁原子的半径差别愈大，对铁素体的强化效果就愈显著。

图 6-1(a)和图 6-1(b)所示为几种合金元素对铁素体的硬度和冲击吸收能量的影响。由图可见，Si、Mn 对铁素体的强化作用比 Cr、Mo、W 显著。当 $w(Si)<0.6\%$、$w(Mn)<1.5\%$时，Si、Mn 对冲击吸收能量的影响不大，超过此值时，冲击吸收能量有下降的趋势。Cr、Ni 这两个元素在适当的含量范围($w(Cr)<1\%$、$w(Ni)<3\%$)内，不但能提高铁素体的硬度，而且能提高铁素体的冲击韧度。为此，在合金结构钢中，为了获得良好的强化效果，常加入一定量的 Cr、Ni、Si、Mn 等合金元素。

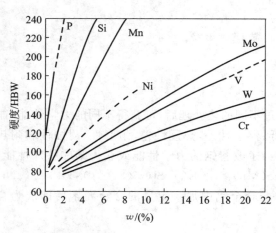

(a)溶于铁素体的合金元素对硬度的影响

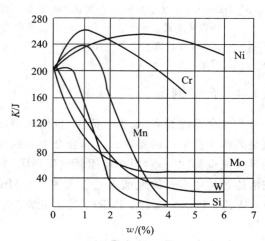

(b)溶于铁素体的合金元素对冲击吸收能量的影响

图 6-1 合金元素对铁素体性能的影响

可见,合金元素能改变钢中基本相的性质和组成,对钢的力学性能和工艺性能有很大的影响。

2)合金元素对铁碳合金相图的影响

(1)对相区的影响。合金元素溶入 Fe 中形成固溶体,会改变 Fe 的同素异构转变温度。Mn、Ni、Co 等元素溶入 Fe 中使 A_3 点降低、A_4 点升高,从而使 γ 相区扩大;当合金元素的质量分数达到一定量时,A_3 点降到室温以下,这就是说,合金在室温下仍能得到单一的 γ 相,如图 6-2(a)所示。Cr、V、Mo、Si 等合金元素溶入 Fe 中形成固溶体后,会使 A_3 点升高、A_4 点下降,即缩小 γ 相区(α 相区扩大);合金元素的质量分数增加到一定的程度后,γ 相区被一个月牙形的两相区封闭,从而使得合金得到单相铁素体,如图 6-2(b)所示。利用合金元素能扩大或缩小 γ 相区的作用,可生产出奥氏体钢和铁素体钢。

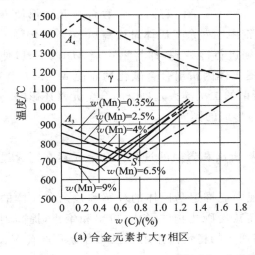 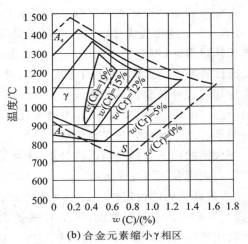

(a)合金元素扩大γ相区　　　　　　　(b)合金元素缩小γ相区

图 6-2　合金元素对 γ 相区的影响

(2)对 S 点、E 点的影响。合金元素溶入奥氏体时对 S 点、E 点总的影响规律是:凡能扩大 γ 相区的合金元素(如 Mn、Ni 等),均使 S 点、E 点向左下方移动;凡能缩小 γ 相区的合金元素(如 Cr、Si 等),均使 S 点、E 点向左上方移动。

S 点左移,表示共析点的碳含量降低。例如,当钢中 Cr 的质量分数达到 12% 时,S 点左移至 $w(C)=0.4\%$ 左右。这样,$w(C)=0.4\%$ 的非合金钢原属于亚共析钢,由于加入 12%(质量分数)的 Cr,便成为共析成分的合金钢。

E 点左移,表示发生莱氏体转变的含碳量降低。从铁碳合金相图中可知,在非合金钢中不会出现莱氏体,而在钢中加入大量的合金元素后,即使碳的质量分数小于 2.11%,钢中仍出现莱氏体组织。例如,在高速钢中,虽然碳的质量分数只有 0.7%~0.8%,但是由于 E 点左移,在铸态下也会得到共晶莱氏体组织。

3)合金元素对钢热处理的影响

(1)对奥氏体化的影响。钢在加热时,整个奥氏体化过程的进行与 C 和合金元素的扩散及碳化物的稳定程度有关。大多数合金元素(除 Ni、Co 外)都阻碍钢的奥氏体化过程。含有碳化物形成元素的钢,由于碳化物不易分解,因此奥氏体化过程大大减缓。因此,合金钢在热处理时,要相应地提高加热温度或延长保温时间才能保证奥氏体化过程的进行。

(2)对奥氏体晶粒大小的影响。大多数合金元素(除 Mn 以外)都不同程度地阻碍奥氏体晶粒长大。特别是强碳化物形成元素(如 W、V、Mo 等)对奥氏体晶粒长大的作用很显著。这是因为它们形成的合金碳化物在高温下比较稳定,以弥散质点分布在奥氏体晶界上,从而起到阻止奥氏体晶粒长大的作用。

(3)对过冷奥氏体转变的影响。大多数合金元素(除 Co 以外)均不同程度地使 C 曲线右移,碳化物形成元素甚至使 C 曲线变形、临界冷却速度降低,从而提高钢的淬透性。提高淬透性的元素有 Mo、Mn、W、Cr、Ni、Si、Al,它们对淬透性的提高作用依次由强到弱。应当指出,合金元素只有溶入奥氏体中才能有这样的作用。若合金元素以合金碳化物的形式存在于奥氏体中,则在奥氏体中溶解的碳和合金元素的含量减少,未溶碳化物还可成为珠光体转变的核心,反而使淬透性下降。

合金元素对马氏体相变温度也有显著的影响。除 Co、Al 以外,大多数合金元素都使 Ms、Mf 下降,导致残余奥氏体增加。许多高碳高合金钢中的残余奥氏体量可高达 $30\% \sim 40\%$。残余奥氏体过多时,钢的硬度和疲劳抗力下降,因此须进行冷处理,即将钢冷至 Ms 以下,以使残余奥氏体转变为马氏体;或进行多次回火,使残余奥氏体因析出合金碳化物而使 Ms、Mf 上升,并在冷却过程中转变为马氏体或贝氏体(即发生所谓的二次淬火)。此外,合金元素还影响马氏体的形态,Ni、Cr、Mn、Mo、Co 等均增大片状马氏体形成的倾向。

4)合金元素对回火转变的影响

淬火钢的回火过程是马氏体分解,碳化物形成、析出和聚集的过程。合金元素在回火过程中的作用表现在以下几个方面。

(1)提高回火的稳定性。合金元素在回火过程中能推迟马氏体的分解和残余奥氏体的转变,提高铁素体的再结晶温度,阻止 C 的扩散,从而减慢碳化物的形成、析出和聚集,提高钢对回火软化的抗力,即提高钢的回火稳定性。对提高回火的稳定性作用较强的合金元素有 V、Si、Mo、W、Ni、Mn、Co 等。

钢在高温下保持高硬度的能力称为热硬性或红硬性。合金钢的热硬性较工具钢和耐热钢的热硬性好。

(2)产生二次硬化。Mo、W、V 含量较高的一些钢回火时,随着温度的升高,硬度不是单调降低,而是在某一温度范围出现硬度回升,这种现象称为二次硬化。二次硬化是由合金碳化物弥散析出和残余奥氏体转变引起的。合金元素对回火硬度的影响示例如图 6-3 所示。

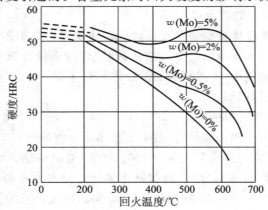

图 6-3 $w(C) = 0.35\%$ 的钼钢回火温度与硬度关系曲线

(3)增大回火脆性。为了避免第一类回火脆性的发生,合金钢一般不在 250～350 ℃温度范围内回火。加入质量分数为 1%～3% 的 S,可使合金钢第一类回火脆性温度区间移向更高的温度。含有 Cr、Mn、Ni、Si 等元素的合金钢淬火后,在脆化温度区(400～550 ℃)回火,或经更高温度回火后缓慢冷却、通过脆化温度区时,易产生第二类回火脆性。它与某些杂质元素在原奥氏体晶界上的偏聚有关。当出现第二类回火脆性时,可将合金钢加热至 500～600 ℃经保温后快冷,即可消除第二类回火脆性。对于不能快冷的大型结构件或不允许快冷的精密零件,应选用含有适量 Mo 或 W 的合金钢,以防止第二类回火脆性的发生。

2. 合金结构钢

合金结构钢包括合金渗碳钢、合金调质钢、合金弹簧钢和滚动轴承钢等。合金结构钢不仅具有较高的强度和冲击韧度,而且具有较好的淬透性,主要用来制造工程构件和机械零件。

1)合金结构钢编号

合金结构钢牌号采用"数字＋元素符号＋数字"的方式表示。前面的两位数字表示碳的平均质量万分数。后面的数字表示合金元素的质量分数,当合金元素质量分数小于 1.5% 时,一般只标元素符号而不标数字。当合金元素的平均质量分数为 1.5%～2.49%,2.5%～3.49%,…,22.5%～23.49%,…时,在元素后相应地标出 2,3,…,23,…。例如 12CrNi3 钢,表示碳的平均质量分数为 0.12%,铬的平均质量分数小于 1.5%,镍的平均质量分数为 3%。

高级优质合金结构钢在牌号后加"A"字表示,特级优质合金结构钢在牌号后加"E"表示。

2)合金渗碳钢

(1)化学成分特点。

①碳的质量分数较低,为 0.10%～0.25%,以满足渗碳工艺要求。

②加入可提高钢的淬透性的合金元素,如 Cr、Mn、Ni、B 等,以保证热处理后芯部的强度,并提高冲击韧度。

③加入防止晶粒长大的元素,如 V、W、Mo、Ti 等碳化物形成元素,以细化晶粒,提高渗碳层的耐磨性。

(2)常用合金渗碳钢。合金渗碳钢按淬透性大小分为低淬透性、中淬透性、高淬透性三类。

①低淬透性合金渗碳钢,典型的有 15Cr 钢、20Cr 钢、20Mn2 钢等。这类合金渗碳钢淬透性低,经渗碳、淬火与低温回火后芯部的强度较低,且强度与冲击韧度的配合较差,只可用来制造受力不太大、不需要高强度的耐磨零件,如小齿轮、小轴、活塞销等。

②中淬透性合金渗碳钢,典型的有 20CrMn 钢、20CrMnTi 钢等。这类合金渗碳钢淬透性和力学性能均较高,可用来制造承受中等动载荷且具有足够冲击韧度的耐磨零件,如汽车、拖拉机上的变速箱齿轮。

③高淬透性合金渗碳钢,典型的有 20Cr2Ni4 钢、18Cr2Ni4WA 钢等。这类合金渗碳钢淬透性高,空冷也能淬成马氏体,经渗碳、淬火后,芯部的强度很高,而且强度与冲击韧度的配合很好,主要用来制造承受重载和强烈磨损的大型零件,如大型渗碳齿轮和轴类。

(3)热处理特点。合金渗碳钢的热处理过程一般是在机械加工到留有磨削余量时进行。进行渗碳处理后直接淬火,再低温回火。对于渗碳时容易过热的钢种(如 20Cr 钢、20Mn2 钢等),晶粒易于长大,特别是锰钢。在渗碳后先正火,再进行淬火、回火处理。

热处理后,零件表面组织为高碳回火马氏体加细小的碳化物,因而具有很高的硬度和耐磨性。合金渗碳钢可在油中淬火,减弱了工件的变形与开裂倾向。根据钢的淬透性大小,基体部分可为低碳回火马氏体或低碳马氏体与贝氏体,也可以是托氏体。基体一般具有良好的强韧性。经过热处理后的工件可以达到"表硬里韧"的性能。热处理后渗碳层的硬度为 $60\sim62$ HRC,芯部的硬度为 $25\sim48$ HRC。芯部的冲击韧度一般都高于 $70\ \text{J/cm}^2$。

3)合金调质钢

(1)化学成分特点。

①碳的质量分数为 $0.27\%\sim0.50\%$,以 0.4% 居多。碳的质量分数过低,合金调质钢不易淬硬,回火后不能达到所需要的强度;碳的质量分数过高,合金调质钢的韧度不足。

②加入提高合金调质钢淬透性的合金元素(如 Cr、Ni、Mn、Si、B 等),提高合金调质钢的淬透性。全部淬透的零件,在高温回火后,可获得高而均匀的综合力学性能,特别是高的屈强比(R_{eL}/R_m)。除 B 以外,加入的提高合金调质钢淬透性的合金元素,都有较显著强化铁素体的作用,当它们的质量分数在一定范围内时,还可提高铁素体的韧度。

③加入提高合金调质钢回火稳定性的合金元素(如 Mo、W、V、Al 等)。Mo、W 有防止合金调质钢的第二类回火脆性的作用,V 可细化晶粒,Al 可提高合金调质钢的渗氮强化效果。

(2)常用合金调质钢。合金调质钢按淬透性大小可分为低淬透性、中淬透性、高淬透性三类。

① 低淬透性合金调质钢,典型的有 40Cr 钢、40MnVB 钢等。这类合金调质钢由于淬透性不太高,故多用来制造尺寸较小的较重要零件,如轴类、柱塞、汽车的连杆、进气阀和重要齿轮等。

② 中淬透性合金调质钢,典型的有 40CrMn 钢、35CrMo 钢等。这类合金调质钢淬透性较好,综合力学性能较好,可用来制造截面尺寸较大、负荷较重的调质零件,如曲轴、连杆及取代 40CrNi 钢制造大截面轴类件。

③ 高淬透性合金调质钢,典型的有 38CrMoAl 钢、40CrNiMoA 钢、25C2NiWA 钢等。这类合金调质钢淬透性很高,综合力学性能很好,可用来制造大截面、承受更大载荷的重要调质件,如大型的轴类零件、齿轮、高压阀门、缸套、航空发动机轴等。

(3)热处理特点。合金调质钢的最终热处理为淬火与高温回火,即调质处理。一般工件调质处理前需要进行预先热处理(正火或退火处理),预先热处理后的组织为铁素体和珠光体,切削性能良好。对工件进行切削粗加工或半精加工后,进行调质处理。合金调质钢常规热处理后的组织是回火索氏体。高温回火时应防止某些合金调质钢产生回火脆性。例如,铬镍钢、铬锰钢等,高温回火后缓慢冷却时往往会产生第二类回火脆性,若采用快速冷却则可以避免。而对于截面较大的零件,快速冷却往往受到限制,因此通常采用加入 Mo 和 W 合金元素($w(\text{Mo})=0.15\%\sim0.30\%$,$w(\text{W})=0.8\%\sim1.2\%$),以抑制或防止第二类回火脆性。

对于要求表面具有高硬度和高耐磨性的合金调质钢零件(如轴类、齿轮等),可采用表面热处理来提高零件的表面耐磨性。对于某些专门用钢(如 38CrMoAl 钢),可采用渗氮处理,使表层形成高硬度的渗氮层。

4)合金弹簧钢

(1)化学成分特点。

①一般碳的质量分数为 $0.45\%\sim0.70\%$,以保证得到高的弹性极限与疲劳极限。若碳的

质量分数过低,则合金弹簧钢的强度不足;若碳的质量分数过高,则合金弹簧钢的韧性、塑性差、疲劳极限下降。

②主加合金元素为 Mn、Si、Cr 等,目的是强化铁素体,提高屈服强度和屈强比,但对于硅锰弹簧钢合金,易产生的脱碳与过热倾向。辅加合金元素,如 Cr、W、Mo、V 等,可以减少硅锰弹簧钢易产生的脱碳过热倾向,其中 V 还能提高冲击韧度等。

(2)常用合金弹簧钢。常用合金弹簧钢按合金化特点大致可分为以下两类。

①以 Si、Mn 为主加合金元素的合金弹簧钢,典型的有 65Mn 钢、60Si2Mn 钢等。这类合金弹簧钢淬透性及力学性能明显优于碳素弹簧钢,多用于制造汽车、拖拉机上的板簧和螺旋弹簧,且价格便宜,在机械工业中得到广泛应用。

②在 Si、Mn 的基础上加入少量 Mo、Cr、V、Nb、B 等元素制成的合金弹簧钢,典型的有 50CrVA 钢、55MnVB 钢等。这类合金弹簧钢不仅具有较高的淬透性,而且有较高的高温度、冲击韧度和较好的热处理工艺性能,可用来制造截面尺寸大、在 $350 \sim 400$ ℃ 下承受重载荷的大型弹簧,如阀门弹簧、高速汽油机的气门弹簧等。

(3)热处理特点。按照加工和热处理工艺的不同,弹簧可分为热成形弹簧和冷成形弹簧两类。热成形弹簧多用细圆钢或扁钢加热成形,然后淬火、中温回火,获得回火托氏体,以保证既有高的弹性极限与疲劳强度,又有一定的塑性和韧性。这种方法适合制造截面尺寸大于 10 mm 的螺旋弹簧和板弹簧。合金弹簧钢热处理后往往要进行喷丸处理,以强化表面,使表面形成残余压应力,从而提高弹簧的使用寿命。例如,用 6Si2Mn 钢制造的汽车板簧经喷丸处理后,使用寿命可提高 $5 \sim 6$ 倍。对于截面尺寸小的弹簧,常采用冷拉钢丝冷卷成形,进行淬火与中温回火处理或去应力退火处理。

5)滚动轴承钢

用来制造滚动轴承的内圈、外圈和滚动体的专用钢称为滚动轴承钢,属专用结构钢。从化学成分看,它又属于工具钢,有时也用来制造精密量具、冷冲模、机床的丝杠等耐磨件。

滚动轴承钢的编号与其他合金结构钢略有不同,它是在钢号前面加"G",后跟铬的质量千分数,如 GCr15SiMn,表示 $w(Cr)=1.5\%$、$w(Si)<1.5\%$、$w(Mn)<1.5\%$ 的滚动轴承钢。

(1)化学成分特点。

①滚动轴承钢中碳的质量分数较高,一般为 $0.95\% \sim 1.10\%$,以保证滚动轴承钢具有高的硬度和耐磨性。

②Cr 为主加合金元素。Cr 可提高钢的淬透性,并使钢材在热处理后形成细小且均匀分布的合金渗碳体$(Fe,Cr)_3C$,耐磨性和接触疲劳强度提高。同时,$(Fe,Cr)_3C$ 还能细化奥氏体晶粒,淬火后可获得细针或隐晶马氏体,从而改善钢的韧度。Cr 的质量分数过高(即 $w(Cr)>1.65\%$)时,会增加残余奥氏体量和碳化物分布的不均匀性,反而会使滚动轴承钢的性能降低。适宜的 Cr 的质量分数为 $0.40\% \sim 1.65\%$。

③加入了 Si、Mn、V 等合金元素。Si、Mn 可进一步提高钢的淬透性,使钢适合制造大型轴承。V 部分溶入奥氏体,部分形成碳化物 VC,提高了钢的耐磨性并能防止过热。

④冶金质量要求高,规定 $w(S)<0.02\%$,$w(P)<0.027\%$。非金属夹杂物对滚动轴承钢的性能尤其是接触疲劳性能的影响很大,因此滚动轴承钢一般采用电炉冶炼,甚至进行真空脱气处理。

　　(2)热处理特点。滚动轴承钢的热处理主要是球化退火、淬火及低温回火,球化退火主要作为预备热处理。滚动轴承钢的最终热处理为淬火及低温回火,应根据不同成分钢种选取合适的淬火温度。淬火后应立即回火,以去除内应力,提高冲击韧度与尺寸稳定性。

　　滚动轴承钢经淬火与回火后的金相组织为极细小的马氏体与分布均匀的粒状碳化物及少量的残余奥氏体,热处理后的硬度为 61～65 HRC。在生产精密轴承时,在淬火后应立即进行一次冷处理,并在回火及磨削加工后进行时效处理,以稳定尺寸。

3. 合金工具钢

　　1)合金工具钢的分类和编号

　　合金工具钢按用途分为合金刃具钢、合金模具钢和合金量具钢。其中合金刃具钢包括低合金刃具钢和高速钢,合金模具钢包括热作模具钢和冷作模具钢。对于具体的钢种而言,实际应用的界限并不是绝对的,而是以性能特点作为首要的选材依据,如某些合金刃具钢也可制造冷模具或量具等。

　　合金工具钢的编号原则是以代表碳的平均质量分数的数字及合金元素和表示其含量的数字表示。钢号前面的数字表示碳的平均质量分数小于 1% 时的千分数(一位数),当碳的平均质量分数不小于 1.0% 时,不标出。合金元素的表示方法与合金结构钢相同。例如,9Mn2V 表示 $w(C)=0.85\%\sim0.95\%$、$w(Mn)=1.70\%\sim2.00\%$、$w(V)<1.5\%$ 的合金工具钢,CrWMn 表示 $w(C)=0.90\%\sim1.05\%$、$w(Cr)=0.90\%\sim1.20\%$、$w(Mn)=0.80\%\sim1.10\%$ 的合金工具钢。

　　2)合金刃具钢——低合金刃具钢

　　(1)性能特点和用途。低合金刃具钢具有较高的硬度(一般都在 60 HRC 以上),以及较高的耐磨性,用它制造的刀具有较好的耐用度,且具有足够的塑性和韧性,能承受较大的冲击和振动而不至于过早折断或崩刃。低合金刃具钢的一般工作温度不高于 300 ℃。

　　由于具有上述的性能特点,低合金刃具钢主要用来制造低速切削刃具,如丝锥、板牙、低速车刀、铣刀等,有时也用来制造冷冲模、量具等。

　　(2)化学成分特点。低合金刃具钢中碳的含量较高,质量分数一般为 0.8%～1.5%,以保证钢的淬硬性,满足形成合金碳化物的需要。常用的合金元素有 Cr、Mn、Si、W、V 等,它们的总质量分数小于 5%。其中 Cr、Mn、Si 是主加合金元素,作用是提高钢的淬透性和钢的强度;W、V 为辅加合金元素,可细化奥氏体晶粒,以提高钢的硬度、耐磨性和热硬性。

　　(3)常用钢种及热处理、组织性能和应用。用低合金刃具钢制造的刃具毛坯锻造后采用球化退火作为预先热处理,以获得球状珠光体,便于加工并为最终热处理做准备。机械加工后,最终热处理为淬火和低温回火。低合金刃具钢的硬度可达到 60～65 HRC。热处理后组织为细小回火马氏体、粒状合金碳化物和少量奥氏体。

　　9SiCr 钢、CrWMn 钢、9Mn2V 钢等是常用的低合金刃具钢,不仅用来制造刀具,还常用来制造冷冲模和量具。其中 9SiCr 钢具有较好的淬透性和回火稳定性,碳化物细小均匀,热硬性可达 250～300 ℃,适合制造各种薄刃刀具,如丝锥、板牙、铰刀等,也适合制造截面尺寸较大或形状复杂、变形小的工模具。

　　3)合金刃具钢——高速钢

　　(1)性能特点及用途。用高速钢制造的刃具在使用时,能以比低合金工具钢刃具更高的切削速度进行切削而不至于很快破坏。因高速钢刃具切削时能长期保持刃口锋利,故高速钢也称为锋钢;又因在空冷条件下也能形成马氏体组织,故高速钢又有"风钢"之称。高速钢区别于其他合金工具钢的显著优点是它具有良好的热硬性。当切削温度高达 600 ℃左右时,高速钢刃具的硬度仍无明显下降。

高速钢主要用来制造高速切削的机床刀具,一般需锻造成形。高速钢含有大量的合金元素,铸态组织中将出现莱氏体,属于莱氏体钢,组织中共晶碳化物呈鱼骨状,形粗大而质脆,并且用热处理方法不能消除,必须借助于反复锻造将共晶碳化物打碎,使之分布均匀。

对于高速钢的钢号,不标出碳的质量分数,如高速钢的典型钢号 W18Cr4V,碳的质量分数为 0.70%～0.80%。

(2)化学成分特点。高速钢的化学成分特点主要是高碳和高合金。

①高碳。为了在淬火后获得高碳马氏体,高速钢中碳的质量分数较高(0.70%～1.3%),以保证与 W、Cr、V 形成足够数量的碳化物,并以一定的量溶入奥氏体,从而保证钢具有高硬度、高耐磨性及高热硬性。如果碳的质量分数过高,则易导致钢的塑性、韧性降低,脆性增大,使用时刀具容易崩刃。

②高合金。高速钢中加入了大量的碳化物形成元素,如 W、Mo、Cr、V 等,合金元素总质量分数超过 10%。高速钢的使用性能主要与大量合金元素在钢中所起的作用有关。Cr 的质量分数在 3.8%～4.4%范围内。在淬火加热时高速钢中的 Cr 几乎全部溶入奥氏体中,增强了钢的稳定性,从而显著提高了钢的淬透性,使钢在空冷条件下也可得到马氏体组织。W、Mo 和 V 的主要作用在于提高钢的热硬性。淬火后形成的含大量 W、Mo、V 的马氏体组织具有很高的回火稳定性,且在 560 ℃左右回火时,会析出弥散的特殊碳化物 W_2C、Mo_2C,造成二次硬化,使高速钢具有高的热硬性。此外,W_2C、Mo_2C 还可提高钢的耐磨性。V 的碳化物更为稳定,具有更高的熔点和更高的硬度。VC 颗粒非常细小,分布也很均匀,从而使钢的硬度和耐磨性显著提高。

(3)常用钢种及热处理特点和组织性能。高速钢一般分为 W 系高速钢和 W-Mo 系高速钢两类。典型的 W 系高速钢为 W18Cr4V 钢,典型的 W-Mo 系高速钢为 W6Mo5Cr4V2 钢。前者的热硬性和热处理防脱碳、过热倾向性好,后者的耐磨性、热塑性和韧性较好。这两种高速钢性能优异,广泛应用来制造各种切削刀具。

高速钢锻造后的预先热处理一般采用等温退火工艺,以降低硬度,消除应力,改善切削加工性能,并为最终热处理做准备。高速钢退火后的组织为索氏体和均匀细小的粒状碳化物,硬度为 207～255 HBW。

高速钢的优越性只有在正确的淬火和回火后才能发挥出来。高速钢的最终热处理为淬火和回火。淬火加热温度高(1 220～1 280 ℃),以保证淬火、回火后获得高的热硬性,因为高速钢中含有大量 W、Mo、Cr、V 的难溶碳化物,它们只有在 1 000 ℃以上才能分解并使合金元素充分溶入奥氏体中。由于高速钢的导热性很差,因此高速钢淬火加热时必须进行一次预热(800～850 ℃)或两次预热(500～600 ℃,800～850 ℃)。高速钢淬火后的组织为淬火马氏体、剩余合金碳化物和大量残余奥氏体。高速钢淬火后的回火是为了消除淬火应力,稳定组织,减少残余奥氏体的数量,达到所需要的性能。虽然在回火过程中残余奥氏体可转变成马氏体,但高速钢淬火后残余奥氏体量很多(质量分数为 30%),必须在 550～570 ℃的温度下经三次回火才能使之绝大部分转变为马氏体。W8Cr4V 钢的淬火、回火工艺如图 6-4 所示。

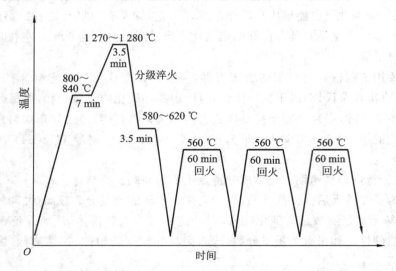

图 6-4　W8Cr4V 钢的淬火、回火工艺

4)合金模具钢——冷作模具钢

高速钢回火后的组织为回火马氏体、均匀细小的颗粒状碳化物和少量残余奥氏体,硬度为 62～65 HRC。

用来制造各种模具的合金工具钢称为合金模具钢。根据合金模具钢的工作条件不同,合金模具钢分为冷作模具钢和热作模具钢两类。

(1)性能特点及用途。冷作模具钢用来制造在冷态下使金属变形的模具,如冷冲模、冷镦模、冷挤压模以及拉丝模、搓丝板等。尺寸较小的轻载模具可采用 T10 钢、9SiCr 钢、9Mn2V 钢、CrWMn 钢等一般合金刃具钢来制造。截面尺寸大、形状复杂、重载的或要求精度、耐磨性较高的以及热处理变形小的模具,必须采用 Cn12 冷作模具钢制造。

冷作模具在工作中承受较大的压力、弯曲应力、冲击力和摩擦力,它的主要失效形式是磨损和变形。冷作模具钢应具有高的硬度、良好的耐磨性以及足够的强度和冲击韧度等性能。

(2)化学成分特点。

①高碳。冷作模具钢中碳的质量分数高达 1.0％～2.2％,以保证获得高硬度和高耐磨性。

②高铬。作为主加合金元素,Cr 的质量分数高达 12％,极大地提高了冷作模具钢的淬透性。另外,冷作模具钢中辅加合金元素 Mo、W、V 等,以改善冷作模具钢的淬透性和回火稳定性,合金碳化物还能进一步提高冷作模具钢的耐磨性。

(3)热处理特点及组织性能。冷作模具钢的热处理包括球化退火等预先热处理和淬火、回火等最终热处理。Cr12 冷作模具钢的热处理方法有两种。对于重载和形状复杂的模具,采用一次硬化处理法,即以较低的温度(950～1 000 ℃)淬火与以较低的温度(160～180 ℃)回火,硬度可达 61～63 HRC。处理后,模具的耐磨性和韧度较好,淬火变形较小。对于承受强烈磨损、在 400～500 ℃条件下工作的、要求一定热硬性的模具,采用二次硬化法,即以较高的温度(1 100～1 150 ℃)淬火与 2～3 次高温回火(510～520 ℃),使模具产生二次硬化,使模具的热硬性提高,但模具的冲击韧度稍有降低。

高铬冷作模具钢淬火、回火后的组织为回火马氏体、粒状碳化物和少量的残余奥氏体。最终热处理在加工成形后进行。热处理后模具已达到很高的硬度,通常只能进行研磨和修整。

5)合金模具钢——热作模具钢

(1)性能特点及用途。在热状态下使金属成形的模具称为热作模具,如热锻模、热镦模和热压模等。

热作模具钢具有很好的热硬性、足够的强度和冲击韧度,能够抵抗由高温金属和冷却介质交替作用所引起的热疲劳。为了使模具整体性能均匀一致,并具有一定的散热能力,热作模具钢还应具有高淬透性以及良好的导热性。

(2)化学成分特点。热作模具钢中碳的质量分数为 $0.3\%\sim0.6\%$,以保证获得优良的强度、冲击韧度、硬度及抗热疲劳性能。热作模具钢的主加合金元素有 Cr、Ni、Si、Mn 等,它们的主要作用是提高钢的淬透性和强化铁素体;辅加合金元素有 W、V、Mo 等,它们的主要作用是细化晶粒,提高钢的回火稳定性,Mo 还可防止产生第二类回火脆性。

(3)热处理特点及组织性能。热作模具钢的热处理包括作为预先热处理的锻造后球化退火及作为最终热处理的淬火和回火。淬火后高温回火,以获得回火托氏体或回火索氏体基体组织,并产生二次硬化,从而保证较高的韧度和热硬性。

热作模具钢淬火并回火后的组织为回火托氏体或回火索氏体组织及均匀分布的细小碳化物,硬度一般在 $34\sim48$ HRC 范围内。

6)合金量具钢

(1)性能特点及用途。量具是在机械加工过程中控制加工精度或进行其他度量的测量工具,如塞规、量块、千分尺等。用来制造量具的合金工具钢称为合金量具钢。

量具最基本的性能要求是在长期保存与使用过程中尺寸稳定、形状不发生变化。尤其是对于一些精度要求很高的量具来说,这一性能要求更为重要。因此,合金量具钢应具有高的硬度和耐磨性、足够的韧度、较小的热处理变形,以保证高的尺寸稳定性。

(2)化学成分特点。

①合金量具钢中碳的质量分数一般在 $0.90\%\sim1.50\%$ 范围内,以保证高的硬度与耐磨性。

②合金量具钢所含合金元素有 C、W、Mn 等,它们的作用是:提高钢的淬透性,减小钢的淬火变形与应力;形成合金碳化物,进一步提高钢的耐磨性;使马氏体分解的第二阶段向高温区推移,以提高马氏体的稳定性,从而获得较高的尺寸稳定性。凡具有上述特点的合金工具钢,如 CrWMn 钢、GCr15 钢、SiMn 钢等均可用作合金量具钢。

(3)热处理特点及组织性能。合金量具钢的热处理包括锻造后球化退火和机加工后淬火、回火处理。对于合金量具钢,在保证硬度的前提下尽量降低淬火温度,在冷速较缓的介质中淬火,淬火后立即进行一次冷处理($-70\sim-80$ ℃),使残余奥氏体尽可能地转变为马氏体,然后进行低温回火。为了提高组织稳定性和尺寸稳定性,精度要求高的量具,在淬火、冷处理和低温回火后还需在 $120\sim130$ ℃下进行若干小时的时效处理,使马氏体的正方度降低、残存的奥氏体稳定以及消除残余应力。精度要求更高的量具,有时还要进行多次低温时效处理。

合金量具钢最终热处理后的金相组织为马氏体和均匀分布的碳化物,没有或只有极少量的残余奥氏体,且充分消除了内应力,硬度一般在 40 HRC 以上。

4.特殊性能钢

特殊性能钢是指具有特殊物理、化学性能的钢。这种类型的合金钢主要有不锈钢、耐热钢和耐磨钢。

1）不锈钢

不锈钢是指在腐蚀介质（如大气、酸、碱、盐等）中具有耐腐蚀性能的钢。

（1）金属腐蚀的一般概念。腐蚀通常可分为电化学腐蚀和化学腐蚀两种类型。金属在电解质中的微电池腐蚀，称为电化学腐蚀。例如，钢在大气、酸、碱、盐等介质中的腐蚀均属于电化学腐蚀。金属在非电解质中的化学反应腐蚀，称为化学腐蚀。例如，钢在高温下的氧化、脱碳，以及在石油、燃气中的腐蚀，都属于化学腐蚀。

大部分金属的腐蚀都属于电化学腐蚀。由于组成合金的相或组织的电极电位不同，因此组成合金的相或组织在电解质中会形成微电池的正、负极，造成电化学腐蚀。例如，珠光体中的两个相在电解质溶液中就会形成微电池。铁素体电极电位低，为负极，渗碳体电极电位高，为正极，因此，铁素体被腐蚀（见图 6-5）。金属材料的显微组织显示就是利用电化学腐蚀，如将抛光好的钢试样放在硝酸酒精溶液中浸蚀，在铁素体被腐蚀后，才能在金相显微镜下观察到珠光体组织。

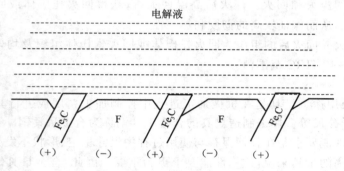

图 6-5　珠光体的电化学腐蚀

（2）提高钢的耐电化学腐蚀能力的措施。

①降低微电池形成的可能性，使钢具有均匀单相组织，减少微电池形成的条件。例如，在钢中加入 Cr、N 等合金元素，形成单相铁素体、单相奥氏体或单相马氏体组织，可减少构成微电池的条件，提高钢的耐蚀性。

②降低微电池的电位差。形成微电池时，降低微电池两极间的电极电位差，并提高阳极的电极电位，有利于减缓电化学腐蚀。可在钢中加入 Cr、Ni、Si 等合金元素，绝大部分 Cr 都溶于固溶体中，使电极电位跃增，从而使基体的电化学腐蚀过程大为减缓。例如，在钢中加入质量分数约为 12.5% 的 Cr 时，可使铁的电极电位由 $-0.5\,V$ 跃升至 $+0.2\,V$。

③进行钝化处理。在钢中加入 Cr、Ni、Si 等合金元素后，可在钢的表面形成一层致密的、牢固的氧化膜（钝化膜），使钢与周围介质隔离，提高的耐腐蚀能力。

（3）常用钢种、热处理及应用。

①马氏体不锈钢。最常用的马氏体不锈钢主要为铬不锈钢，牌号有 12Cr13、20Cr13、30Cr13、40Cr13 和 95Cr18。马氏体不锈钢中 Cr 的质量分数高（12%～18%），C 的质量分数较高（0.1%～1.0%）。马氏体不锈钢除了具有较高的耐蚀性外，还有一定的耐热性，主要用来制造力学性能要求较高，并能耐腐蚀的工件。马氏体不锈钢使用时需经淬火和回火热处理，淬火后得到马氏体组织，因此称为马氏体不锈钢。C 的质量分数较低的 12C713 钢、20C13 钢经淬火

及高温回火后获得回火索氏体组织,适合制造在氧化性腐蚀介质条件下受冲击载荷的零件,如汽轮机的叶片、各种泵的机械零件、水压机阀等。C 的质量分数较高的 30Cr13 钢、40Cr13 钢和 95Cr18 钢经淬火及低温回火后得到回火马氏体组织,具有较高的硬度和较好的耐磨性,常用来制造医用手术工具、夹持器械、测量工具、不锈轴承、弹簧等在弱腐蚀条件下工作而要求高强度和高耐磨性的耐蚀零件。

②铁素体不锈钢。铁素体不锈钢亦为铬不锈钢,Cr 的质量分数高(17%～30%),C 的质量分数低(小于 0.12%)。铁素体不锈钢的组织为单相铁素体。铁素体不锈钢的耐蚀性优于马氏体不锈钢,但强度较低,主要用来制造要求有较高耐蚀性、强度要求不高的部件,如化工设备中的容器、管道等。铁素体不锈钢通常在退火或正火状态下使用。

③奥氏体不锈钢。奥氏体不锈钢为铬镍不锈钢,钢中 C 的质量分数很低(小于 0.12%),Cr、Ni 的质量分数高(分别为 17%～19%、8%～11%)。Ni 是扩大奥氏体区的元素,奥氏体不锈钢在室温下的组织为亚稳的单相奥氏体。奥氏体不锈钢的耐蚀性高于马氏体不锈钢,而且还具有良好的塑性、韧性、焊接性及低温韧性。

奥氏体不锈钢常进行固溶处理和稳定化处理,以提高耐蚀性。固溶处理过程是:将奥氏体不锈钢加热到 1 050～1 150 ℃,使碳化物溶解在高温奥氏体中,随后通过水淬快冷,阻止冷却过程中碳化物和铁素体的析出,保证室温下仍为单相奥氏体状态。对于含 Ti 或 Nb 的奥氏体不锈钢,可进行稳定化处理,即在固溶处理后再加热到 850～880 ℃保温后空冷,使 T 和 Nb 的碳化物充分析出,防止冷却过程中 Cr 的合金碳化物 $(Cr,Fe)_{23}C_6$ 沿晶界析出造成晶界贫铬,导致产生晶间腐蚀倾向,从而使 Cr 在基体中发挥耐蚀作用。

奥氏体不锈钢的强度、硬度很低,切削加工性能较差,无磁性,塑性、韧性及耐蚀性均优于马氏体不锈钢,适合冷加工成形。这类不锈钢具有良好的焊接性,主要用来制造在强腐蚀介质(如硝酸、磷酸、有机酸及碱的水溶液等)中工作的设备零件,如储槽、输送管道、容器等。

④奥氏体铁素体(双相)不锈钢。随着航空航天、石油化工、环保、原子能和海洋开发技术的迅速发展,传统的单相不锈钢面临着应力腐蚀、点蚀和缝隙腐蚀等各种局部腐蚀破坏的严峻挑战。在奥氏体不锈钢的基础上,提高 Cr 的质量分数或加入铁素体形成元素而制成了一类具有奥氏体和铁素体双相组织的不锈钢。这类不锈钢由于两相在介质中都能钝化,所以不会构成微电池而出现选择性腐蚀。奥氏体的存在降低了高铬铁素体不锈钢的脆性,使高铬铁素体不锈钢的强度、韧度较高,焊接性较好;铁素体的存在又提高了奥氏体不锈钢的屈服强度和耐晶间腐蚀能力等。典型的奥氏体铁素体(双相)不锈钢 022Cr22Ni5Mo3N 钢、12Cr21Ni5Ti 钢等,多用于既要求高强度又要求高耐腐蚀的场合,如用来制造化工、石油设备和船舶用冷凝器、螺旋桨推进器等部件。

2)耐热钢

耐热钢是指高温下具有良好热化学稳定性和热强性的特殊性能钢。

(1)热化学稳定性。热化学稳定性是指材料在高温下对各类介质化学腐蚀的抗力。提高热化学稳定性的途径主要是在钢中加入 Cr、Si、Al 等合金元素,在钢的表面上形成致密的高熔点的 C_2O_3、SO_2、Al_2O_3 等氧化膜,使钢在高温气体中的氧化过程难以继续进行,同时提高钢基体的电极电位,提高耐热腐蚀的能力。例如,当钢中 $w(Cr)=15\%$ 时,钢的耐氧化腐蚀温度可达 900 ℃,而当钢中 $w(Cr)=20\%～25\%$ 时,钢的耐氧化腐蚀温度可达 1 100 ℃。

(2)热强性。热强性即高温强度,是指材料在高温下抗蠕变的能力。提高热强性的途径如下。

①固溶强化。在钢中加入合金元素 Cr、Ni、Mo、W、V 等,通过固溶强化,增强原子间的结合力,提高再结晶温度,从而提高钢的热强性。

②析出相强化。在钢中加入 V、Ti、A 等合金元素,获得不易聚集长大的难溶碳化物第二相粒子,通过第二相弥散强化,从而提高钢的热强性。这是提高钢热强性最有效的方法之一。

③晶界强化。减少晶界、获得较粗的晶粒可以提高热强性,因为在高温下,原子在晶界的扩散速度比在晶内大得多,晶界的原子更易于流动,晶界的强度低于晶内的强度。

(3)常用耐热钢的种类、热处理及应用。

①抗氧化钢。抗氧化钢是指在高温下既有良好的抗氧化性又有一定热强度的耐热钢。这类耐热钢大多是奥氏体抗氧化钢,最常用的是 06C18Ni11Ti 钢。奥氏体抗氧化钢的化学稳定性和热强性都高于珠光体抗氧化钢和马氏体抗氧化钢,在 600 ℃ 以下具有足够的热强性。抗氧化钢可作为不锈钢使用,可用于制造锅炉及汽轮机的过热器管道和结构部件等。

②热强钢。热强钢是指高温下既有高强度和良好组织稳定性,又有一定抗氧化能力的耐热钢。这类耐热钢按组织又可分铁素体热强钢、马氏体热强钢、贝氏体热强钢及奥氏体热强钢。珠光体热强钢一般用于制造工作温度在 600 ℃ 以下、受力不大的耐热元件。马氏体热强钢一般用来制造 550 ℃ 以下工作的汽轮机叶片、涡轮叶片、阀门等部件。Cr12 型马氏体热强钢的典型钢号有 14Cr11MoV 等。

3)耐磨钢

耐磨钢是指在强烈冲击载荷作用下发生冲击变形硬化的高锰钢。它的主要成分特点为 $w(C)=0.9\%\sim1.5\%$,$w(Mn)=11\%\sim14\%$。这类钢具有很高的冷变形强化性能,机械加工困难,基本上是铸造后使用。耐磨钢铸件的牌号,前是为"ZG"("铸钢"二字汉语拼音音序),后为化学元素符号"Mn",再后为锰的平均质量百分数,最后为序号。例如,ZGMn13-1 表示锰的平均质量分数为 13% 的 1 号铸造耐磨钢。

(1)化学成分特点。

①高碳,以保证钢的耐磨性和强度。

②高锰,与碳配合以保证完全获得奥氏体组织,提高钢的加工硬化率。

(2)热处理特点。耐磨钢的铸态组织是奥氏体和沿晶界析出的碳化物,后者减弱了钢的韧性与耐磨性。为此,要施行水韧处理,即把铸造后的耐磨钢加热到 1 050～1 100 ℃,使碳化物完全溶解在高温奥氏体中,然后水冷淬火,以获得均匀的过饱和单相奥氏体。耐磨钢经水韧处理后一般不再进行回火处理。因为耐磨钢经水韧处理后若被加热到 250 ℃ 以上,则将在极短的时间内析出碳化物,使脆性增加。水韧处理后,耐磨钢的强度、硬度并不高,而塑性、韧性很好($R_m=560\sim700$ MPa,硬度 $=180\sim200$ HBW,$A=15\%\sim40\%$,$a_K=150\sim200$ J/cm^2);但是,当它受到剧烈冲击或较大压力作用时,耐磨钢的表面层奥氏体将迅速产生加工硬化,并形成马氏体,从而使表面层硬度达 52～56 HRC,耐磨性显著提高,而芯部仍然保持着原来高塑性和高韧性的状态,能承受较大的冲击应力。

应当指出的是,耐磨钢只有在强烈的冲击和压力条件下工作时,才显出高的耐磨性,在无冲击和压力的工况条件下,耐磨钢的耐磨性不能显示出来。

耐磨钢广泛用来制造既耐磨又耐冲击的零件,如球磨机的衬板、破碎机的颚板、挖掘机的斗齿、拖拉机和坦克的履带板、铁路的道岔、防弹钢板等。

6.2　铸铁

铸铁是指碳的质量分数大于 2.11% 的铁碳合金。工业上常用铸铁的主要成分范围是: $w(C)=2.0\%\sim4.0\%$, $w(Si)=1.0\%\sim3.0\%$, $w(Mn)=0.3\%\sim1.4\%$, $w(P)=0.01\%\sim0.50\%$, $w(S)=0.01\%\sim0.20\%$。除以上元素之外,铸铁还含有一定量的合金元素,如 Cr、Cu、Mo、V 等。

虽然铸铁的强度较低,塑性和韧性较差,不能进行锻造,但铸铁碳的质量分数接近于共晶成分,具有优良的铸造性能,而且生产设备和工艺简单,成本低廉,因此铸铁在机械制造中得以广泛应用。铸铁中 C 和 Si 的含量较高。较高的 C 含量使得铸铁中的 C 大部分不再以化合态 (Fe_3C)而以游离的石墨状态存在。铸铁组织的一个突出特点就是含有石墨,而石墨本身具有润滑作用,使铸铁具有良好的减摩性和切削加工性能。

球墨铸铁生产工艺的成熟及等温淬火球墨铸铁(ADI)技术的发展,打破了钢与铸铁的使用界限,不少过去使用碳钢和合金钢制造的重要零件,如曲轴、连杆、齿轮、钢板弹簧支架等,现已大量采用球墨铸铁或等温淬火球墨铸铁来制造,以铁代钢,以铸代锻,可大大节省材料,减少机械加工工时,降低零件的制造成本。

6.2.1　铸铁的石墨化

铸铁组织中石墨的形成过程称为石墨化过程。

1. 铁碳合金的两种相图

在铁碳合金中,C 可能以两种形式存在,即化合状态的渗碳体(Fe_3C)和游离状态的石墨(常用 G 来表示)。渗碳体并不是一种稳定的相,而是一种亚稳定的相;石墨才是一种稳定的相。渗碳体在高温下进行长时间加热便会分解为铁和石墨($Fe_3C\longrightarrow3Fe+G$)。对于铁碳合金的结晶过程来说,实际上存在两种相图,如图 6-6 所示。图 6-6 中实线部分为亚稳定的 $Fe-Fe_3C$ 相图,而虚线部分是稳定的 Fe-G 相图。根据具体结晶条件,铁碳合金可以按照其中的一种或另一种相图进行结晶。如果全部按照 Fe-G 相图进行结晶,则铸铁($w(C)=2.0\%\sim4.0\%$)的石墨化过程可分为以下三个阶段:第一阶段,从液相中直接析出石墨及在 1 154 ℃ 时发生共晶反应而形成石墨;第二阶段,在 1 154~738 ℃ 范围内冷却的过程中,自奥氏体中不断析出二次石墨;第三阶段,在 738 ℃ 时发生共析反应而形成石墨。

在铸铁高温冷却过程中,由于 C 具有较高的原子扩散能力,因此第一阶段和第二阶段的石墨化是较易进行的,凝固后获得 A+G 的组织,而随后在较低温度下进行的第三阶段石墨化,常因铸铁的成分及冷却速度的影响,而被全部或部分抑制,从而得到三种不同的基体组织:铁素体、珠光体、铁素体＋珠光体。

2. 影响石墨化的因素

1)化学成分的影响

C、S、M、S、P 对石墨化过程有不同的影响。C、Si 是促进石墨化的元素,Mn 和 S 是阻碍石

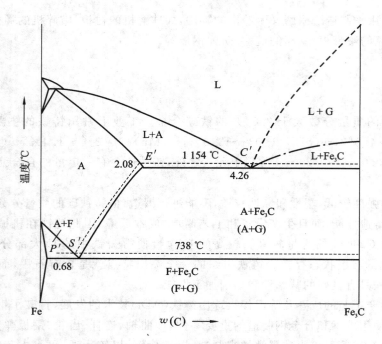

图 6-6 铁碳合金的两种相图

墨化的元素,但 Mn 和 S 有很大的亲和力,因此减弱了 S 对石墨化的有害作用。综上所述,在铸铁中应控制 S 的含量,而 Mn 的含量允许较高。生产实践中,若 C、Si 的含量过低,则铸铁易出现白口,力学性能与铸造性能都较差;若 C、Si 的含量过高,则铸铁中石墨数量多而形粗大,基体内铁素体量多,力学性能下降。

2)冷却速度的影响

铸件冷却越缓慢,越有利于石墨化过程充分地进行。铸件冷却较快,由于原子扩散困难,因此不利于铸铁的石墨化过程。

6.2.2 铸铁的分类

1. 根据结晶过程中的石墨化程度分类

1)灰铸铁

这类铸铁在第一阶段和第二阶段石墨化过程中都得到了充分的石墨化,碳大部分以石墨的形式存在,断口呈灰色。工业上所用的铸铁几乎都属于这类铸铁。

2)白口铸铁

这类铸铁是在凝固结晶中,石墨化过程全部都被抑制,完全按 Fe-Fe$_3$C 相图结晶而得到的铸铁。白口铸铁中碳全部以渗碳体(Fe$_3$C)的形式存在,并有莱氏体组织,断口呈白亮色,性能硬而脆,难以切削加工,故很少直接使用,主要用作炼钢原料或可锻铸铁坯料。

3)麻口铸铁

这类铸铁在第一阶段石墨化过程中未得到充分的石墨化,含有不同程度的莱氏体,组织介于灰铸铁与白口铸铁之间,也具有较大的硬脆性,因此在工业上很少使用。

2. 根据组织中石墨的形态分类

1）灰铸铁

灰铸铁组织中的石墨形态呈片状。这类铸铁的力学性能不太高,但铸造性能优良,生产工艺简单,价格低廉,因此在工业上应用最为广泛。

2）球墨铸铁

球墨铸铁组织中的石墨形态呈球状。这类铸铁不仅力学性能好,而且生产工艺远比铸钢简单,还可通过热处理进一步提高性能,因此球墨铸铁的产量在逐年提高,用来代替高强度灰铸铁、碳钢和合金钢制造各种重要的铸件。

3）蠕墨铸铁

蠕墨铸铁组织中的石墨形态呈蠕虫状,石墨形态介于片状与球状之间,力学性能介于灰铸铁与球墨铸铁之间,导热性及耐热疲劳性能优良,一般用来制造耐热疲劳的钢锭模、排气支管等,还可取代高强度灰铸铁制造一些重要的零件。

4）可锻铸铁

可锻铸铁组织中的石墨形态呈团絮状。它是将白口铸铁坯件经石墨化退火而成的一种铸铁,力学性能较好。可锻铸铁由于生产周期长、成本高,因此只用来制造一些形状复杂、承受冲击载荷的薄壁小件。

6.2.3 常用铸铁

1. 灰铸铁

灰铸铁的组织特点是具有片状石墨,基体组织有铁素体、铁素体＋珠光体、珠光体三种类型。灰铸铁的显微组织如图 6-7 所示。灰铸铁是目前铸铁中用量最大的一种。

(a) 铁素体灰铸铁　　　　　(b) 珠光体+铁素体灰铸铁　　　　　(c) 珠光体灰铸铁

图 6-7　灰铸铁的显微组织

灰铸铁的牌号以"灰"和"铁"的汉语拼音首字母"H"和"T"及后面三位表示最低抗拉强度的数字表示。例如,HT300 表示最低抗拉强度为 300 MPa 的灰铸铁。灰铸铁的牌号、单铸试棒力学性能及应用举例如表 6-7 所示。

灰铸铁的特点是:工艺性能优良,可铸造形状复杂的薄壁件;因为石墨片强度低、脆性大,因此切削时易断又利于润滑,有良好的减摩性;因为石墨片能有效地吸收机械振动能量,因此有良好的消振性;石墨片力学性能差,严重削弱了抗拉强度。为了提高灰铸铁的性能,常在浇注前进行孕育处理,使石墨片细小化且均匀分布,从而大大提高灰铸铁的强度,改善灰铸铁的塑性、韧性。经孕育处理的铸铁称为孕育铸铁。

孕育处理就是在浇注前往铁液中加入孕育剂,以产生大量人工晶核,得到分布均匀的细小片状石墨和细珠光体基体。常用的孕育剂是 75 硅铁或者硅钙合金,块度尺寸为 3～18 mm,加入量为铁液质量的 0.2%～0.5%。孕育剂可放在出铁槽或浇包中,被高温铁液冲熔并吸收。一般孕育处理前,原始铁液中碳、硅的质量分数较低($w(C)=2.7\%\sim3.3\%$、$w(Si)=1.0\%\sim2.0\%$)。这种铁液若不经孕育处理就直接浇注,将得到白口或麻口组织。另外,低碳铁液流动性差,加上孕育处理时铁液温度要降低,所以铁液的出炉温度应为 1 400～1 450 ℃。

表 6-7　灰铸铁的牌号、单铸试棒力学性能及应用举例(力学性能摘自 GB/T 9439—2010)

分类	牌号	显微组织		力学性能			应用举例
		基体	石墨	R_m/MPa,不小于	$R_{p0.2}$/MPa,不小于	硬度/HBW	
普通灰铸铁	H100	铁素体+少量珠光体	粗片	100		≤170	配重铁
	HT150	铁素体+珠光体	较粗片	150	98	125～205	端盖、汽轮泵体、轴承座、阀壳、管子及管路附件、手轮;一般机床的底座、床身及其他复杂零件、滑座、工作台等
	HT200	珠光体	中等片	200	130	150～230	气缸、齿轮、底架、机件、飞轮、齿条、衬筒;一般机床的床身及中等压力液压筒、液压泵和阀的壳体等
	HT225	珠光体	中等片	225	150	170～240	
孕育铸铁	HT250	细小珠光体	较细片	250	165	180～250	阀壳、油缸、气缸、联轴器、机体、齿轮、齿轮箱的外壳、飞轮、衬筒、凸轮、轴承座等
	HT275			275	180	190～260	
	HT300	索氏体或托氏体	细小片	300	195	200～275	齿轮、凸轮、车床的卡盘、剪床和压力机的机身;导板、转塔自动车床及其他重载荷机床的床身;高压液压筒、液压泵和滑阀的壳体等
	HT350			350	228	220～290	

孕育铸铁的强度、硬度比一般灰铸铁有显著提高:孕育铸铁的抗拉强度为 250～400 MPa,硬度为 170～270 HBW。碳的质量分数越低,石墨片越细小,孕育铸铁的强度、硬度也就越高,耐磨性也就越好。但由于石墨仍为片状,孕育铸铁的塑性、韧性仍很差。冷却速度对孕育铸铁组织、性能的影响极小,这就使铸铁件厚大截面上的组织、性能均匀。孕育处理对大型铸铁件截面硬度的影响如图 6-8 所示。

孕育铸铁适用于制造对强度、硬度和耐磨性要求较高的重要铸件,尤其是厚大铸件,如床身、配换齿轮、凸轮轴、气缸体和气缸套等。

热处理不能改变石墨的形状和分布,对提高灰铸铁力学性能的作用不大,因此生产中主要用来消除内应力和消除铸铁件的白口组织,改善切削加工性能。

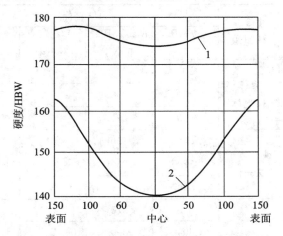

图 6-8　孕育处理对大型铸铁件截面硬度的影响
1—经孕育处理;2—未经孕育处理

2. 球墨铸铁

球墨铸铁是在浇注前经过球化处理和孕育处理后获得的一种铸铁。球墨铸铁基体上分布着细小的球状石墨,具有比灰铸铁高得多的强度及良好的塑性与韧性,并且便于生产,成本比钢低廉。受力复杂且综合性能要求较高的凸轮轴、某些机床的主轴、轧钢机的轧辊等,都是采用球墨铸铁制造的。

球墨铸铁牌号用"QT"及其后两组分别表示最低抗拉强度和断后伸长率的数字表示。常用球墨铸铁的牌号、单铸试样力学性能及应用举例如表 6-8 所示。

表 6-8　常用球墨铸铁的牌号、单铸试样力学性能及应用举例(部分摘自 GB/T 1348—2019)

材料种类	铸件壁厚 t/mm	主要基体组织	力学性能			硬度/HBW	应用举例
			R_m/MPa,不小于	$R_{p0.2}$/MPa,不小于	A/(%),不小于		
QT350-22	$t\leqslant30$	铁素体	350	220	22	≤160	风电设备零件等
	$30<t\leqslant60$		330	220	18		
	$60<t\leqslant200$		320	210	15		
QT400-18	$t\leqslant30$	铁素体	400	250	18	120～175	汽车、拖拉机的底盘零件,高压阀门的阀体、阀盖及支架等
	$30<t\leqslant60$		390	250	15		
	$60<t\leqslant200$		370	240	12		
QT400-15	$t\leqslant30$	铁素体	400	250	15	120～180	
	$30<t\leqslant60$		390	250	14		
	$60<t\leqslant200$		370	240	11		
QT450-10	$t\leqslant30$	铁素体	450	310	10	160～210	
	$30<t\leqslant60$		由供需双方商定				
	$60<t\leqslant200$						

续表

材料种类	铸件壁厚 t/mm	主要基体组织	力学性能				应用举例
			R_m/MPa, 不小于	$R_{p0.2}$/MPa, 不小于	A/(%), 不小于	硬度/HBW	
QT500-7	$t\leqslant30$	铁素体＋珠光体	500	320	7	170～230	机油泵的齿轮,水轮机的阀门体等
	$30<t\leqslant60$		450	300	7		
	$60<t\leqslant200$		420	290	5		
QT550-5	$t\leqslant30$	铁素体＋珠光体	550	350	5	180～250	
	$30<t\leqslant60$		520	330	4		
	$60<t\leqslant200$		500	320	3		
QT600-3	$t\leqslant30$	铁素体＋珠光体	600	370	3	190～270	柴油机、汽油机的曲轴,磨床、铣床、车床的主轴,空压机、冷冻机的缸体、缸套和曲轴等
	$30<t\leqslant60$		600	360	2		
	$60<t\leqslant200$		550	340	1		
QT700-2	$t\leqslant30$	珠光体	700	420	2	225～305	
	$30<t\leqslant60$		700	400	2		
	$60<t\leqslant200$		650	380	1		
QT800-2	$t\leqslant30$	珠光体或索氏体	800	480	2	245～335	
	$30<t\leqslant60$		由供需双方商定				
	$60<t\leqslant200$						
QT900-2	$t\leqslant30$	托氏体＋索氏体	900	600	2	280～360	汽车、拖拉机的传动齿轮,柴油机的凸轮轴等
	$30<t\leqslant60$		由供需双方商定				
	$60<t\leqslant200$						

注:另有牌号 QT350-22L、QT350-222R、QT400-218L、QT400-218R,其中"L"表示该牌号有低温(-20℃或-40℃)下的冲击性能要求,"R"表示该牌号有室温(23℃)下的冲击性能要求。

常见的球墨铸铁有铁素体球墨铸铁、铁素体＋珠光体球墨铸铁和珠光体球墨铸铁,如图 6-9 所示。不同基体的球墨铸铁性能差别很大。

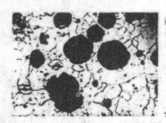 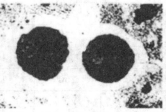 

(a)铁素体球墨铸铁　　(b)珠光体+铁素体球墨铸铁　　(c)珠光体球墨铸铁

图 6-9　球墨铸铁的显微组织

球墨铸铁的热处理主要有退火、正火、调质、等温淬火等。通过改变球墨铸铁的基体组织,可改变球墨铸铁的性能,从而满足不同的使用要求。退火的目的在于去除铸铁件薄壁处出现的自由渗碳体,获得铁素体基体。正火的目的在于得到珠光体基体(占基体 75％以上),并细化组织,提高强度和耐磨性。要求综合力学性能较高的球墨铸铁连杆、曲轴等,可采用调质处理。球墨铸铁经等温淬火后可获得高的强度,同时具有良好的塑性和韧性。

3. 等温淬火球墨铸铁

等温淬火球墨铸铁(austempered ductile iron,ADI)是一种新型工程材料,是将球墨铸铁加热到 Ac_1 以上,保持一定的时间,然后以避免产生珠光体的冷速快速冷却至一定的温度(马氏体开始转变温度以上)并保温一定的时间,使球墨铸铁得到由针状铁素体和富碳奥氏体组成的奥-铁体(ausferrite)基体,因而具有高强度与一定的韧性,综合力学性能较好。等温淬火球墨铸铁也称为奥铁体球墨铸铁。

等温淬火球墨铸铁是 20 世纪 70 年代发展起来的一种具有高性价比的新型工程材料。等温淬火球墨铸铁件可广泛应用于汽车、火车、建材、化工、矿山、农机、冶金、纺织、通用机械等行业的装备制造领域,取代要求高强度、高耐磨性的合金球铁件、铸钢件、焊接件及表面处理锻钢件。

等温淬火球铁牌号用"QTD"及后两组分别表示最低抗拉强度和断后伸长率最小值的数字表示。常用等温淬火球墨铸铁的牌号、性能及应用示例如表 6-9 所示。

表 6-9　常用等温淬火球墨铸铁的牌号、性能及应用示例(摘自 GB/T 24733—2009)

牌号	铸件主要壁厚 t/mm	力学性能,不小于			应用示例
		R_m/MPa	$R_{p0.2}$/MPa	A/(%)	
QTD 800-10 (QTD 800-10R)	$t \leqslant 30$	800	500	10	大功率(8 000 kW)船用发动机支承架、中型卡车悬挂件等
	$30 < t \leqslant 60$	750		6	
	$60 < t \leqslant 100$	720		5	
QTD 900-8	$t \leqslant 30$	900	600	8	柴油机曲轴、风镐缸体、机头、载重卡车后板簧支架等
	$30 < t \leqslant 60$	850		5	
	$60 < t \leqslant 100$	820		4	
QTD 1050-6	$t \leqslant 30$	1 050	700	6	大马力柴油机曲轴、拖拉机、工程机械齿轮等
	$30 < t \leqslant 60$	1 000		4	
	$60 < t \leqslant 100$	970		3	
QTD 1200-3	$t \leqslant 30$	1 200	850	3	柴油机正时齿轮、链轮、铁路车辆销套等
	$30 < t \leqslant 60$	1 170		2	
	$60 < t \leqslant 100$	1 140		1	
QTD 1400-1	$t \leqslant 30$	1 400	1 100	1	凸轮轴、铁路货车斜楔、轻型卡车后桥锥齿轮等
	$30 < t \leqslant 60$	1 170	由供需双方商定		
	$60 < t \leqslant 100$	1 140			
QTD HBW400	—	1 400	1 100	1	犁铧和挖掘机的斗齿、杂质泵体等
QTD HBW450		1 600	1 300	—	磨球、衬板、颚板、锤头、挖掘机的斗齿等

4. 蠕墨铸铁

蠕墨铸铁是经过蠕化处理和孕育处理后而获得的一种新型铸铁,组织中的碳主要以蠕虫状石墨形式存在,蠕虫状石墨片短而厚,头较圆,形似蠕虫,形态介于片状和球状之间。蠕墨铸铁兼有灰铸铁和球墨铸铁的性能,具有较高的强度、硬度、耐磨性、热导率,而铸造工艺要求和成本比球墨铸铁低。在工业中,蠕墨铸铁用于生产气缸盖、钢锭模、液压阀、制动盘、排气支管等。

有关蠕墨铸铁件的牌号、性能和应用可参考标准《蠕墨铸铁件》(GB/T 26655—2011)。

5. 可锻铸铁

可锻铸铁是由白口铸铁在固态下经长时间石墨化退火处理而得到的具有团絮状石墨的一种铸铁。铸铁中的石墨是在退火过程中通过渗碳体的分解($Fe_3C \longrightarrow 3Fe + C$)而形成的。由于形成条件不同,因此可锻铸铁的形态也不同。根据生产工艺不同,可锻铸铁的基体组织有铁素体和珠光体两种。由于可锻铸铁中的石墨呈团絮状(见图 6-10),大大减轻了石墨对基体金属的割裂作用,因而它不但比灰铸铁的强度高,还具有较好的塑性和韧性。可锻铸铁的断后伸长率可达 12%,冲击吸收能量 K 可达 24 J。但它实际上是不能锻造成形的。

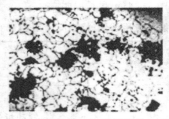 

(a)铁素体基体可锻铸铁　　　　　(b)珠光体基体可锻铸铁

图 6-10　可锻铸铁的显微组织

可锻铸铁的牌号以"可"和"铁"的拼音首字母"K"和"T"及后面两组数字组成,第一组数字表示可锻铸铁的最低抗拉强度,第二组数字表示可锻铸铁的最低断后伸长率。"KTH"和"KTZ"分别为铁素体基体可锻铸铁和珠光体基体可锻铸铁的代号。例如,KTZ700-02 表示珠光体基体可锻铸铁,它的最低抗拉强度为 700 MPa,最低断后伸长率为 2%。

有关常用可锻铸铁的牌号、性能和应用可参考《可锻铸铁件》(GB/T 9440—2010)。

可锻铸铁的力学性能优于灰铸铁,适用于制造薄壁(小于 25 mm)、形状复杂的零件。但由于生产周期长,工艺复杂,成本较高,因此可锻铸铁件已逐渐被球墨铸铁件取代。

6. 特殊性能铸铁(合金铸铁)

为了进一步提高铸铁的耐磨性并使铸铁具有特殊的物理性能、化学性能,在灰铸铁或球墨铸铁中加入一定量的合金元素,得到耐磨铸铁(MT)、耐热铸铁(RT)和耐蚀铸铁(ST)等合金铸铁。与合金钢相比,合金铸铁熔炼简便,成本低廉,具有良好的使用性能,但抗拉强度较低,塑性、韧性较差,可在一定工作条件下代替部分合金钢。

1)耐磨铸铁

耐磨铸铁按工作条件大体可以分为两种类型:一种在润滑条件下工作,如机床导轨、气缸套、活塞环、轴承等;另一种在无润滑的干摩擦条件下工作,如犁铧、轧辊及球磨机的零件等。

在干摩擦条件及在磨粒磨损条件下工作的耐磨铸铁,常常受到严重的磨损,而且承受很大负荷,应具有高而均匀的硬度。前述的具有高碳共析或过共晶的白口铸铁实际上是一种很好的耐磨铸铁。但白口铸铁的脆性很大,不能用来制造要求具有一定冲击韧度和强度的零件,如车轮和轧辊等。因此常用激冷的办法,使铸铁件在耐磨表面处得到白口组织,而其相邻部位和芯部分别得到麻口组织和灰口组织,从而使铸铁件既具有一定的冲击韧度和强度,又具有高耐磨性。这种铸铁称为激冷铸铁或冷硬铸铁。在普通白口铸铁中加入一定量的 Cr、Mo、Cu 等元素,会形成合金渗碳体(如 Cr_7C_3),从而提高铸铁的耐磨性。

近年来我国试制成功一种具有较好冲击韧度和强度的中锰球墨铸铁,铸铁在浇注后得到马氏体与大量残余奥氏体加碳化物与球墨的组织,具有高耐磨性。

在润滑条件下工作的耐磨铸铁,组织应为软基体上分布有硬的组织组成物,以便在磨合后软基体有所磨损,形成沟槽,储存润滑油。普通的珠光体灰铸铁基体就符合这一要求,其中的铁素体即为软基体,渗碳体层片为硬组分,而石墨片同时也起储油和润滑作用。为了进一步改善珠光体灰铸铁的耐磨性,通常把铸铁中磷的质量分数提高到 $0.4\% \sim 0.6\%$,制成高磷铸铁件(如缸套等)。其中呈断续网状分布的磷化物共晶体(F+FeP,P+Fe_3P 或 F+P+Fe_3P)构成高硬度的组织组成物,显著提高了铸铁的耐磨性。

由于普通高磷铸铁的强度和韧度较低,因此常在其中加入 Cr、Mo、W、Cu、Ti、V 等合金元素,构成合金高磷铸铁,使得组织细化,进一步提高耐磨性。除了高磷铸铁以外,我国还发展出钒钛耐磨铸铁、铬钼铜耐磨铸铁及廉价的耐磨铸铁等,它们也都具有优良的耐磨性。

2)耐热铸铁

耐热铸铁是指在高温下具有较好的抗氧化和抗"生长"能力的铸铁。耐热铸铁具有良好的耐热性,可代替耐热钢用来制造加热炉底板、马弗罐、坩埚、废气管道、换热器及钢锭模等。

普通灰铸铁在高温下除了会发生表面氧化外,还会发生"热生长"的现象,即普通灰铸铁的体积会产生不可逆的胀大,严重时甚至可胀大 10% 左右。热生长现象主要是由于氧化性气体沿着晶界、石墨片的边界和裂纹渗入铸铁内部所造成的内部氧化以及因渗碳体的分解而发生的石墨化引起的。耐热铸铁大多使用以单相铁素体为基体的组织,并且最好是球墨铸铁,因为铁素体基体在受热时无渗碳体发生分解石墨化问题,而球状石墨呈孤立分布,互不相连,不会构成氧化性气体渗入铸铁内的通道。

为了提高铸铁的耐热性,可向铸铁中加入 Si、Al、Cr 等合金元素,使铸铁表面在高温下形成一层致密的氧化膜,如 SiO_2 膜、Al_2O_3 膜、Cr_2O_3 膜等,以保护内层不被继续氧化。此外,这些元素还会提高铸铁的临界点,使铸铁在使用的温度范围内不发生相变,以减少由此而造成的体积变化及显微裂纹。

耐热铸铁种类较多,分硅系、铝系、硅铝系及铬系等,其中在我国得到较广泛的应用和发展的是硅系耐热铸铁和硅铝系耐热铸铁。

3)耐蚀铸铁

耐蚀铸铁广泛地用于化工部门,用来制造管道、阀门、泵类、反应锅及盛储器等。耐蚀铸铁的化学腐蚀原理和电化学腐蚀原理以及提高耐蚀铸铁耐腐蚀性的途径基本上与不锈耐酸钢相同,通过加入大量的 Si、Al、Cr、Ni、Cu 等合金元素来提高基体组织电位,并使铸铁表面形成一层致密的保护膜。常用的耐蚀铸铁有高硅耐蚀铸铁、高铬耐蚀铸铁、高硅钼耐蚀铸铁、高铝耐蚀铸铁等,其中应用最广的是高硅耐蚀铸铁。

6.3　非铁金属材料

非铁金属材料就是除了钢铁金属以外其他金属的统称。非铁金属材料种类繁多,并有许多特殊的优良性能,是重要的工程材料。常用的非铁金属材料有铜、铝、镁、钛、锌、锡及其合金等。本节仅对工业中广泛使用的铝及铝合金、铜及铜合金和滑动轴承合金做简要介绍。

6.3.1　铝及铝合金

1. 纯铝

铝是地壳中储量最丰富的元素之一,约占全部金属的1/3。由于制取铝的技术在不断提高,铝成为价廉而应用广泛的金属。

纯铝是银白色的金属,熔点为660 ℃,密度为2.7 g/cm³(约是铜的1/3),属于轻金属。铝具有面心立方晶格结构,无同素异构转变,强度不高而塑性好,可经冷塑性变形而得以强化。铝的导电性和导热性都很好,仅次于银和铜。因此,铝被广泛用来制造导电材料和热传导器件,以及强度要求不高的耐蚀容器、用具等。

铝在大气中有良好的耐腐蚀性。铝和氧的亲和力强,能生成致密、坚固的氧化铝(Al_2O_3)薄膜,可以保护薄膜下层金属不再继续氧化。

纯铝中含有少量Fe、Si等杂质元素,杂质含量增加,铝的导电性、耐蚀性及塑性都降低。纯铝按纯度分为纯铝($99\% < w(Al) < 99.85\%$)、高纯铝($w(Al) \geqslant 99.85\%$)。《变形铝及铝合金牌号表示方法》(GB/T 16474—2011)规定,压力加工产品的牌号用1×××表示,1表示纯铝。第二位字母若为A,则表示为原始纯铝;若为其他字母,则表示原始纯铝的改型。后两位数字表示最低铝质量百分数中小数点后面的两位。《铸造有色金属及其合金牌号表示方法》(GB/T 8063—2017)规定,铸造纯铝产品的牌号用Z＋铝元素化学符号＋铝的最低名义质量百分数表示。高纯铝主要用于科学试验和化学工业。纯铝的主要用途是配制铝合金,还可用来制造导线、包覆材料、耐蚀和生活器皿等。

2. 铝合金

纯铝的强度和硬度很低,不适宜用作结构材料。而在铝中加入Si、Cu、Mg、Mn等合金元素,不仅可以形成高强度的铝合金,还可以通过形变加工硬化和热处理进一步强化,而且它们的相对密度小(2.50～2.88 g/cm³),仍然具有耐腐蚀性、导热性等特殊性能。

根据铝合金的成分及工艺特点,可将铝合金分为变形铝合金和铸造铝合金。以铝为基的二元合金相图大都为共晶相图,如图6-11所示。

1)变形铝合金

变形铝合金为成分在D点以左的合金,当加热到固溶线DF以上时,得到的是均匀的单相固溶体,具有良好的塑性,适合压力加工,所以称为变形铝合金。成分在F点以左的合金,固溶体成分不随温度而变,不能通过热处理使之强化;成分在D点与F点之间的铝合金,固溶体成分随温度而变化,可用热处理强化。

变形铝合金根据性能特点可分为防锈铝合金、硬铝合金、超硬铝合金和锻铝合金四种。其中防锈铝合金为不可热处理强化的铝合金,其他三种为可热处理强化的铝合金。铝合金的牌号

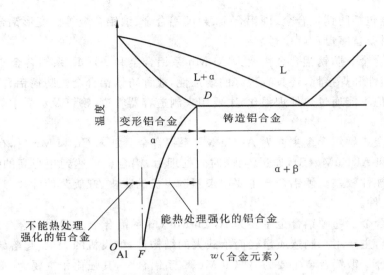

图 6-11 铝合金相图的一般类型

分别用 2×××~8××× 表示(详见 GB/T 16474—2011)。第一位数字依次表示以 Cu、Mn、Si、Mg、Mg+Si、Zn、其他元素为主要合金元素的铝合金组别。第二位字母若是 A,则表示为原始合金;如果是 B~Y 中的字母,则表示为原始合金的改型合金。后两位数字表示顺序号。表 6-10 所示为常用变形铝合金的牌号、性能及用途。通常在铝合金牌号后面还附有表示合金状态的代号(详见 GB/T 16475—2008)。

表 6-10 常用变形铝合金的牌号、性能及用途

类别	牌号	状态	力学性能,不小于				用途举例
			$R_m/$ MPa	$R_{eL}/$MPa	$A/(\%)$	硬度 /HBS	
防锈铝 合金	3A21	板材 O	110	40	30	28	制造轻载荷的焊接件 (用深冲压方法)和在腐蚀介质中工作的工件,如航空油箱、汽油和润滑油导管以及整流罩等
	5A02	板材 O	195	90	25	47	
硬铝 合金	2A11	板材 O	180	70	20	45	制造中等强度的结构件,如整流罩、螺旋桨等
		T4	425	275	15	105	
	2A12	板材 O	185	75	20	47	制造较高强度的结构件,如翼梁、长桁等
		T4	470	325	20	120	
超硬铝 合金	7A04	棒材 O	230	105	17	60	制造飞机的主要结构受力件,如大梁、桁条、翼肋、蒙皮等
	7A09	T6	570	505	11	150	
锻铝 合金	2A06	模锻件 (顺纤维方向) O	185	95	20	45	制造形状复杂和中等强度的锻件
		T6	440	370	10	120	
	2A10	T6	485	415	10	135	制造承受重载荷或较大型的锻件

注:O——退火,T4——淬火+自然时效,T6——淬火+人工时效。

变形铝合金包括防锈铝合金、硬铝合金、超硬铝合金、锻铝合金等。变形铝合金的牌号分别用相应汉语的拼音首字母和顺序号表示。

(1)防锈铝合金。防锈铝合金主要为 Al-Mn 系铝合金和 Al-Mg 系铝合金。防锈铝合金不仅具有良好的塑性和焊接性,还具有很好的耐蚀性,故称防锈铝合金。防锈铝合金强度不高,可通过变形强化,但不能通过热处理强化,主要用来制造容器管道、铆钉及承受中等载荷的零件与制品。

(2)硬铝合金。硬铝合金主要为 Al-Cu-Mg 系铝合金。加入 Cu 和 Mg 后,在合金中形成强化相 $CuAl_2(\theta)$ 和 $Al_2CuMg(S)$,通过淬火、时效处理后,铝合金可达到相当高的强度,切削加工性也较好,但耐蚀性较差。硬铝合金主要用来制造飞机的蒙皮、螺旋桨的叶片、焊接结构和高载荷铆钉等重要工件。

(3)超硬铝合金。超硬铝合金主要为 Al-Zn-Mg-Cu 系铝合金。超硬铝合金的强度、硬度均高于其他铝合金,主要用来制造质量轻而承载大的结构件,如飞机的大梁、起落架等。

(4)锻铝合金。锻铝合金主要为 Al-Cu-Mg-Si 系铝合金,其强化相主要为 Mg_2Si 相,是具有良好锻造工艺性的铝合金,可通过淬火、时效处理达到相当于硬铝合金的力学性能。锻铝合金主要用来制造各种形状复杂的重载锻件和模锻件,如航空发动机的活塞、直升机的旋翼等。

变形铝合金通常都轧制成板、带、棒、线材等型材供应,一般均有良好的压力加工性能、焊接性能和切削加工性能。通过淬火加时效等热处理强化后,变形铝合金的强度和硬度显著提高。

2)铸造铝合金

铸造铝合金是指适于铸造成形的铝合金,是成分在相图(见图 6-11)上 D 点以右的合金,简称铸铝。铸造铝合金熔点低,流动性好,有良好的铸造性能,可铸造各种形状复杂而承载不大的铝铸件,如内燃机的活塞、航空仪器、仪表零件、油泵的壳体等。

根据主加合金元素的不同,铸造铝合金分为四类,即 Al-Si 系、Al-Cu 系、Al-Mg 系和 Al-Zn 系。铸造铝合金的代号由 ZL 和三位数字组成。"Z""L"分别为"铸""铝"汉语拼音的首字母;第 1 位数字表示主加合金元素类别,1 为 Al-Si 系,2 为 Al-Cu 系,3 为 Al-Mg 系,4 为 Al-Zn 系;后两位数字表示合金的种类顺序。

(1)铝硅合金。铝硅合金是最常用的铸造铝合金,通常称为硅铝明,$w(Si) = 10\% \sim 13\%$。铝硅合金有优良的铸造性能,流动性好,收缩小,热裂倾向小,但组织粗疏,致密度低,主要用来制造铸造形状复杂而性能要求不高的零部件。为了改善铝硅合金的性能,可向铝硅合金中加入变质剂进行变质处理,还可加入 Cu、Mg 等合金元素,形成性能更好的特殊铝硅合金。铝硅合金的代号有 ZL101、ZL102 等。

(2)铝铜合金。铝铜合金有较高的强度、塑性及耐热性,但铸造性能与耐蚀性能较差。铝铜合金的牌号有 ZL201、ZL203 等。

(3)铝镁合金。铝镁合金强度和冲击韧度较高,密度小(2.55 g/cm³),耐蚀性能优良,切削加工性能及抛光性很好,但铸造性能与耐热性能差。铝镁合金的代号有 ZL301、ZL303 等。

(4)铝锌合金。铝锌合金具有良好的铸造性能,且价格便宜,经变质处理与时效处理后强度高但耐腐蚀性差。铝锌合金的代号有 ZL401、ZL402 等。

常用铸造铝合金的力学性能及用途举例如表 6-11 所示。

表 6-11 常用铸造铝合金的力学性能及用途举例

合金类型	合金代号	铸造方法	热处理状态	力学性能,不小于			用途举例
				R_m/MPa	$A/(\%)$	硬度/HBS	
铝硅合金	ZL101	J	T5	205	2	60	形状复杂和中等载荷的飞机零件、仪器零件、抽水机壳体等
		S	T5	195	2	60	
		SB	T5	225	1	70	
	ZL102	J	T2	145	3	50	形状复杂、受力不大的,有一定耐蚀要求的气密机件,适用于压铸
	ZL104	SB	T6	225	2	70	航空发动机的气缸头、飞机零件等
		J	T6	225	2	70	
	ZL105	S	T5	195	1	70	250 ℃以上工作的承受中等载荷的零件,如中小型发动机的气缸头
		J	T5	235	0.5	70	
		S	T6	225	0.5	70	
铝铜合金	ZL201	S	T5	335	4	90	300 ℃以上工作的承受重大载荷或长期承受中等载荷的结构件,如增压器的导风叶轮、静叶片等
	ZL201A	S,J	T5	390 / 170	8	100	需有高温强度、结构复杂的机件
	ZL203	S	T5	215	3	70	需有高强度、高塑性的零件以及工作温度不超过 200 ℃并要求切削性好的小零件
		J	T5	225	3	70	
铝镁合金	ZL301	S	T4	280	10	60	要求耐蚀并承受冲击的零件
	ZL303	J	F	145	1	55	在腐蚀介质作用下的中等载荷零件,在严寒大气下以及工作温度不超过 200 ℃的零件,如海轮配件等
铝锌合金	ZL401	S	T1	195	2	80	压力铸造零件,工作温度不超过 200 ℃结构形状复杂的汽车、飞机零件
		J		245	1.5	90	
	ZL402	S	T1	215	4	65	—
		J		235	4	70	

注:铸造方法和热处理状态符号:S——砂型铸造,J——金属型铸造,SB——砂型铸造+变质处理,T1——人工时效,T2——退火,T4——固溶处理+自然时效,T5——固溶处理+不完全人工时效,T6——固溶处理+完全人工时效,F——铸态。

6.3.2 铜及铜合金

1. 工业纯铜

工业纯铜通常指 $w(Cu)=99.5\%\sim99.95\%$ 的纯铜。纯铜呈玫瑰红色，表面氧化后形成紫色氧化铜膜，故又称紫铜。一般纯铜用电解法制取，故常称电解铜。纯铜的熔点为 1 083 ℃，密度为 8.96 g/cm^3，具有面心立方晶格结构。

工业纯铜的牌号用代号"T"加序号表示。"T"是"铜"字汉语拼音首字母。工业纯铜共有 T1($w(Cu)>99.95\%$)、T2($w(Cu)>99.9\%$)、T3($w(Cu)>99.7\%$)三种，序号较大的纯度较低。纯铜具有优良的导电性、导热性、塑性和耐蚀性，但强度不高。工业纯铜主要用来制造导电、导热的线、管、板、容器、零件和配制合金。纯铜由于无同素异构转变，不能通过热处理强化，一般进行变形强化。

2. 铜合金

纯铜因强度低而使工业应用受到限制，实际广泛使用的主要是各种铜合金。常用的铜合金有黄铜、青铜和白铜等，其中黄铜和青铜应用较广。

1)黄铜

黄铜是以 Zn 为主加合金元素的铜合金。按加工成形方法的不同，黄铜分为压力加工黄铜和铸造黄铜两类；按化学成分，黄铜又可分为普通黄铜和特殊黄铜两类。

(1)普通黄铜。普通黄铜是铜锌二元合金，牌号由代号"H"后加数字组成。"H"为"黄"字汉语拼音首字母，数字为铜的平均质量百分数。例如，H70 表示 Cu 的平均质量分数为 70%，Zn 的平均质量分数为 30%的黄铜，又称为三七黄铜。

普通黄铜中 Zn 的质量分数直接影响普通黄铜的力学性能：当 $w(Zn)<39\%$ 时，普通黄铜塑性良好，可进行各种冷、热压力加工，如锻、轧、冲、挤等；当 $w(Zn)>50\%$ 时，普通黄铜的强度和塑性都明显下降，无工业应用价值。

普通黄铜有良好的力学性能、耐蚀性和工艺性能，价格较纯铜便宜，广泛用来制造机器零件、电气元件和生活用品，如散热器、油管、垫片、螺钉等。常用的普通黄铜有 H68、H62 等。

(2)特殊黄铜。在铜锌合金中加入其他合金元素，可形成具有某种性能优势的特殊黄铜，如加 Pb 改善切削加工性和提高耐磨性，加 Sn 提高耐蚀性，加 Al、Ni、Mn、Si 等元素提高强度、硬度和改善耐蚀性。

特殊黄铜的牌号表示方法为 H＋主加元素化学符号＋铜的平均质量百分数＋主加元素及其他合金元素的平均质量百分数，如 HPb3-3，表示含 $w(Cu)=63\%$、$w(Pb)=3\%$ 的铅黄铜。特殊黄铜主要用来制造钟表、汽车、拖拉机、化工和船舶机械零件等。常用的特殊黄铜有铅黄铜（如 HPb63-3、HPb61-1）、锡黄铜（如 HSn90-1、HSn62-1）、铝黄铜（如 HAl60-1-1、HAl59-3-2）和硅黄铜、锰黄铜等。铸造黄铜的牌号表示方法(GB/T 8063—2017)为 Z＋Cu＋主加元素的化学符号及平均质量百分数＋其他元素的化学符号及平均质量百分数，如 ZCuZn38 表示 $w(Zn)=38\%$、其余为铜的铸造黄铜。

2)青铜

青铜指除黄铜、白铜以外的所有铜合金。青铜分为压力加工青铜和铸造青铜两类。根据不同的主加合金元素，青铜分为锡青铜、铝青铜、铅青铜、铍青铜等。

青铜的牌号由代号 Q＋主加合金元素化学符号＋主加合金元素质量百分数和其他元素质量百分数组成,如 QSn4-3,表示 $w(Sn)=4\%$、$w(Zn)=3\%$ 的锡青铜。铸造青铜的牌号表示方法与铸造黄铜相同。

(1)锡青铜。以锡为主加合金元素的铜合金称锡青铜。锡的质量分数一般为 $3\%\sim14\%$。锡青铜具有较高的强度、硬度和良好的耐蚀性、耐磨性,铸造时流动性差,易形成分散缩孔和偏析,但收缩率小。因此,锡青铜主要用于制造各种耐磨件,以及在大气、湖水、蒸汽中工作的耐蚀件和铸造形状复杂、壁厚变化大而致密度要求不高的工件。为了进一步提高锡青铜的性能,常在锡之外加入 P、Zn、Pb、Ni 等合金元素,以改善锡青铜的铸造性能、弹性极限、疲劳强度和耐磨性等。

(2)铝青铜。以铝为主加合金元素的铜合金称为铝青铜。铝青铜中铝的质量分数为 $5\%\sim10\%$。铝青铜具有优良的力学性能、耐蚀性和耐磨性,铸造性能也很好,是一种应用广泛的铜合金。铝青铜可采用铸造、压力加工和切削加工等加工工艺,用来制造齿轮、涡轮、轴套、阀门、弹簧等重要减摩零件、弹性元件以及抗磁零件,广泛应用于机械、化工、造船、汽车、仪表、电气等领域。

(3)铍青铜。以铍为主加合金元素的铜合金称为铍青铜。铍青铜中铍的质量分数为 $7\%\sim2.5\%$。铍青铜强度、硬度高,弹性极限、疲劳强度、耐磨性、耐蚀性和韧性也都很好,导电性、导热性良好,并具有耐寒、抗磁及冲击不产生火花等特性,同时还有良好的工艺性能,能进行冷、热压力加工,铸造,热处理和切削加工等。但铍青铜因价格昂贵,处理工艺较复杂,故应用受到一定的限制。铍青铜在工业上用来制造各种精密仪器、仪表的重要弹性元件、耐磨零件(如钟表、齿轮、高温高压高速条件下工作的轴承和轴套)和其他重要零件(如航海罗盘、电焊机的电极、防爆工具等)。

(4)铅青铜。以铅为主加合金元素的铜合金称为铅青铜,主要用来制造高压、高速条件下工作的耐磨工件。铅青铜减摩性好,疲劳强度高,并有良好的导热性,是一种重要的高速重载滑动轴承合金。常用的铅青铜的牌号有 ZCuPb30、ZCuPb10Sn10、ZCuPb15Sn8 等。

3)白铜

白铜是铜镍合金和铜镍锌合金的通称。这类铜合金不仅具有较好的强度和优良的塑性,能进行冷、热变形加工,而且耐蚀性很好,电阻率高,主要用来制造热电偶、变阻器、电工测量器材、制造舰艇船舶仪器零件、化工机械零件及医疗器械等。

6.3.3 滑动轴承合金

滑动轴承合金指用来制造轴瓦及内衬的合金。滑动轴承具有支承面大、工作平稳等优点,适合制造高速重载轴,如汽轮机主轴、内燃机曲轴等的轴承。

滑动轴承合金的牌号表示方法是 Z＋基体元素符号＋主加元素符号＋主加元素平均质量分数＋辅加元素平均质量分数。其中"Z"是"铸"字的汉语拼音首字母。

1.滑动轴承合金的性能要求

滑动轴承与高速重载轴在工作时有强烈的摩擦,为了减小轴的磨损和使轴运转可靠,滑动轴承合金材料应满足以下性能要求:足够的强度、硬度,较高的疲劳强度、抗压强度,良好的磨合性、耐磨性和较小的摩擦因数,足够的塑性、韧性,良好的抗冲击性、抗振动性,良好的耐蚀性、导热性和抗咬合性,较小的膨胀系数。

2. 滑动轴承合金的组织特点

为了满足上述性能要求,滑动轴承合金的理想组织应该是在软质基体上分布有硬质点(一般为化合物),如图 6-12 所示。当轴承处于工作状态时硬质点可承受磨损,软质的基体不仅具有较好的韧性,还可承受磨合、冲击、振动等载荷作用,磨凹处又可储存润滑油以保证较低的摩擦因数。同样,也可在较硬的基体上分布软质点来达到上述目的,但磨合性变差。

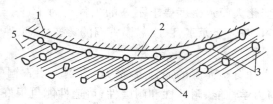

图 6-12　滑动轴承合金的理想组织
1—轴;2—润滑油空间;3—硬质点;
4—软基体;5—轴瓦

3. 滑动轴承合金的分类及应用

1)锡基与铅基轴承合金

锡基与铅基轴承合金又称巴氏合金,是软质基体上分布有硬质点的轴承合金。

锡基轴承合金又称锡基巴氏合金,是以锡为基础,加入 Sb、Cu 等元素组成的合金。它的显微组织如图 6-13 所示。图 6-13 中暗色部分是 Sb 溶入 Sn 所形成的固溶体基体,呈白色方块状的是以化合物 SnSb 为基的固溶体硬质点,呈白色针状或星状的是化合物 Cu_6Sn_5。

铅基轴承合金又称铅基巴氏合金,是以 Pb、Sb 为基础,通常还加入 Sn、Cu、Cd、As 等元素组成的合金。

锡基轴承合金具有良好的减摩性、耐蚀性、导热性和韧性,但疲劳强度较低,工作温度不超过 150 ℃,且价格较高。铅基轴承合金的硬度、强度、冲击韧度较锡基轴承合金低,且摩擦因数大,但价格便宜。

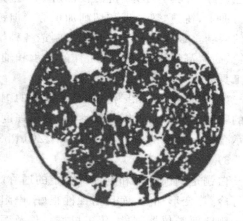

图 6-13　锡基轴承合金的显微组织

锡基与铅基轴承合金的典型应用如下:ZSnSb12Pb10Cu4 主要用来制造发动机的主轴承等,INsB4Cu4 主要用来制造涡轮、内燃机的高速轴承及轴承衬等,ZPbSb15Sn5 主要用来制造低速、轻载荷的机械轴承等,ZPbSb0Sn6 主要用来制造重载荷、耐蚀、耐磨轴承等。

2)铜基轴承合金

铜基轴承合金主要指铜合金中的锡青铜和铅青铜,这种合金具有较高的疲劳极限和承载能力,高的导热性和低的摩擦因数,工作温度可达 150 ℃。常用的铜基轴承合金有 ZQPb30、ZQSn10-1 等。

3）铝基轴承合金

铝基轴承合金是 20 世纪 60 年代发展起来的一种减摩材料，导热性好，疲劳极限及高温硬度较高，能承受较大的压力和速度，但膨胀系数较大，制成的轴承运转时容易与轴咬合。铝基轴承合金主要用来制造汽车、轮船、减速器等的中、低速运转的轴承。

6.3.4 粉末冶金材料

1. 粉末冶金的基本工艺

粉末冶金是指用金属粉末（或金属与非金属混合粉末）作原料，通过配料、压制成型烧结和后处理等工艺过程，不经熔炼和铸造，直接获得零部件的工艺。通过粉末冶金工艺制成的材料称为粉末冶金材料。

1）粉末的制取

金属粉末的制取方法通常有机械制取法和物理化学制取法两类。机械制取法有机械加工、研磨、液态金属雾化等；物理化学制取法有氧化物还原、电解沉积、气相沉积等。制取的金属粉末都必须严格控制成分、粒度及形态，以保证成型和烧结的顺利进行。

2）压制成型

将制取的金属粉末进行分级、干燥后，添加黏结剂等配料配制混合，然后模压成型，制成所需形状、尺寸的坯件。坯件具有一定的强度。

3）烧结

压制成型的坯件强度较低，不能直接使用，只有通过烧结提高了强度和物理化学性能，才能达到使用要求。高温烧结是决定粉末冶金材料制品性能和质量的关键。烧结过程中原料中的低熔点组元会熔化，起渗透黏结作用，大部分组元处于固态以保证形状、尺寸。将压制成型与烧结结合起来的工艺称为热压成型。热压成型是一种提高粉末冶金材料和制品力学性能的有效方法，已在生产中得到广泛的应用。

4）后处理

为了进一步改善使用性能，应根据要求对烧结成型的工件进行必要的后处理。后处理包括整形、油浸、热处理、表面处理、锻造等工序。

粉末冶金工艺常用来制造结构材料、减摩材料、摩擦材料、硬质合金、难熔金属材料、过滤材料、金属陶瓷、无偏析高速工具钢、磁性材料和耐热材料等。

2. 粉末冶金的特点

（1）适应性强。粉末冶金不仅可以选用传统加工的各种原材料，还可选用传统方法难以加工的各种原材料，如高熔点的钨、钼制品，高硬度的金属碳化物制品（WC、TiC、MoC 等）。

（2）可以生产特殊性能产品，如多孔含油轴承、耐磨减摩制品、多孔过滤制品、摩擦制品、高熔点高硬度制品、磁性制品、复合制品等，以及其他工艺难以完成的制品。

（3）生产工艺过程和设备简明，易于实现机械化、自动化，效率高，成本低，适合成批、大量生产。

（4）金属利用率高，可直接生产少无切削加工的金属制品，金属废损少且易于回收再生。

（5）模具和金属粉末成本较高。批量小或制品过大时不宜采用粉末冶金成型。

工业中常用的粉末冶金材料有硬质合金、含油轴承材料、铁基结构材料等。

3.硬质合金

硬质合金是以一种或几种难溶碳化物(WC、TiC等)的粉末为主要成分,加入作为黏结剂的金属(钴、镍等)粉末,采用粉末冶金方法而制得的合金。

1)硬质合金的特点

(1)硬度、耐磨性和热硬性高。硬质合金常温下硬度可达86~93 HRA,相当于69~81 HRC,在900~1 000 ℃温度下能保持高硬度,并有优良的耐磨性。与高速工具钢相比,硬质合金的切削速度可高4~7倍,寿命长5~80倍,可切削硬度高达50 HRC的硬质材料。

(2)强度、弹性模量高。硬质合金的抗压强度高达6 000 MPa,弹性模量为$(4\sim7)\times10^5$ MPa,都高于高速钢。但硬质合金的抗弯强度较低,一般为1 000~3 000 MPa。

(3)耐蚀性、抗氧化性好,一般能很好地耐大气、酸、碱等腐蚀,不易氧化。

(4)线膨胀系数小,工作时,形状和尺寸稳定。

(5)成型制品不再加工、重磨。由于硬质合金硬度高并有脆性,所以粉末冶金成型烧结后不再进行切削加工或重磨,如果需再加工,则只能采用电火花、线切割、电解磨等电加工或专门的砂轮磨削,通常硬质合金制成一定规格的制品,采用钎焊、胶接机械装夹在刀体或模具体上使用。

2)常用硬质合金及其应用

硬质合金主要用来制造高速切削刃具和硬、韧材料的切削刃具,以及制造冷作模具、量具和不受冲击、振动的高耐磨零件(如磨床精密轴承、车床顶尖等)。按成分和性能特点,硬质合金主要分为以下四类。

(1)钨钴类硬质合金。钨钴类硬质合金的主要成分是碳化钨(WC)和钴,常用牌号有YG3、YG6、YG8。牌号后的数字表示钴的质量分数,含钴量越高,则硬质合金的韧度和强度越高,但硬度和耐磨性稍有降低。钨钴类硬质合金适合加工脆性材料,如铸铁、非金属材料等。

(2)钨钛钴类硬质合金。钨钛钴类硬质合金的主要成分是碳化钨(WC)、碳化钛(TiC)及钴,常用牌号有YT5、YT15、YT30。牌号后的数字表示含TiC的质量分数,TiC的含量越高,硬质合金的耐磨性和热硬性越好。钨钛钴类硬质合金的热硬性比钨钴类硬质合金好,也不黏刀,但韧度和强度低些。钨钛钴类硬质合金适用于碳钢和合金钢的粗、精加工。

(3)钨钛钽(铌)类硬质合金。这类硬质合金含碳化钽(TaC),使硬质合金的热硬性显著提高,兼有上述两种硬质合金的优点,可用于不锈钢、耐热钢和高速钢等难加工材料的粗、精加工。钨钛钽(铌)类硬质合金常用牌号有YW1、YW2。

(4)钢结硬质合金。钢结硬质合金是近年发展起来的一种新型硬质合金。钢结硬质合金中碳化物较少,体积分数为30%~35%,黏结剂为各种合金钢或高速钢粉末。钢结硬质合金的热硬性和耐磨性比一般硬质合金低,但比高速钢好得多,韧性比一般硬质合金好。它可以像钢一样进行冷、热加工和热处理,是很有前途的工具材料。

【习题与思考题】

1. 钢中常存杂质元素有哪些?它们对钢的性能有何影响?

2. 与碳钢相比,合金钢具有哪些特点?

3. 何谓调质钢?为什么调质钢为中碳钢?合金调质钢中常有哪些合金元素?它们在调质钢中起什么作用?

4. 为什么汽车变速齿轮采用 20CrMnTi 钢制造,而机床变速齿轮采用 40 钢或 40Cr 钢制造?

5. 有一 ϕ10 mm 的杆类零件,受中等交变拉压载荷的作用,要求零件沿截面性能均匀一致,供选钢材的牌号有 16Mn、45、40Cr、T12。要求:①选择合适的材料;②编制简明工艺路线;③说明各热处理工序的主要作用;④指出最终组织。

6. 为什么合金弹簧钢多用 Si、Mn 作为主要合金元素?为什么采用中温回火?得到什么样的组织?其性能如何?

7. 说明下列钢中铬的作用。
(1)20Cr;(2)GCr15SiMn;(3)12Cr13;(4)4Cr9Si2。

8. T9 钢和 9SCr 钢都属于工具钢,它们在使用上有何不同?机用丝锥、木工刨刀、钳工锯条、铰刀、钳工量具应分别选用它们中的哪一种?

9. 为何 W18Cr4V 钢淬火温度高达 1 280 ℃?淬火后为什么要经三次 560 ℃回火?

10. 制造刀具的材料有哪些类别?列表比较它们的化学成分、热处理方法、性能特点、主要用途及常用代号。

11. 防止腐蚀的途径有哪几种?不锈钢中常用的合金元素有哪些?各起什么作用?

12. 外科手术刀、汽轮机叶片、硝酸槽常用何种不锈钢制造?

13. 何谓奥氏体不锈钢的固溶处理?目的是什么?

14. 指出下列牌号钢的类别、碳的质量分数、用途和热处理工艺:
(1)T8;(2)Q235;(3)40Cr;(4)20 CrMnTi;(5)20Cr13;(6)GCr15SiMn;(7)60Si2Mn;
(8)06Cr18Ni11Ti;(9)Cr12;(10)CrWMn;(11)ZGMn13-1。

15. 什么是耐磨钢的水韧处理?耐磨钢为什么既耐磨又有很好的韧性?耐磨钢在什么使用条件下才能够耐磨?

16. 与钢相比,铸铁的化学成分有何特点?铸铁作为工程材料有何优点?

17. 简述化学成分及冷却速度对灰铸铁石墨化过程的影响。

18. 灰铸铁、球墨铸铁、蠕墨铸铁、可锻铸铁的石墨形态有何不同?试论述石墨形态对铸铁性能的影响。

19. 白口铸铁、灰铸铁、钢三者的成分、组织和性能有何区别?

20. 说明下列铸铁的类别、主要性能指标及用途。
(1)HT200;(2)HT350;(3)QT400-18;(4)QT700-2;(5)QT900-2。

21. 制造下列零件应选择哪一类铸铁?并选择合适的牌号。
气缸套,齿轮箱,汽车的后桥壳,水管三通,空气压缩机的曲轴,载重卡车钢板弹簧支架,球磨机磨球,输油管,1 000～1 100 ℃加热炉炉底板。

22. 简述铝合金的性能特点及种类。

23. 硅铝明是指的哪一类铝合金?硅铝明为什么要进行变质处理?

24. 说明黄铜与青铜的主要应用。

25. 滑动轴承合金应具有哪些性能?它的组织有什么特点?常用的滑动轴承合金有哪些?

26. 指出下列代号、牌号的非铁合金的类别、主要合金元素及主要性能特点。
(1)ZL104;(2)ZL303;(3)5A02;(4)7A04;(5)2A06;(6)H62;(7)HSn62-1;(8)QSn10-0.2。

27. 简述硬质合金的性能特点及种类。

第7章 非金属材料及其他新型材料

7.1 高分子材料

高分子材料(polymer materials),是指以高分子化合物为基础的材料,包括橡胶(rubber)、塑料(plastic)、纤维(fiber)、涂料(coating)、胶粘剂(adhesive)和高分子基复合材料(polymer matrix composite)。高分子材料按来源分为天然(natural)高分子材料(如松香、天然橡胶、淀粉等)、半合成高分子材料(改性天然高分子材料)和合成(synthetic)高分子材料(如塑料、合成橡胶等)。人类社会一开始就利用天然高分子材料作为生活资料和生产资料,并掌握了天然高分子材料的加工技术,如利用蚕丝、棉、毛织成织物,用木材、棉、麻造纸等。19世纪30年代末期,进入天然高分子材料改性阶段,出现半合成高分子材料。1870年,美国人 Hyatt 用硝化纤维素和樟脑制得赛璐珞塑料。赛璐珞塑料是有划时代意义的一种人造高分子材料。1907年出现合成高分子酚醛树脂,标志着人类应用化学合成方法有目的地合成高分子材料的开始。1953年,德国科学家 Zieglar 和意大利科学家 Natta 发明了配位聚合催化剂,大幅度地扩大了合成高分子材料的原料来源,得到了一大批新的合成高分子材料,使聚乙烯(polyethylene)和聚丙烯这类通用合成高分子材料走入了千家万户,使合成高分子材料成为当代人类社会文明发展阶段的标志之一。现如今,高分子材料已与金属材料、无机非金属材料相同,成为科学技术、经济建设中的重要材料。本章主要介绍人工合成的工业高分子材料。

7.1.1 高分子材料分类

高分子材料的分类方法很多,常用的有以下几种。

(1)按用途,高分子材料可分为塑料、橡胶、纤维、胶粘剂、涂料等。塑料在常温下有固定的形状,强度较大,受力后能发生一定的变形。橡胶在常温下具有高弹性,而纤维的单丝强度高。有时把聚合后未加工的聚合物称为树脂(resin),如电木未固化前称为酚醛树脂。

(2)按聚合反应类型,高分子材料可分为加聚物和缩聚物。加聚物是由加成聚合反应(简称加聚反应,addition polymerization)得到的,链接结构与单体(monomer)结构相同,如聚乙烯;而缩聚物是由缩合聚合反应(简称缩聚反应,condensation polymerization)得到的,聚合过程中有小分子(水、氨等分子)副产物放出,如氨基酸的缩聚反应。

(3)按聚合物的热行为,高分子材料可分为热塑性聚合物(thermoplastic polymer)和热固性聚合物(thermosetting polymer)。热塑性聚合物的特点是热软冷硬,如聚乙烯;热固性聚合物受热时固化,成型后再受热不软化,如环氧树脂(epoxy resin)。

(4)按主链上的化学组成,高分子材料可分为碳链聚合物、杂链聚合物和元素有机聚合物。碳链聚合物的主链由碳原子一种元素组成,如—C—C—C—C—C—C—。杂链聚合物的主链除碳外还有其他元素,如—C—C—O—C—、—C—C—N—、—C—C—S—等。元素有机聚合物的主链由氧和其他元素组成,如—O—Si—O—Si—O—等。

(5)按高分子主链几何形状的不同,高分子材料可分为线型高聚物(linear polymer)、支链型高聚物(branched polymer)和体型高聚物(three dimension polymer)。高分子主链的几何形状如图 7-1 所示。

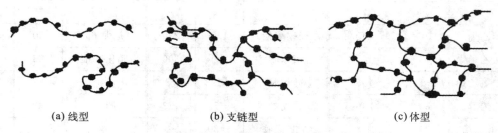

(a)线型   (b)支链型   (c)体型

图 7-1 高分子主链的几何形状

7.1.2 高分子材料的命名

高分子材料多采用习惯命名。高分子材料常用的命名方法有以下几种。

(1)在原料单体名称前加"聚"字,如聚乙烯、聚氯乙烯(polyvinyl chloride)等。

(2)在原料单体名称后加"树脂",如环氧树脂、酚醛树脂等。

(3)采用商品名称,如聚酰胺称为尼龙(nylon)或锦纶、聚酯(polyester)称为涤纶(terylene)、聚甲基丙烯酸甲酯称为有机玻璃(organic glass)等。

(4)采用英文字母缩写,如聚乙烯用 PE、聚氯乙烯用 PVC 等。

7.1.3 高分子材料的力学状态

1. 线型非晶态高聚物的力学状态

根据线型非晶态高聚物的温度-形变曲线,可以描述聚合物在不同温度下出现的 3 种力学状态,如图 7-2 所示。

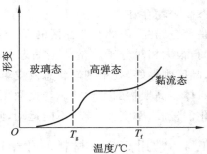

图 7-2 线型非晶态高聚物的温度-形变曲线

1)玻璃态(glassy state)

在低温下,分子运动能量低,链段不能运动,在外力的作用下,高聚物因大分子的原子发生微量位移而发生少量弹性变形。高聚物呈玻璃态的最高温度称为玻璃化温度(glass transition temperature),用 T_g 表示。在这种状态下使用的材料有塑料和纤维。

2)高弹态(rubbery state)

温度高于 T_g 时,分子活动能力增强,大分子的链段发生运动,因此高聚物受力时产生很大的弹性变形(可达 100%~1 000%)。在这种状态下使用的高聚物是橡胶。

3)黏流态(viscous state)

由于温度高,分子活动能力很强,在外力的作用下,大分子链可以相对滑动。黏流态是高分子材料的加工态,大分子链开始发生黏性流动的温度称为黏流温度(viscous flow temperature),用 T_f 表示。

一些常见高分子材料的 T_g 和 T_f 如表 7-1 所示。

表 7-1　常见高分子材料的 T_g 和 T_f

聚合物	$T_g/℃$	$T_f/℃$	聚合物	$T_g/℃$	$T_f/℃$	聚合物	$T_g/℃$	$T_f/℃$
聚乙烯	−80	100~300	聚甲醛	−50	165	乙基纤维素	43	—
聚丙烯	−80	170	聚砜	195	—	尼龙 6	75	210
聚苯乙烯	100	140	聚碳酸酯	150	230	尼龙 66	50	260
聚氯乙烯	85	165	聚苯醚	—	300	硝化纤维	53	700
聚偏二氯乙烯	−17	198	硅橡胶	−123	−80	涤纶	67	260
聚乙烯醇	85	240	聚异戊二烯	−73	122	腈纶	104	317
聚乙酸乙烯	29	90	丁苯橡胶	−60				
聚甲基丙烯酸甲酯	105	150	丁腈橡胶	−75				

2. 线型晶态高聚物和体型高聚物的力学状态

线型晶态高聚物的温度-形变曲线如图 7-3 所示。
图 7-3 中 T_m 为熔点。线型晶态高聚物分为一般相对分子质量和很大相对分子质量两种情况。一般相对分子质量线型晶态高聚物在低温时，链段不能活动，变形小，因此在 T_m 以下，与非晶态高聚物的玻璃态相似，温度高于 T_m 后进入黏流态。很大相对分子质量线型晶态高聚物存在高弹态（$T_m \sim T_f$）。由于高分子材料只是部分结晶，因此在非晶区的 T_g 至晶区的 T_m 温度区间，很大相对分子质量线型晶态高聚物非晶区柔性好，晶区刚性好，处于韧性状态及皮革态（leathery state）。

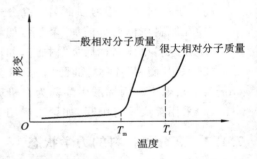

图 7-3　线型晶态高聚物的温度-形变曲线

体型高聚物的力学状态与交联点的密度有关：密度小，链段仍可运动，具有高弹态，如轻度硫化的橡胶；密度大，链段不能运动，此时 $T_g = T_f$，高聚物变得硬而脆，如酚醛树脂。

7.1.4　常用高分子材料的化学反应

1. 交联反应

交联反应（cross-linking reaction）是指大分子由线型结构转变为体型结构的过程。交联反应使聚合物的力学性能、化学稳定性提高，如树脂的固化、橡胶的硫化等。

2. 裂解反应

裂解反应（cracking reaction）是指大分子链在各种外界因素（光、热、辐射、生物等）的作用下断裂，相对分子质量下降的过程。

3. 高分子材料的老化

老化（aging）是指高分子材料在长期使用过程中，在受热、氧、紫外线、微生物等因素的作用下发生变硬变脆或变软发黏的现象。老化的主要原因是大分子的交联或裂解，可通过加入防老化剂、涂镀保护层等方法防止或延缓老化。

7.2 常用高分子材料

7.2.1 工程塑料

塑料是以树脂为主要组成,加入各种添加剂(additive),在一定温度、压力下可塑制成型,在玻璃态下使用并在常温下保持形状不变的高分子材料。塑料与橡胶、纤维的界限并不严格,橡胶在低温下、纤维在定向拉伸前都是塑料。由于塑料的原料丰富,制取方便,成型加工简单,成本低,并且不同塑料具有多种性能,因此塑料的应用非常广泛。

1. 塑料的组成

塑料的主要组分是树脂。树脂胶粘着塑料中的其他一切组成部分,并使塑料具有成型性能。树脂的种类、性质以及它在塑料中占有的比例大小,对塑料的性能起着决定性作用。因此,绝大多数塑料是以所用树脂命名的。

添加剂是为了改善塑料的某些性能而加入的物质。其中,填料(filler)是为了改善塑料的某些性能(如强度等)、扩大塑料的应用范围、降低成本而加入的一些物质。它在塑料中占有相当大的比例,可达 $20\%\sim50\%$(质量分数)。例如:加入铝粉可提高塑料的光反射能力和防老化;加入二硫化钼可提高塑料的润滑性;加入石棉粉可提高塑料的耐热性等。增塑剂(plasticizer)用来提高树脂的可塑性与柔顺性。塑料常用熔点低的低分子化合物(甲酸酯类、磷酸酯类)来增加大分子链间的距离,降低分子间的作用力,从而达到提高大分子链柔顺性的目的。固化剂(curing agent)加入后可在聚合物中生成横跨链,使分子交联,并使塑料由受热可塑的线型结构变成具有体型结构的热稳定塑料(如在环氧树脂中加入乙二胺等)。稳定剂(stabilizer)可以提高树脂在受热和光作用时的稳定性,防止塑料过早老化,延长塑料的使用寿命。常用的稳定剂有硬脂酸盐、铅的化合物及环氧化合物等。加入润滑剂(如硬脂酸等)可以防止塑料在成型过程中粘在模具或其他设备上,同时可使制品表面光亮美观。着色剂(pigment)可使塑料制品具有美观的颜色。其他的添加剂还有发泡剂(foaming agent)、催化剂(catalyst)、阻燃剂(flame retardant)、抗静电剂(antistatic agent)等。

2. 塑料的分类

(1)按树脂特征分类:依树脂受热时的行为,塑料分为热塑性塑料和热固性塑料;依树脂合成反应的特点,塑料分为聚合塑料和缩合塑料。

(2)按塑料的使用范围,塑料可分为通用塑料、工程塑料和特种塑料。通用塑料指产量大、价格低、用途广的塑料,主要指聚烯烃类塑料、酚醛塑料和氨基塑料。它们占塑料总产量的 3/4 以上,是一般工农业生产和生活中不可缺少的廉价材料。工程塑料是指作为结构材料在机械设备和工程结构中使用的塑料。工程塑料力学性能较高,耐热性、耐蚀性也较好,主要有聚酰胺、聚甲醛、聚碳酸酯、ABS 塑料、聚苯醚、聚砜、氟塑料等。特种塑料是指具有某些特殊性能的塑料,如医用塑料、耐高温塑料等。这类塑料产量少、价格贵,只用于有特殊需要的场合。

3. 塑料制品的成型

塑料的成型工艺形式多样,主要有注射成型(injection molding)、模压成型(compression molding)、浇注成型(casting)、挤压成型(extrusion forming)、吹塑成型(blow molding)、真空成

型(vacuum molding)等。

1)注射成型

注射成型又称注塑成型,在专门的注射机上进行,如图7-4所示。将颗粒或粉状塑料置于注射机的料筒内加热熔融,以推杆或旋转螺杆施加压力,使熔融塑料自料筒末端的喷嘴以较大的压力和速度注入闭合模具型腔内成型,然后冷却脱模,即可得到所需形状的塑料制品。注射成型是热塑性塑料的主要成型方法之一,近来也用于热固性塑料的成型。此法生产率很高,可以实现高度机械化、自动化生产,制品尺寸精确,可以生产形状复杂、壁薄和带金属嵌件的塑料制品,适用于大批量生产。

2)模压成型

模压成型是塑料成型中最早使用的一种方法。如图7-5所示,它将粉状、粒状或片状塑料放在金属模具中加热软化,在液压机的压力下使塑料充满模具成型,同时发生交联反应而固化,脱模后即得压塑制品。模压成型通常用于热固性塑料的成型,有时也用于热塑性塑料,如聚四氟乙烯由于熔液黏度极高,几乎没有流动性,也采用压模成型的方法。模压成型特别适用于形状复杂或带有复杂嵌件的制品,如电气零件、电话机件、收音机外壳、钟壳或生活用具等。

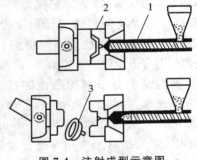

图7-4　注射成型示意图

1—注射机;2—模具;3—制品

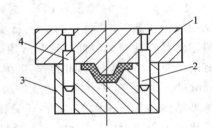

图7-5　模压成型示意图

1—上模;2,4—导柱;3—下模

3)浇注成型

浇注成型又称浇塑,类似于金属的浇注成型,有静态铸型、嵌铸型和离心铸型等方式。它是在液态的热固性或热塑性树脂中加入适量的固化剂或催化剂,然后浇入模具型腔中,在常压或低压下、常温或适当加热条件下,固化或冷却凝固成型。这种方法设备简单,操作方便,成本低,便于制作大型制件,但生产周期长,塑料的收缩率较大。

4)挤压成型

挤压成型又称挤塑成型,与金属型材挤压的原理相同。将原料放在加压筒内加热软化,利用加压筒中螺旋杆的挤压力,使塑料通过不同型孔或口模连续地挤出,以获得不同形状的型材,如管、棒、条、带、板及各种异型断面型材。挤压成型用于热塑性塑料各种型材的生产,一般需经二次加工才制成零件。

此外,塑料还有层压成型、模压烧结等成型方法,以适应不同品种塑料和制品的需要。

4. 塑料的加工

塑料的加工即塑料成型后的再加工,亦称二次加工,主要工艺方法有机械加工、连接和塑料制品的表面处理。

1）机械加工

塑料具有良好的切削加工性能,塑料的机械加工与金属切削的工艺方法和设备相同,只是由于塑料的切削工艺性能和金属不同,因此所用的切削工艺参数和刀具几何形状及操作方法与金属切削有所差异。可用金属切削机床对塑料进行车、铣、刨、磨、钻及抛光等各种形式的机械加工。但塑料的散热性差、弹性大,加工时容易引起工件的变形、表面粗糙,有时可能出现分层、开裂,甚至崩落或伴随发热等现象。因此,加工塑料时,切削刀具的前角与后角要大、刃口应锋利,切削时要充分冷却,装夹时不宜过紧,切削速度要高,进给量要小,以获得光洁的表面。

2）连　接

塑料间、塑料与金属或其他非金属的连接,除用一般的机械连接方法外,还有热熔接、胶粘剂粘接等连接方法。

3）塑料制品的表面处理

为了改善塑料制品的某些性能、美化塑料制品的表面、防止塑料制品的老化、延长塑料制品的使用寿命,通常采用表面处理。塑料制品表面处理的主要方法有涂漆、镀金属(铬、银、铜等)。镀金属可以采用喷镀或电镀。

5. 塑料的性能特点

塑料的性能优点是:相对密度小,一般为 0.9～2.3,比强度高,这对交通运输工具来说是非常有利的;耐蚀性好,对一般化学药品都有很强的耐蚀能力,如聚四氟乙烯在煮沸的“王水”中也不受影响;电绝缘性能好,大量应用在电子工业中;摩擦因数较小,并耐磨,可应用在轴承、齿轮、活塞环、密封圈等中,在无润滑油的情况下也能有效地工作;有消声吸振性,制作传动摩擦零件可减小噪声、改善环境。

塑料的性能缺点是:刚性差、强度低,一般情况下塑料的弹性模量只有钢铁材料的 1/100～1/10,强度只有 30～100 MPa,用玻璃纤维增强的尼龙强度也只有 200 MPa,相当于铸铁的强度;耐热性差,大多数塑料只能在 100 ℃以下使用,只有少数塑料可以在超过 200 ℃的环境下使用;热胀系数大、热导率小,塑料的线胀系数是钢铁的 10 倍,因而塑料与钢铁的结合较为困难;热导率只有金属的 1/600～1/200,因而散热不好,不利于制作摩擦零件;蠕变温度低,金属在高温下才发生蠕变,而塑料在室温下就会有蠕变出现(称为冷流);有老化现象;在某些溶剂中会发生溶胀或应力开裂。

6. 常用工程塑料

1）常用热塑性塑料

(1)聚酰胺(尼龙、绵纶、PA)。聚酰胺是最早发现能够承受载荷的热塑性塑料,在机械工业中应用比较广泛。各种聚酰胺的性能如表 7-2 所示。

表 7-2　各种聚酰胺的性能

名　称	相对密度	拉伸强度/MPa	抗压强度/MPa	抗弯强度/MPa	伸长率/(%)	弹性模量/MPa	熔点/℃	24 h 吸水率/(%)
尼龙 6	1.13～1.15	54～78	60～90	70～100	150～250	830～2 600	215～223	1.9～2.0
尼龙 66	1.14～1.15	57～83	90～120	100～110	60～200	1 400～3 300	265	1.5
尼龙 610	1.08～1.09	47～60	70～90	70～100	100～240	1 200～2 300	210～223	0.5
尼龙 1010	1.04～1.06	52～55	55	82～89	100～250	1 600	200～210	0.39

尼龙 6、尼龙 66、尼龙 610、尼龙 1010、铸型尼龙(MC 尼龙)和芳香尼龙常应用于机械工业。聚酰胺由于强度较高,耐磨性、自润滑性好,且耐油、耐蚀、消声、减振,因而被大量用于制造小型零件(齿轮、涡轮等)以替代有色金属及其合金。但聚酰胺易吸水,吸水后性能及尺寸将发生很大的变化,使用时应特别注意。

铸型尼龙是通过简便的聚合工艺使单体直接在模具内聚合成型的一种特殊尼龙。它的力学性能、物理性能比一般尼龙更好,可制造大型齿轮、轴套等。

芳香尼龙具有耐磨、耐蚀及很好的电绝缘性等优点,在 95% 的相对湿度下,性能不受影响,能在 200 ℃ 温度下长期使用,是聚酰胺中耐热性最好的品种。它可用于制作高温下耐磨的零件、H 级绝缘材料和宇航服等。

(2)聚甲醛(POM)。聚甲醛是以线型晶态高聚物甲醛树脂为基的塑料,可分为均聚甲醛、共聚甲醛两种。聚甲醛的性能如表 7-3 所示。

表 7-3　聚甲醛的性能

名称	相对密度	结晶度/(%)	熔点/℃	拉伸强度/MPa	弹性模量/MPa	伸长率/(%)	压缩强度/MPa	弯曲强度/MPa	24 h 吸水率/(%)
均聚甲醛	1.43	75～85	175	70	2 900	15	125	980	0.25
共聚甲醛	1.41	70～75	165	62	2 800	12	110	910	0.22

聚甲醛的结晶度可达 85%,有明显的熔点和高强度、高弹性模量等优良的综合力学性能。聚甲醛的强度与金属相近,摩擦因数小并有自润滑性,因而耐磨性好。另外,它还具有耐水、耐油、耐化学腐蚀、绝缘性好等优点。聚甲醛的缺点是热稳定性差,易燃,长期在大气中暴晒会老化。

聚甲醛价格低廉,且性能优于聚酰胺,可代替有色金属及其合金,并逐步取代聚酰胺制作轴承、衬套等。

(3)聚砜(PSF)。聚砜是以透明微黄色的线型非晶态高聚物聚砜树脂为基的塑料。它的性能如表 7-4 所示。

表 7-4　聚砜的性能

项目	相对密度	拉伸强度/MPa	弹性模量/MPa	伸长率/(%)	压缩强度/MPa	弯曲强度/MPa	24 h 吸水率/(%)
数值	1.24	85	2 500～2 800	20～100	87～95	105～125	0.12～0.22

聚砜的强度高、弹性模量大、耐热性好,最高使用温度可达 150～165 ℃,蠕变抗力高,尺寸稳定性好。它的缺点是耐溶剂性差。聚砜主要用于制作要求高强度、耐热、抗蠕变的结构件、仪表零件和电气绝缘零件,如精密齿轮、凸轮、真空泵的叶片、仪器仪表的壳体、仪表盘、电子计算机的积分电路板等。此外,聚砜具有良好的可电镀性,可通过电镀金属制成印制电路板和印制电路薄膜。

(4)聚碳酸酯(PC)。聚碳酸酯是以透明的线型部分结晶高聚物聚碳酸酯树脂为基的新型热塑性工程塑料。它的性能如表 7-5 所示。

表 7-5　聚碳酸酯的性能

项目	拉伸强度/MPa	弹性模量/MPa	伸长率/(%)	压缩强度/MPa	弯曲强度/MPa	熔点/℃	使用温度/℃
数值	66～70	2 200～2 500	～100	83～88	106	220～230	～100～140

聚碳酸酯的透明度为 86%～92%,被誉为透明金属。它具有优异的冲击韧度和尺寸稳定性,有较高的耐热性和耐寒性,使用温度范围为 -100～+140 ℃,有良好的绝缘性和加工成型性。它的缺点是化学稳定性差,易受碱、胺、酮、芳香烃的侵蚀,在四氯化碳中会发生应力开裂现象。聚碳酸酯主要用于制造高精度的结构零件,如齿轮、蜗轮、蜗杆、防弹玻璃、飞机挡风罩、座舱盖和其他高级绝缘材料。例如,波音 747 飞机上有 2 500 个零件用聚碳酸酯制造,质量达 2 t。

(5)ABS 塑料。ABS 塑料是以丙烯腈(A)、丁二烯(B)、苯乙烯(S)的三元共聚物 ABS 树脂为基的塑料,可分为不同级别,如表 7-6 所示。

表 7-6　ABS 塑料的性能

级别(温度)	相对密度	拉伸强度/MPa	弹性模量/MPa	抗压强度/MPa	抗弯强度/MPa	24 h 吸水率/(%)
超高冲击型	1.05	35	1 800	—	62	0.3
高、中冲击型	1.07	63	2 900	—	97	0.3
低冲击型	1.07	21～28	700～1 800	18～39	25～46	0.2
耐热型	1.06～1.08	53～56	2 500	70	84	0.2

ABS 塑料兼有聚丙烯腈的高化学稳定性和高硬度、聚丁二烯的橡胶态韧性和弹性、聚苯乙烯的良好成型性,因此 ABS 塑料具有较高的强度和冲击韧度、良好的耐磨性和耐热性、较高的化学稳定性和绝缘性,以及易成型、机械加工性好等优点。它的缺点是耐高温性、耐低温性差,易燃,不透明。

ABS 塑料应用较广,主要用于制造齿轮、轴承、仪表盘壳、冰箱衬里以及各种容器、管道、飞机舱内装饰板、窗框、隔音板等。

(6)聚四氟乙烯(PTFE、特氟隆)。聚四氟乙烯是以线型晶态高聚物聚四氟乙烯为基的塑料。它的性能如表 7-7 所示。

表 7-7　聚四氟乙烯的性能

项目	相对密度	拉伸强度/MPa	弹性模量/MPa	伸长率/(%)	抗压强度/MPa	抗弯强度/MPa	24 h 吸水率/(%)
数值	2.1～2.2	14～30	400	250～315	42	11～14	<0.005

聚四氟乙烯的结晶度为 55%～75%,熔点为 327 ℃,具有优异的耐化学腐蚀性,不受任何化学试剂的侵蚀,即使在高温下及强酸、强碱、强氧化剂中也不受腐蚀,故有塑料之王之称。它还具有较突出的耐高温性和耐低温性,在 -195～+250 ℃ 范围内长期使用力学性能几乎不发

生变化。聚四氟乙烯的摩擦因数小(0.04),有自润滑性,吸水性小,在极潮湿的条件下仍能保持良好的绝缘性。但聚四氟乙烯的硬度、强度低,尤其是抗压强度不高,成本较高。

它主要用于制作减摩密封件、化工机械中的耐蚀零件及高频或潮湿条件下的绝缘材料,如化工管道、电气设备、腐蚀介质过滤器等。

(7)聚甲基丙烯酸甲酯(PMMA、有机玻璃)。聚甲基丙烯酸甲酯是目前最好的透明材料之一,透光率在92%以上,比普通玻璃好。它的相对密度小(1.18),仅为玻璃的一半,还具有较高的强度和韧性、不易破碎、耐紫外线、防大气老化、易于加工成型等优点。但聚甲基丙烯酸甲酯的硬度不如玻璃高,耐磨性差,易溶于有机溶剂。另外,它的耐热性差(使用温度不能超过180 ℃),导热性差,热胀系数大。

聚甲基丙烯酸甲酯的主要用途是制作飞机座舱盖、炮塔观察孔盖、仪表灯罩及光学镜片,也可制作防弹玻璃、电视和雷达标图的屏幕、汽车风挡、仪器设备的防护罩等。

2)常见热固性塑料

热固性塑料的种类很多,大都是经过固化处理和获得的。所谓固化处理,就是在树脂中加入固化剂并压制成型,使树脂由线型聚合物变成体型聚合物的过程。常见热固性塑料的性能如表 7-8 所示。

表 7-8　常见热固性塑料的性能

名称	24 h 吸水率/(%)	耐热温度/℃	拉伸强度/MPa	弹性模量/MPa	抗压强度/MPa	抗弯强度/MPa	成型收缩率/(%)
酚醛塑料	0.01～1.2	100～150	32～63	5 600～35 000	80～210	50～10	0.3～1.0
脲醛塑料	0.4～0.8	100	38～91	7 000～10 000	175～310	70～100	0.4～0.6
三聚氰胺塑料	0.08～0.14	140～145	38～49	13 600	210	45～60	0.2～0.8
环氧塑料	0.03～0.20	130	15～70	21 280	54～210	42～100	0.05～1.0
有机硅塑料	2.5 mg/cm²	200～300	32	11 000	137	25～70	0.5～1.0
聚氨酯泡沫塑料	0.02～1.5	—	12 ～70	700～7 000	140	5～31	0～2.0

(1)酚醛塑料。酚醛塑料是以酚醛树脂为基,加入木粉、布、石棉、纸等填料,经固化处理而形成的交联型热固性塑料。它具有较高的强度和硬度,较高的耐热性、耐磨性、耐蚀性及良好的绝缘性,广泛用于机械、电气、电子、航空、船舶、仪表等工业中,如制作齿轮、耐酸泵、雷达罩、仪表外壳等。

(2)环氧塑料(EP)。环氧塑料是以环氧树脂为基,加入各种添加剂经固化处理形成的热固性塑料,具有比强度高,耐热性、耐蚀性、绝缘性及加工成型性好的优点,缺点是价格昂贵。它主要用于制作模具、精密量具、电气及电子元件等重要零件。

常用工程塑料的性能和应用如表 7-9 所示。

表 7-9　常用工程塑料的性能和应用

名称 （代号）	密度/ （g/cm³）	拉伸强度/ MPa	冲击韧度/ （J/cm²）	特点	应用举例
聚酰胺	1.04～1.15	47～83	0.38	坚韧、耐磨、耐疲劳、耐油、耐水、抗霉菌、无毒、吸水性大	轴承、齿轮、凸轮、导板、轮胎帘布等
聚甲醛	1.41～1.43	62～70	0.75	综合性能良好，强度、刚度、冲击韧度、抗疲劳、抗蠕变等性能均较高，耐磨性好，吸水性好，尺寸稳定性好	轴承、衬垫、齿轮、叶轮、阀、管道、化学容器
聚砜	1.24	85	0.69～0.79	耐热性、耐寒性、抗蠕变性及尺寸稳定性优良，耐酸、碱及高温蒸汽，可电镀性良好	精密齿轮、凸轮、真空泵叶片、仪表壳、仪表盘、印制电路板等
聚碳酸酯	1.2	66～70	6.3～7.4	冲击韧度突出，力学性能良好，尺寸稳定性好，无色透明，吸水性好，耐热性好，不耐碱、酮、芳香烃，有应力开裂倾向	齿轮、齿条、蜗轮、蜗杆、防弹玻璃、电容器等
共聚丙烯腈-丁二烯-苯乙烯（ABS）	1.05～1.08	21～56	0.6～5.2	综合性能较好，耐冲击，尺寸稳定性好	齿轮轴承、仪表盘壳、窗框、隔音板等
聚四氟乙烯	2.1～2.2	14～30	1.6	耐蚀性、耐老化性及电绝缘性，吸水性好，可在－195～250 ℃温度条件下长期使用，但加热后黏度大，不能注射成型	化工管道泵、内衬、电气设备隔离防护屏等
聚甲基丙烯酸甲酯	1.19	60～70	1.2～1.3	透明度高，密度小，高强度，韧性好，耐紫外线和防大气老化，但硬度低，耐热性差，易溶于极性有机溶剂	光学镜片、飞机座舱盖、窗玻璃、汽车风挡、电视屏幕等
酚醛塑料	1.24～2.0	32～63	0.06～2.17	力学性能变化范围宽，耐热性、耐磨性、耐蚀性好，绝缘性良好	齿轮、耐酸泵、制动片、仪表外壳、雷达罩等
环氧塑料	1.1	130	0.44	比强度高，耐热性、耐蚀性、绝缘性好，易于加工成型，但成本较高	模具、精密量具、电气和电子元件等

7. 塑料在机械工程中的应用

塑料在工业上应用的历史比金属材料要短得多，因此，塑料的选材原则、方法与过程，基本是参照金属材料。应根据各种塑料的使用和工艺性能特点，结合具体的塑料零件结构设计进行合理选材，尤其应注意工艺和试验结果，综合评价，最后确定选材方案。以下介绍机械上几种常用零件的塑料选材。

1）一般结构件

一般结构件包括各类机械上的外壳、手柄、手轮、支架、仪器仪表的底座、罩壳、盖板等。这些构件在使用时负荷小，通常只要求具有一定的机械强度和耐热性，因此，一般选用价格低廉、成型性好的塑料，如聚氯乙烯、聚乙烯、聚丙烯、聚苯乙烯、ABS 塑料等。制品常与热水或蒸汽接触或稍大的壳体结构件有刚性要求时，可选用聚碳酸酯、聚砜；要求透明的零件，可选用有机玻璃、聚苯乙烯或聚碳酸酯等。

2）普通传动零件

普通传动零件包括机器上的齿轮、凸轮、蜗轮等。这类零件要求有较高的强度，较好的韧性、耐磨性、耐疲劳性及尺寸稳定性，可选用的材料有尼龙、聚甲醛、聚碳酸酯、增强增塑聚酯、增强聚丙烯等。例如，大型齿轮和蜗轮，可选用铸型尼龙浇注成型，需要高的疲劳强度时选用聚甲醛，在腐蚀介质中工作可选用聚氯醚，聚四氟乙烯充填的聚甲醛可用于有重载摩擦的场合。

3）摩擦零件

摩擦零件主要包括轴承、轴套、导轨和活塞环等。这类零件要求强度一般，但摩擦因数小、自润滑性良好，并具有一定的耐油性和热变形温度，可选用的塑料有低压聚乙烯、尼龙 1010、铸型尼龙、聚氯醚、聚甲醛、聚四氟乙烯。由于塑料的热导率小，线胀系数大，因此，只有在低负荷、低速条件下才适宜选用。

4）耐蚀零件

耐蚀零件主要应用在化工设备上，在其他机械工程结构中应用也甚广。由于不同的塑料品种耐蚀性能各不相同，因此，要依据所接触的不同介质来选择。全塑结构的耐蚀零件，还要求具有较高的强度和热变形性能。常用耐蚀性塑料有聚丙烯、硬聚氯乙烯、填充聚四氟乙烯、聚全氟乙丙烯、聚三氟氯乙烯等。还有的耐蚀工程结构采用塑料涂层结构或多种材料的复合结构，既保证了工作面的耐蚀性，又提高了支承强度、节约了材料。通常选用热胀系数小、黏附性好的树脂及其玻璃钢作衬里材料。

5）电气零件

塑料用于制作电气零件，主要是利用塑料优异的绝缘性能（填充导电性填料的塑料除外）。用于工频低压下的普通电气元件的塑料有酚醛塑料、氨基塑料、环氧塑料等；用于高压电器的绝缘材料要求耐压强度高、介电常数小、抗电晕性及耐候性优良，常用塑料有交联聚乙烯、聚碳酸酯、氟塑料和环氧塑料等。用于高频设备中的绝缘材料有聚四氟乙烯、聚全氟乙丙烯及某些纯碳氢的热固性塑料，也可选用聚酰亚胺、有机硅树脂、聚砜、聚丙烯等。

7.2.2 橡胶

橡胶是具有可逆形变的高弹性聚合物材料。它在室温下富有弹性,在很小的外力作用下能产生较大的形变,除去外力后能恢复原状。橡胶属于完全无定形聚合物,它的玻璃化温度低,相对分子质量往往很大(大于几十万)。橡胶的分子链可以交联,交联后的橡胶受外力作用发生变形时,具有迅速复原的能力,并具有良好的物理性能、力学性能和化学稳定性。

橡胶分为天然橡胶与合成橡胶两种。从橡胶树、橡胶草等植物中提取胶乳,经凝聚、洗涤、成型、干燥即得具有弹性、绝缘性,不透水和空气的天然橡胶;合成橡胶由各种单体经聚合反应而得,采用不同的原料(单体)可以合成出不同种类的橡胶。1900—1910 年化学家 C. D. 哈里斯(Harris)测定出天然橡胶的结构是异戊二烯的高聚物,为人工合成橡胶开辟了途径。1910 年,俄国化学家列别捷夫以金属钠为引发剂使 1,3-丁二烯聚合成丁钠橡胶,以后又陆续出现了许多新的合成橡胶品种,如顺丁橡胶、氯丁橡胶、丁苯橡胶等。现在,合成橡胶的产量已大大超过天然橡胶,其中产量最大的是丁苯橡胶。

橡胶是橡胶工业的基本原料,广泛用于制造轮胎、胶管、胶带、电缆及其他各种橡胶制品。

1. 橡胶的组成

1)生胶

生胶是橡胶制品的主要组分部分,它的来源可以是天然的,也可以是合成的。生胶在橡胶制备过程中不但起着黏结其他配合剂的作用,而且是决定橡胶品质性能的关键因素。使用的生胶种类不同,橡胶制品的性能也不同。

2)配合剂

配合剂是为了提高和改善橡胶制品的各种性能而加入的物质,主要有硫化剂、硫化促进剂、防老剂、软化剂、填充剂、发泡剂及着色剂等。

2. 橡胶的性能特点

橡胶最显著的性能特点是有高弹性。橡胶有高弹性的主要表现为在较小的外力作用下就能产生很大的变形,且在外力去除后又能很快恢复到近似原来的状态。橡胶有高弹性的另一个表现为橡胶的宏观弹性变形量可高达 100% ~1 000%。另外,橡胶还具有优良的伸缩性和可贵的积储能量的能力,良好的耐磨性、绝缘性、隔音性和阻尼性,一定的强度和硬度。橡胶成为常用的弹性材料、密封材料、减振防振材料、传动材料、绝缘材料。

3. 橡胶的分类

按原料来源,橡胶可分为天然橡胶和合成橡胶两大类。按应用范围,橡胶又可分为通用橡胶和特种橡胶两类。通用橡胶是指用于制造轮胎、工业用品、日常用品的量大面广的橡胶;特种橡胶是指用于制造在特殊条件(高温、低温、酸、碱、油、辐射等)下使用的零部件的橡胶。按形态,橡胶还可分为块状生胶、乳胶、液体橡胶和粉末橡胶。乳胶为橡胶的胶体状水分散体;液体橡胶为橡胶的低聚物,未硫化前一般为黏稠的液体;粉末橡胶是将乳胶加工成粉末状,以利于配料和加工制作。

4.常用橡胶材料

1)天然橡胶

天然橡胶具有较高的弹性、较好的力学性能、良好的电绝缘性及耐碱性,是一类综合性能较好的橡胶。它的缺点是耐油性、耐溶胶性较差,耐臭氧老化性差,不耐高温及浓强酸。天然橡胶主要用于制造轮胎、胶带、胶管等。

2)通用合成橡胶

(1)丁苯橡胶。它是由丁二烯和苯乙烯共聚而成的,耐磨性、耐热性、耐油性、抗老化性均比天然橡胶好,并能以任意比例与天然橡胶混用,且价格低廉。它的缺点是生胶强度低、黏结性差、成型困难、硫化速度慢,制成的轮胎弹性不如天然橡胶。丁苯橡胶主要用于制造汽车轮胎、胶带、胶管等。

(2)顺丁橡胶。它由丁二烯聚合而成,弹性、耐磨性、耐寒性均优于天然橡胶,是制造轮胎的优良材料。它的缺点是强度较低,加工性能差,抗撕性差。顺丁橡胶主要用于制造轮胎、胶带、弹簧、减振器、电绝缘制品等。

(3)氯丁橡胶。它由氯丁二烯聚合而成。氯丁橡胶不仅具有可与天然橡胶比拟的高弹性、高绝缘性、较高的强度和高耐碱性,而且具有天然橡胶和一般通用橡胶所没有的优良性能,如耐油、耐溶剂、耐氧化、耐老化、耐酸、耐热、耐燃烧、耐挠曲等性能,有万能橡胶之称。它的缺点是耐寒性差、密度大、生胶稳定性差。氯丁橡胶应用广泛,由于耐燃烧,因而可用于制作矿井的运输带、胶管、电缆,也可制作高速 V 带及各种垫圈等。

(4)乙丙橡胶。它由乙烯与丙烯共聚而成,具有结构稳定,抗老化能力强,绝缘性、耐热性、耐寒性好,在酸、碱中耐蚀性好等优点。它的缺点是耐油性差、黏着性差、硫化速度慢。乙丙橡胶主要用于制造轮胎、蒸汽胶管、耐热输送带、高压电线管套等。

3)特种合成橡胶

(1)丁腈橡胶。它由丁二烯与丙烯腈聚合而成,耐油性好,耐热、耐燃烧、耐磨、耐碱、耐有机溶剂,抗老化。它的缺点是耐寒性差,脆化温度为-10~-20 ℃,耐酸性和绝缘性差。丁腈橡胶主要用于制作耐油制品,如油箱、储油槽、输油管等。

(2)硅橡胶。它由二甲基硅氧烷与其他有机硅单体共聚而成。硅橡胶具有高耐热性和耐寒性,在-100~350 ℃范围内保持良好的弹性,抗老化能力强,绝缘性好。它的缺点是强度低,耐磨性、耐酸性差,价格较贵。硅橡胶主要用于航空航天中的密封件、薄膜、胶管和耐高温的电线、电缆等。

(3)氟橡胶。它是以碳原子为主链,含有氟原子的聚合物。它的化学稳定性高,耐蚀性能居各类橡胶之首,耐热性好,最高使用温度为 300 ℃。它的缺点是价格昂贵,耐寒性差,加工性能不好。氟橡胶主要用于国防和高技术中的密封件,如火箭、导弹的密封垫圈及化工设备中的衬里等。

常用橡胶的种类、性能和用途如表 7-10 所示。

表7-10 常用橡胶的种类、性能和用途

类别	名称(代号)	生胶密度/(g/cm³)	拉伸强度/MPa 未补强硫化胶	拉伸强度/MPa 补强硫化胶	伸长率/(%) 未补强硫化胶	伸长率/(%) 补强硫化胶	回弹率/(%)	最高使用温度/℃	脆化温度/℃	主要特征	用途举例
通用橡胶	天然橡胶(NR)	0.90~0.95	17~29	25~35	650~900	650~900	70~95	100	-55~-70	高弹性、高强度、绝缘、耐磨、耐寒、防振	制作轮胎、胶管、胶带、电线电缆绝缘层及其他通用橡胶制品
	异戊橡胶(IR)	0.92~0.94	20~30	20~30	800~1200	600~900	70~90	100	-55~-70	合成天然橡胶、耐水、绝缘、耐老化	可代替天然橡胶作轮胎、胶管、胶带及其他通用橡胶制品
	丁苯橡胶(SBR)	0.92~0.94	2~3	15~20	500~800	500~800	60~80	120	-30~-60	耐磨、耐老化，其余同天然橡胶	代替天然橡胶轮胎、胶板、胶管及其他通用橡胶制品
	顺丁橡胶(BR)	0.91~0.94	1~10	18~25	200~900	450~800	70~95	120	-73	高弹、耐磨、耐老化、耐寒	一般和天然橡胶或丁苯橡胶混用、主要用于制作轮胎胎面、运输带和特殊耐寒制品
	氯丁橡胶(CR)	1.15~1.30	15~20	15~17	800~1000	800~1000	50~80	150	-35~-42	抗氧和臭氧、耐酸碱油、阻燃、气密	制作重型电缆护套、胶管、胶带和化工设备衬里、耐燃地下采矿用品及汽车门窗的嵌条、密封圈
	丁基橡胶(IIR)	0.91~0.93	14~21	17~21	650~850	650~800	20~50	170	-30~-55	耐老化、耐热、防振、气密、耐酸碱油	主要制作内胎、水胎、电线电缆绝缘层、化工设备衬里及防振制品、耐热运输带等
	丁腈橡胶(NBR)	0.96~1.20	2~4	15~30	300~800	300~800	5~65	170	-10~-20	耐油、耐热、耐水、气密、黏结力强	主要用于制作各种耐油制品，如耐油胶管、密封圈、储油槽衬里等，也可用于制作耐热运输带

类别	名称（代号）	生胶密度 /(g/cm³)	拉伸强度/MPa		伸长率/(%)		回弹率 /(%)	最高使用温度 /℃	脆化温度 /℃	主要特征	用途举例
			未补强硫化胶	补强硫化胶	未补强硫化胶	补强硫化胶					
特种橡胶	乙丙橡胶（EPDM）	0.86~0.87	3~6	15~25		400~800	50~80	150	-40~-60	密度小、化学稳定、耐候、耐热、绝缘	主要用于制作化工设备衬里、电线电缆绝缘层、耐热运输带、汽车零件及其他工业制品
	氯磺化聚乙烯橡胶（CSM）	1.11~1.13	8.5~24.5	7~20		100~500	30~60	150	-20~-60	耐臭氧、耐日光老化、耐候	制作臭氧油垫圈密封材料、耐油包皮及绝缘电线电缆层、耐腐蚀衬件及化工设备衬里等
	丙烯酸酯橡胶（AR）	1.09~1.10		7~12		400~600	30~40	180	0~-30	耐油、耐热、耐氧、耐日光老化、气密	用于制作一切需要耐油、耐热、耐老化的制品,如耐热、耐油软管等
	聚氨酯橡胶（UR）	1.09~1.30		20~35		300~800	40~90	80	-30~-60	高强、耐磨、耐油、耐日光老化、气密	用于制作轮胎零件、垫圈、防振制品及其他要求耐磨、高强度零件
	硅橡胶（SR）	0.95~1.40	2~5	4~10	40~300	50~500	50~85	315	-70~-120	耐高低温、绝缘	制作耐高低温制品、耐高温电绝缘制品
	氟橡胶（FPM）	1.80~1.82	10~20	20~22	500~700	100~500	20~40	315	-10~-50	耐高温、耐酸碱油、抗辐射、高真空性	耐化学腐蚀制品,如化工设备衬里、垫圈、高级密封件、高真空橡胶件
	聚硫橡胶（PSR）	1.35~1.41	0.7~1.4	9~15	300~700	100~700	20~40	180	-10~-40	耐油、耐化学介质、气密	综合性能较差,有催泪性气味,易燃,工业上很少采用,仅用于制作密封腻子或油库覆盖层
	氯化聚乙烯橡胶（CPE）	1.16~1.32		>15	400~500					耐候、耐臭氧、耐酸碱油水、耐磨	制作电线电缆护套、胶带、胶管、胶辊、化工衬里

7.2.3 合成纤维

凡能使长度比本身直径大 100 倍的均匀条状或丝状的高分子材料均称纤维。纤维可分为天然纤维和化学纤维两大类。化学纤维又可分为人造纤维和合成纤维。人造纤维用自然界的纤维加工制成,如黏胶纤维和醋酸纤维等。合成纤维是将人工合成的、具有适宜相对分子质量并具有可溶(或可熔)性的线型聚合物,经纺丝成形和后处理而制得的,如图 7-6、图 7-7 所示。通常将这类具有成纤性能的聚合物称为成纤聚合物。与天然纤维和人造纤维相比,合成纤维的原料是由人工合成的方法制得的,生产不受自然条件的限制。除了具有化学纤维的一般优越性能,如强度高、质轻、易洗快干、弹性好、不怕霉蛀等外,不同品种的合成纤维各具有某些独特性能,因此合成纤维发展很快。产量最多(占总产量的 90%)的合成纤维有以下六大品种。

  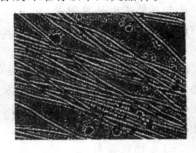

图 7-6　合成纤维　　　　　　　　图 7-7　显微镜下的聚乳酸纤维

(1)涤纶:又叫的确良,具有高强度、耐磨、耐蚀、易洗快干等优点,是很好的衣料纤维。

(2)尼龙:在我国又称绵纶,强度大、耐磨性好、弹性好,主要缺点是耐光性差。

(3)腈纶:在国外叫奥纶、开米司克,柔软、轻盈、保暖,有人造羊毛之称。

(4)维纶:原料易得,成本低,性能与棉花相似且强度高,缺点是弹性较差、织物易皱。

(5)丙纶:后起之秀,发展快,以轻、牢、耐磨著称,缺点是可染性差、晒易老化。

(6)氯纶:难燃、保暖、耐晒、耐磨、弹性好,染色性差、热收缩大限制了它的应用。

7.2.4 合成胶粘剂

1. 胶粘剂的组成

胶粘剂(adhesive)又称黏结剂、胶合剂或胶水,有天然胶粘剂和合成胶粘剂之分,也可分为有机胶粘剂和无机胶粘剂。它的主要组成除基料(一种或几种高聚物)外,还有固化剂、填料、增塑剂、增韧剂、稀释剂、促进剂及着色剂。

2. 胶接的特点

用胶粘剂把物品连接在一起的方法称为胶接,也称粘接。与其他连接方法相比,胶接有以下特点。

(1)整个胶接面都能承受载荷,因此强度较高,而且应力分布均匀,避免了应力集中,耐疲劳性好。

(2)可连接不同种类的材料,而且可用于薄形零件、脆性材料以及微型零件的连接。

(3)胶接结构质量轻,表面光滑美观。

(4)具有密封作用,而且胶粘剂的电绝缘性好,可以防止金属发生电化学腐蚀。

(5)胶接工艺简单,操作方便。

3. 常用胶粘剂

1)环氧胶粘剂

环氧胶粘剂的基料主要使用环氧树脂,我国使用最广的环氧树脂是双酚 A 型环氧树脂。环氧胶粘剂性能较全面,应用广,俗称万能胶。为满足各种需求,环氧胶粘剂有很多配方。

2)改性酚醛树脂胶粘剂

酚醛树脂胶粘剂的耐热性、耐老化性好,胶接强度也高,但脆性大、固化收缩率大,常加其他树脂改性后使用。

3)聚氨酯胶粘剂

它的柔韧性好,可低温使用,但不耐热、强度低,通常作为非结构胶使用。

4)α-氰基丙烯酸酯胶

它是常温快速固化胶粘剂,又称为瞬干胶。它的胶接性好,但耐热性和耐溶性较差。

5)厌氧胶

这是一种常温下有氧时不能固化,排掉氧后即能迅速固化的胶。它的主要成分是甲基丙烯酸的双酯,根据使用条件加入引发剂。厌氧胶有良好的流动性和密封性,且耐蚀性、耐热性、耐寒性均比较好,主要用于螺纹的密封(因为强度不高仍可拆卸)。厌氧胶也可用于堵塞铸件砂眼和构件细缝。

6)无机胶粘剂

高温环境要用无机胶粘剂,有的无机胶粘剂可在 1 300 ℃下使用,胶接强度高,但脆性大。它的种类很多,机械工程中多用磷酸-氧化铜无机胶粘剂。

4. 胶粘剂的选择

为了得到最好的胶接效果,必须根据具体情况选用适当的胶粘剂,万能胶粘剂是不存在的。胶粘剂的选用要考虑被胶接材料的种类、工作温度、胶接和结构形式以及工艺条件、成本等。

7.2.5　涂料

1. 涂料的作用

涂料(coating)就是通常所说的油漆,是一种有机高分子胶体的混合溶液,涂在物体表面上能干结成膜。涂料的作用有以下几点。

(1)保护作用:避免外力碰伤、摩擦,也防止大气、水等的腐蚀。

(2)装饰作用:使制品表面光亮美观。

(3)特殊作用:可作标志用,如管道、气瓶和交通标志牌等。船底漆可防止微生物附着,保护船体光滑,减少行进阻力。另外还有绝缘涂料、导电涂料、抗红外线涂料、吸收雷达涂料、示温涂料以及医院手术室用的杀菌涂料等。

2. 涂料的组成

1)黏结剂

黏结剂是涂料的主要成膜物质,它决定了涂层的性质。过去黏结剂主要使用油料,现在使用合成树脂。

2)颜料

颜料也是涂膜的组成部分,它不仅使涂料着色,而且能提高涂膜的强度、耐磨性、耐久性和防锈能力。

3）溶剂

溶剂用以稀释涂料，以便于加工，干结后挥发。

4）其他辅助材料

其他辅助材料有催干剂、增塑剂、固化剂、稳定剂等。

3. 常用涂料

（1）酚醛树脂涂料：应用最早的涂料，有清漆、绝缘漆、耐酸漆、地板漆等。

（2）氨基树脂涂料：涂膜光亮、坚硬，广泛用于电风扇、缝纫机、化工仪表、医疗器械、玩具等各种金属制品。

（3）醇酸树脂涂料：涂膜光亮、保光性强、耐久性好，适用于作金属底漆，也是良好的绝缘涂料。

（4）聚氨酯涂料：综合性能好，特别是耐磨性和耐蚀性好，适用于列车、地板、舰船甲板、纺织用的纱管以及飞机外壳等。

（5）有机硅涂料：耐高温性好，也耐大气腐蚀、耐老化，适合在高温环境下使用。为拓宽高分子材料在机械工程中的应用，人们用物理及化学方法对现有的高分子材料进行改进，积极探索及研制性能优异的新型高分子材料（如纳米塑料），采用新的工艺技术制取以高分子材料为基的复合材料，从而提高材料的使用性能。同时人们利用纳米技术解决了白色污染的问题，将可降解的淀粉和不可降解的塑料通过超微粉碎设备粉碎至纳米级后，进行物理共混改性。用这种新型原料，可生产出 100% 降解的农用地膜、一次性餐具、各种包装袋等类似产品。对农用地膜经 4~5 年的大田实验表明：在 70~90 天内，淀粉完全降解为水和二氧化碳，塑料变成对土壤和空气无害的细小颗粒，并且地膜在 17 个月内完全降解为水和二氧化碳。这是彻底解决白色污染问题的实质性突破。

7.2.6 功能高分子材料

功能高分子材料是近年来发展较快的领域。一批具有光、电、磁等物理性能的高分子材料被相继开发，应用在计算机、通信、电子、国防等工业部门。与此同时，生物高分子材料在医学、生物工程方面也获得了较大进展。可以预计，未来高分子材料将在高性能化、高功能化及生物化方面发挥日益显著的作用。

7.3 陶瓷材料

陶瓷是陶和瓷的总称。传统陶瓷（普通陶瓷）是指用天然原料制成的黏土类陶瓷。这类陶瓷质硬，不导电，易于加工成形，成本低，产量大，广泛用于日用品制造、电气、化工、建筑和纺织等领域，但它的耐高温性及绝缘性不及特种陶瓷。特种陶瓷是指具有特殊的力学性能、物理性能、化学性能的陶瓷。现代陶瓷材料是指除金属和有机物以外的固体材料，又称无机非金属材料。目前，无机非金属材料和金属材料、高分子材料三足鼎立，构成了固体材料的三大支柱（复合材料是由这三种材料复合制成的）。

7.3.1 陶瓷的分类

按化学成分,陶瓷材料可分为:①氧化物陶瓷,如氧化铝陶瓷、氧化锆陶瓷、氧化钇陶瓷、氧化钛陶瓷、氧化镁陶瓷等;②非氧化物陶瓷,如氮化铝陶瓷、氮化硼陶瓷、氮化硅陶瓷等氮化物陶瓷,以及碳化硅陶瓷、碳化钛陶瓷、碳化硼陶瓷等碳化物陶瓷。

按性能和用途,陶瓷材料可分为:①结构陶瓷,常用的有 Al_2O_3 陶瓷、Si_3N_4 陶瓷、ZrO_2 陶瓷等,作为结构材料,结构陶瓷有较好的力学性能,用来制造结构零部件;②功能陶瓷,包括用于电磁元件的铁氧体陶瓷、铁电陶瓷,用于电容器的介电陶瓷,用于力学传感器的压电陶瓷,以及固体电解质陶瓷、生物陶瓷、光导纤维材料等。作为功能材料,功能陶瓷主要是利用自身优异的物理性能和化学性能,如电磁性、热性能、光性能及生物性能等,用来制造功能器件。

7.3.2 陶瓷材料的性能特点

陶瓷材料的性能与陶瓷材料结合键的性质和多相的组织结构等因素有关,波动范围很大,但也存在一些共同的特性。

1. 力学性能

1)弹性

陶瓷材料有很高的弹性模量,一般高于金属材料 2~4 个数量级。

2)硬度

陶瓷材料的硬度很高,大多数陶瓷材料的硬度为 10 000 HV,远高于金属材料和高聚物的硬度(例如,淬火钢硬度为 500~800 HV,高聚物硬度一般不超过 20 HV)。

3)强度

陶瓷材料的理论强度很高。然而陶瓷存在大量气孔和其他缺陷,致密度小,致使它的实际强度远低于理论强度。两者的比值常常低于 1/100(金属材料的实际抗拉强度和理论强度的比值高达 1/3~1/50)。陶瓷材料的强度对应力状态特别敏感,虽然它的抗拉强度低,但是它的抗压强度高,因此要充分考虑陶瓷材料的应用环境。

陶瓷材料一般具有优于金属材料的高温强度,高温抗蠕变能力强,且有很高的抗氧化性,适合用作高温材料。

4)塑性

陶瓷材料在室温下几乎没有塑性,但在高温慢速加载的条件下,特别是组织中存在玻璃相时,也能表现出一定的塑性。

5)韧性

陶瓷材料的韧性差,脆性大,极易发生脆性断裂。这是陶瓷材料应用的主要障碍。

2. 物理性能

1)热性能

陶瓷材料的膨胀系数比高聚物和金属材料的膨胀系数小得多。陶瓷材料比金属材料的导热性差,多为较好的绝热材料。抗热振性是指材料在温度急剧变化时抵抗破坏的能力,一般用材料放入水中激冷而不破裂所能承受的最大温差来表达。多数陶瓷材料的抗热振性差,如日用陶瓷材料的抗热振性仅为 220 ℃。

2）导电性能

陶瓷材料的导电性变化范围很大。多数陶瓷材料具有良好的绝缘性，是传统的绝缘材料。但有些陶瓷材料，如压电陶瓷、半导体陶瓷和超导陶瓷具有一定的导电性。

3）光学性能

许多陶瓷材料具有独特的光学性能，如透光性、导光性、光反射性等，可用来制造固体激光器、光导纤维、光存储材料等，在通信、摄影、计算机领域有重要的实用价值。

3. 化学性能

陶瓷材料的结构非常稳定，很难同介质中的氧发生作用。陶瓷材料对酸、碱、盐等的腐蚀有较强的抵抗能力，也能抵抗熔融的非铁金属（如铝、铜等）的侵蚀，但高温熔盐和氧化渣等会使某些陶瓷材料受到腐蚀破坏。

7.3.3　常用工程陶瓷的种类、性能和用途

1. 氧化铝陶瓷

氧化铝陶瓷又称刚玉陶瓷，以 Al_2O_3 为主要成分（Al_2O_3 的体积分数一般在 95% 以上），另外含有少量的 SiO_2。氧化铝陶瓷中玻璃相和气孔都很少。

氧化铝陶瓷耐高温性好，在氧化性气氛中，可在 1 950 ℃ 下使用，且耐蚀性好，故可用来制造高温器皿，如熔炼铁、钴、镍等的坩埚及热电偶套管等。

氧化铝陶瓷硬度及高温强度较高（硬度仅次于金刚石、立方氮化硼、碳化硼和碳化硅），可用来制造高速切削及难切削材料加工的刀具、耐磨轴承、模具及活塞、化工用泵和阀门等。同时，氧化铝陶瓷有很好的电绝缘性能，内燃机火花塞基本都是用氧化铝陶瓷制造的。

氧化铝陶瓷的缺点是：脆性大，不能承受冲击载荷；抗热振性差，不适合用于温度有急剧变化的场合。

2. 其他氧化物陶瓷

MgO 陶瓷、BeO 陶瓷、ZrO_2 陶瓷、CaO 陶瓷、CeO_2 陶瓷等氧化物陶瓷熔点高，均在 2 000 ℃ 附近，甚至更高，且还具有一系列特殊的优异性能。MgO 陶瓷是典型的碱性耐火材料，用于冶炼高纯度铁及其合金、铜、铝、镁，以及熔化高纯铀、钍及其合金。它的缺点是机械强度低，热稳定性差，易水解。BeO 陶瓷在还原性气氛中特别稳定，导热性极好（与铝相近），故抗热冲击性能好，可用来制造高频电炉坩埚和高温绝缘子等电子元件，以及激光管、晶体管散热片、集成电路的外壳和基片等。铍的吸收中子截面小，故 BeO 陶瓷还是核反应堆的中子减速剂和反射材料，但 BeO 陶瓷粉末及蒸气有剧毒，在生产和应用中应注意安全。ZrO_2 陶瓷耐热性好，使用温度可达 2 300 ℃，热导率小，是良好的隔热材料。ZrO_2 陶瓷在室温下是绝缘体，但在 1 000 ℃ 以上变为导体，是优异的固体电解质材料。ZrO_2 陶瓷用作离子导电材料（电极），并常用来制造传感元件和敏感元件，1 800 ℃ 以上的高温发热体，以及熔炼铂、钯、铑等合金的坩埚。

3. 非氧化物陶瓷

常用的非氧化物陶瓷主要有碳化物陶瓷（如 SiC 陶瓷、B_4C 陶瓷）、氮化物陶瓷（如 Si_3N_4 陶瓷、BN 陶瓷）等。

碳化硅（SiC）陶瓷的特点是：具有高的高温强度和硬度，在 1 400 ℃ 时抗弯强度仍达 500～600 MPa；导热性好，仅次于 BeO 陶瓷，抗热振性、耐蚀性、耐磨性也很好。它主要作为高温结构

材料来制造火箭尾喷管的喷嘴、炉管、热电偶套管,以及高温轴承、高温热交换器、各种泵的密封圈和核燃料的包封材料等。此外,它还可作为耐磨材料,用来制造砂轮或用作磨料等。

氮化硅(Si_3N_4)陶瓷具有优异的化学稳定性和良好的电绝缘性,强度、硬度高,摩擦因数小(只有 $0.1 \sim 0.2$,相当于涂覆一层油的金属表面的摩擦因数),耐磨性、减摩性好(自润滑性好),是很好的耐磨材料。另外,氮化硅陶瓷膨胀系数小,有很好的抗热振性。氮化硅陶瓷可用来制造在腐蚀介质条件下工作的机械零件,如密封环、高温轴承、燃气轮机的叶片、冶金容器和管道以及精加工刀具等。

近年来,人们在氮化硅陶瓷中加入一定量的 Al_2O_3,得到了 Si-Al-O-N 系陶瓷,即赛隆(Sialon)陶瓷。赛隆陶瓷是目前强度最高的一种陶瓷,具有优异的化学稳定性、热稳定性和耐磨性,且制备工艺简单。

氮化硼(BN)陶瓷包括六方结构和立方结构两种。六方氮化硼陶瓷具有良好的耐热性、导热性和较高的高温介电强度,是理想的散热和高温绝缘材料。氮化硼陶瓷的硬度较低,还具有极好的自润滑性,可进行机械加工,化学稳定性好,能抵抗大部分熔融金属和玻璃熔体的侵蚀。六方氮化硼陶瓷一般用来制造熔炼半导体材料的坩埚和高温容器、半导体散热绝缘件、高温润滑轴承、玻璃成型模具等。

立方氮化硼陶瓷硬度与金刚石接近,是优良的耐磨材料,常用来制造刀具。

7.4 复合材料

复合材料是由两种或两种以上的不同材料(金属之间、非金属之间、金属与非金属之间),通过适当制备工艺复合而成的新材料。它既保留了原组分材料的特性,又具有原单一组分材料所无法获得的更优异的特性。材料复合充分发挥了材料的性能潜力,成为改善材料性能的新手段,为现代尖端工业的发展提供了技术和物质基础。

7.4.1 复合强化原理

复合材料的组分通常可划分为基体和增强体(或增强相)。一般把在材料中占主要组分的材料称为基体,把其他组分称为增强体。基体大多为连续的,除保持自身特性外,还有黏结或连接和支承增强体的作用;增强体主要用于工程结构,可承受外载或发挥其他特定物理化学功能的作用。除工艺因素外,基体和增强体的性能必然影响复合材料的性能。此外,增强体的形状、含量、分布以及与基体的界面结合、结构,也会影响复合材料的性能。

复合材料的复合原理,就是反映上述因素对复合材料性能的影响规律。据此人们可以对所需要研究和开发的复合材料的性能,包括力学性能、物理性能、化学性能等进行设计、预测和评估。在本节中,主要介绍组分的作用、增韧机制。

复合材料有颗粒增强(或称粒子增强)型和纤维增强型,对复合材料的增强原理简要说明如下。

1. 颗粒增强

颗粒增强复合材料中承受载荷的主要是基体。颗粒增强的作用在于粒子呈高度弥散状态分布在基体中,用以阻碍造成塑性变形的位错运动(基体是金属时)或分子链运动(基体是高聚物时),增强的效果与粒子的体积分数、分布、粒径及粒子间距等有关。研究表明:粒径在 $0.01\sim$ $0.1~\mu m$ 范围内时,增强效果最好;当粒径大于 $0.1~\mu m$ 时,粒子周围会存在受力状态下的应力集中,材料的强度降低;当粒径小于 $0.01~\mu m$ 时,粒子对位错运动所起的障碍作用有所减小。

2. 纤维增强

纤维增强复合材料中承受载荷的主要是增强相纤维。纤维的增强作用取决于纤维与基体的性质、纤维与基体的结合强度、纤维的体积分数以及纤维在基体中的排列方式。因此要想得到好的纤维增强效果,必须考虑以下因素。

(1)使纤维尽可能多地承担外加载荷,尽量选择强度与弹性模量比基体高的纤维。因为在受力情况下,当基体与纤维应变相同时,它们所承受应力之比等于两者弹性模量之比,弹性模量大,承载能力也就大。

(2)构件所受应力的方向与纤维平行,才能最大地发挥纤维的增强作用。

(3)纤维与基体的结合强度必须适当,以保证基体中承受的应力能顺利地传递到纤维上去,如果两者的结合强度为零,则纤维毫无作用,整个强度反而降低;如果两者的结合太强,在断裂过程中就没有纤维自基体中拔出这一吸收能量的过程,以致受力增大时出现整个构件的脆性断裂。

7.4.2　复合材料的种类

按基体材料,复合材料可分为聚合物基复合材料(PMC)、金属基复合材料(MMC)、陶瓷基复合材料(CMC)和碳-碳(C-C)复合材料四大类复合材料。

按增强体形态,复合材料可分为纤维增强复合材料、颗粒增强复合材料、层状复合材料和填充骨架型(如连续织物型、蜂窝型)复合材料。其中纤维增强复合材料又分为长纤维增强复合材料、短纤维增强复合材料和晶须增强复合材料。

按用途,复合材料可分为结构复合材料和功能复合材料两大类。前者主要是利用自身的力学性能,用于工程结构;后者具有独特的物理性质、化学性质,如换能、阻尼、吸波电磁、超导、屏蔽、光学、摩擦润滑等,作为功能材料使用。

7.4.3　复合材料的性能特点

1. 性能的可设计性

可以根据对材料的性能要求,选择基体材料和增强体材料,人为设计增强体的数量和形态、在材料中的分布方式以及基体和增强体的界面状态,并进行适当的制备与加工,以获得常规材料难以提供的某一性能或综合性能,满足更为复杂、恶劣和极端使用条件的要求。

2. 力学性能特点

与相应的基体材料相比较,常用的工程复合材料主要的力学性能特点有:①比强度(强度/密度)和比模量(弹性模量/密度)高;②耐疲劳性能好;③高韧性和抗热冲击性;④高温性能好;⑤减振性好;⑥具有良好的耐磨性、耐蚀性。

3. 物理性能特点

复合材料的物理性能优异,如密度低(增强体的密度一般较低),膨胀系数小(甚至可达到零膨胀),导热性、导电性好,阻尼性好,吸波性好,耐烧蚀,抗辐射等。

4. 工艺性能

复合材料的成型加工工艺简单。例如,长纤维增强的树脂基、金属基和陶瓷基复合材料可整体成型,能大大减少结构件中装配零件数,提高产品的质量和使用可靠性;而短纤维增强复合材料或颗粒增强复合材料,完全可按传统的工艺制备(如铸造法、粉末冶金法),并可进行二次加工,适应性强。

7.4.4 复合材料的应用

航空航天技术要求制造飞行器的材料有高比强度、高比模量,以减轻质量,提高飞行速度,增加运载火箭有效负载,保证气动特性等。因此,在航空航天领域、现代国防工业中,现代复合材料首先得到了广泛的应用。

碳-碳(C-C)复合材料的组成只有一种元素——碳,因此具有碳所特有的优点,如低密度和优异的热性能,如耐烧蚀性、抗热振性、高导热性和低膨胀系数等,同时还具有复合材料的高强、高模量等特点。图 7-8 所示为由三维正交碳纤维增强的碳-碳复合材料的显微结构。利用碳-碳复合材料的这些特性,在航天领域中可采用碳-碳复合材料制作航天飞机的鼻锥、机翼前缘(见图 7-9),因为这些部位在航天飞机进入大气层时需要经受近 2 000 ℃ 的高温。

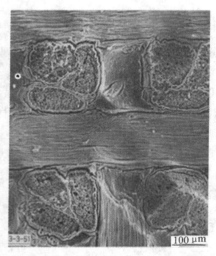

图 7-8 三维正交碳纤维增强的碳-碳复合材料的显微结构

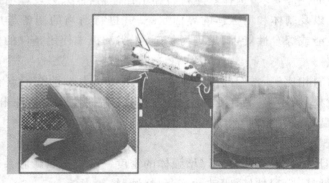

图 7-9 碳-碳复合材料在航天领域中的应用

此外,电工、电子行业中的熔断器管、绝缘筒、电子计算机、收录机、电视机的线路板、隔板及键盘触点,均采用了绝缘性好的玻璃纤维增强树脂基复合材料,不仅保证了元器件的功能,还降低了制造成本。火车、汽车上也大量使用了复合材料。有资料表明,一辆采用先进复合材料制造的轿车车身质量仅为 7.3 kg,而钢制的车身质量为 18.1 kg。在造船工业方面,玻璃纤维增强树脂基复合材料由于密度小、强度高、耐海水腐蚀、抗微生物附着性好、吸收撞击性强以及成型的自由度大,所以应用很广,尤其是在制造扫雷艇、汽艇、气垫船、工作艇、小型舰艇(如巡逻艇、登陆艇、交通艇、消防艇等)方面更具优越性。在化学工业方面,纤维增强复合材料具有耐酸、耐碱、耐油等优异性能,价格低,寿命长,因而广泛用来制造各种储罐车,来储存和运输石油产品和酸碱、化学药品,也用来制造液体食品饮料和饲料的储存器、石油化工管道。复合材料还在兵器工业上用来制造枪托、枪把、头盔、弹箱等,在医学上用来修复人造骨骼、器官、假肢等,在体育运动方面用来制造滑雪板、撑杆、球拍、跳板等运动器材。

7.5 其他新型材料及其应用

新型材料是指最近发展或正在发展中的具有特殊功能和效用的材料。国民经济各行业,尤其是高科技领域,不论是在信息时代还是在生物时代,都强烈地依赖于新型材料的研制与开发。近十多年来,功能材料成为材料科学与工程领域最活跃的部分,每年以约 5% 的速度增长,相当于每年有 1.25 万种新材料问世。本节简要介绍高温合金、形状记忆合金、非晶态材料、超导材料和纳米材料。

7.5.1 高温合金

高温合金又称为热强合金、耐热合金或超合金,可以在 600~1 100 ℃ 的高温氧化和燃气腐蚀条件承受复杂应力,并长期、可靠地工作。高温合金主要用来制造航空发动机的热端部件。高性能的先进军用和民用飞机、航天飞机、大型节能的运输机的关键之一是需要有先进的航空发动机,需要大幅度地提高发动机的推重比,提高涡轮进口温度,降低耗油率,延长寿命和提高可靠性。未来的飞机发动机涡轮进口温度可能高达 2 000 ℃ 左右,因此要求采用能耐更高温度,有高比强度、高比模量、低密度、耐磨损、耐腐蚀和抗氧化的新材料来制造。高温合金在发动机中主要用来制造涡轮叶片、导向叶片(主要用铸造合金)、涡轮盘和燃烧室(主要用变形合金)。此外,高温合金也是航天能源、交通运输和化学工业的重要材料,是高技术领域不可缺少的新材料。

目前广泛使用的高温合金有铁基高温合金、铁镍基高温合金、镍基高温合金和钴基高温合金。另外,用铌基高温合金制造的高温动力装置可在 1 100 ℃ 以上工作。

1. 铁基高温合金和铁镍基高温合金

铁基高温合金实际上是以碳化物为沉淀强化相的奥氏体耐热钢。它的含镍量较高,以稳定奥氏体,且含碳量也较高,加入有 W、Mo、V、Nb 等强碳化物形成元素,以形成碳化物强化相,同时配以固溶淬火和时效沉淀的热处理工艺。铁基高温合金 GH36(4Cr13NiMn8MoVNb)使用温度为 650~700 ℃,常用来制造涡轮和紧固件等。铁镍基高温合金是以金属化合物为沉淀强化相的高温合金,也称为沉淀强化型奥氏体耐热钢。它的含碳量很低,含镍量很高($w(Ni)=$

25％～40％)，同时含有 Al、Ti、V、B 等元素。Al、Ti 能与部分 Ni 形成 γ-Ni₃(Al,Ti) 相(为主要沉淀强化相)；Mo 能形成固溶强化；V 和 B 能强化晶界，从而提高合金的热强性。铁镍基高温合金还需在固溶处理后进行时效处理。铁镍基高温合金 GH132(0Cr15Ni26MoTi2AlVB)可在 650～700 ℃温区使用。

2. 镍基高温合金

镍基高温合金是当前在 700～1 000 ℃温区使用较为广泛的高温合金，是在 Cr20Ni80 合金中加入 Al、Ti、Nb、Ta、W、Mo、Co 等强化元素发展起来的。它以 γ′-Ni₃Al 为主要沉淀强化相。由于固溶强化、共格相沉淀强化、碳化物强化以及晶界控制等的联合作用，镍基高温合金的热强性得到改善。镍基高温合金根据加工工艺又可分为变形镍基高温合金和铸造镍基高温合金。变形镍基高温合金(如 GH33、GH37)具有较高的高温强度和较好的加工工艺性能，主要用来制造喷气发动机的涡轮叶片、导向叶片和涡轮盘等。铸造镍基高温合金(如 K3、M17)通常采用精密铸造，铸态下可直接使用，主要用来制造涡轮叶片及形状复杂的异形件。

3. 钴基高温合金

钴基高温合金可使用于 700～1 050 ℃的高温下。这类合金具有高的熔点和较高的强度，以碳化物作为主强化相。加入的足够的 Cr 起提高抗氧化性和耐热腐蚀性的作用；加入的难溶元素 W、Mo、Nb、Re 主要起固溶强化作用，并可形成碳化物，使钴基高温合金产生弱析出强化；加入的 Ti、Ta 等元素可形成金属化合物，在时效过程中弥散析出强化。钴基高温合金常用的牌号有 GH25、K40 等，主要用作精密铸造材料，制造如喷气发动机的涡轮机叶片等高温零件和结构件。

几种常用的高温合金及其应用如表 7-11 所示。

表 7-11　几种常用的高温合金及其应用

工作温度/℃	适用合金	用途举例
600～800	铁基高温合金	发动机的排气阀，喷气发动机的涡轮盘、火箭和导弹发动机的涡轮等
650～1 100	镍基高温合金、钴基高温合金	航天飞行器发动机的涡轮叶片、燃烧室、尾锥体等
＞900	铌基高温合金、钼基高温合金、陶瓷合金	航天飞机、高超音速飞机的机翼边，火箭发动机的推力室，火箭的喷嘴等

7.5.2　形状记忆合金

形状记忆合金是一种有形状记忆效应的特殊功能材料。它经热处理"记忆"某种形状后，在低温下不管将它如何变形，一旦加热到某一特定温度，便又能恢复到所"记忆"的高温形状。

形状记忆合金与普通金属材料的变形及恢复不同。在变形超过弹性范围后，普通金属材料会发生永久变形，加热并不能使这部分的变形消除，如图 7-10(a)所示。而形状记忆合金在变形超过弹性范围，去除载荷后也会存在残留变形，但这部分残留变形在加热到某一温度时即会消除而恢复到原来的形状，如图 7-10(b)所示。有的形状记忆合金，当变形超过弹性范围时，在某一程度内，去除载荷后它能徐徐恢复原形，如图 7-10(c)所示，这种现象称为超弹性或伪弹性。

铜铝镍合金就是一种超弹性合金,在伸长率超过 20%(大于弹性极限)后,一旦去除载荷又可恢复原形。

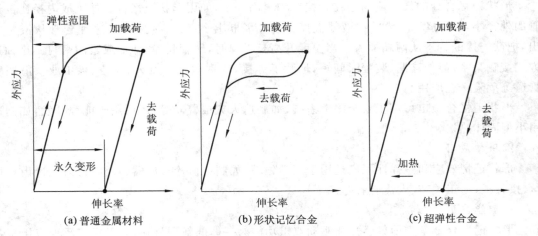

图 7-10 形状记忆合金效应和超弹性

形状记忆效应有单相记忆(即只对高温状态形状记忆)和双相记忆(即加热恢复高温形状,冷却变为低温形状)两种。

形状记忆合金的可贵之处在于,它是一种无疲劳的材料,变形与恢复的过程可以反复进行500 万次而不发生疲劳断裂,而且它几乎可以 100%恢复原状,即和原来一模一样。

1. 形状记忆合金的分类及特点

目前形状记忆合金主要分为 Ni-Ti 系形状记忆合金、Cu 系形状记忆合金和 Fe 系形状记忆合金等。

1)Ni-Ti 系形状记忆合金

这是最有实用化前景的一种形状记忆合金。它的室温抗拉强度可在 1 000 MPa 以上,密度较小,为 6. 45 g/cm^3,疲劳强度高达 480 MPa(2.5×10^7 循环周次),而且还有很好的耐蚀性。美国曾将 Ni-Ti 系形状记忆合金大量用于 F14 战斗机油路连接系统中。

2)Cu 系形状记忆合金

目前,实用合金的开发对象主要是 Cu-Zn-Al 系形状记忆合金和 Cu-Ni-Al 系形状记忆合金。与 Ni-Ti 系形状记忆合金相比,这两种形状记忆合金制造加工较容易,价格较低,具有较好的记忆性能,而且相变点可在 -100~300 ℃范围内调节,因此对 Cu 系形状记忆合金的研究较具实用意义。但是,目前 Cu 系形状记忆合金还不像 Ni-Ti 系形状记忆合金那样成熟,Cu 系形状记忆合金的实用化程度还不高。

3)Fe 系形状记忆合金

对 Fe 系形状记忆合金的研究要晚于以上两种形状记忆合金。Fe 系形状记忆合金主要有Fe-Pt 系形状记忆合金、Fe-Pd 系形状记忆合金、Fe-Ni-Co-Ti 系形状记忆合金等。另外,目前已知耐磨钢和不锈钢也具有不完全性质的形状记忆效应。在价格上,Fe 系形状记忆合金比 Ni-Ti系形状记忆合金和 Cu 系形状记忆合金低很多,因此具有明显的竞争优势。Fe 系形状记忆合金的研究与应用尚处于初始阶段,有待进一步发展。

2. 形状记忆合金的用途

1）工程应用

形状记忆合金的最早应用是在管接头和紧固件上，如用形状记忆合金加工成内径比欲连接管的外径小 4% 的套管，然后在液氮温度下将套管扩径约 8%，装配时将这种套管从液氮中取出，把欲连接的管子从两端插入。当温度升高至常温时，套管收缩，即形成紧固密封。这种连接方式接触紧密，能防渗漏、装配时间短，远胜于焊接，特别适合在航天、航空、核工业及海底输油管道等危险场合应用。

形状记忆合金也可用于安全报警系统，如制造火灾报警器等，还可用于能源开发，如制造民用小型固体热机。

2）医学应用

形状记忆效应和超弹性可广泛用于医学领域，如制造血栓过滤器、脊柱矫形棒、牙齿矫形弓丝、接骨板、人工关节、人造心脏等。

3）智能应用

形状记忆合金是一种集感知和驱动双重功能为一体的新型材料，因而可广泛地应用于各种自动调节和控制装置，也称为智能材料。人们正在设想利用形状记忆合金研制像半导体集成电路那样的集记忆材料、驱动源、控制元件为一体的机械集成元件。形状记忆薄膜和细丝可能成为未来超微型机械手和机器人的理想材料，它们除温度外不受任何其他环境条件的影响，可望在核反应堆、加速器、太空实验室等高技术领域中"大显身手"。

7.5.3 非晶态材料

将液态或气态的无序状态保留到室温，并阻止原子进一步迁移转变为晶态相，即可得到非晶体。非晶体处于热力学亚稳状态，可认为处于固化的过冷液态，有时也称处于无定形态或玻璃态。非晶态合金又称为金属玻璃。

1. 非晶态合金的类型

按照成分，有使用价值的主要非晶态合金可划分为以下四种。

（1）过渡族-类金属（TM-M）型，如以 $Fe_{80}B_{20}$ 为代表的 (Fe,Co,Ni)-(B,Si,P,C,Al) 非晶态合金。

（2）稀土-过渡族（RE-TM）型，如 $(Gd,Tb,Dy)(Fe,Co)$ 非晶态合金。

（3）后过渡族-前过渡族（TT-ET）型，如以 $Fe_{90}Zr_{10}$ 为代表的 (Fe,Co,Ni)-(Zr,Ti) 非晶态合金。

（4）其他 Al 基和 Mg 基轻金属非晶材料，如铝基非晶材料有二元的 Al-Ln（Ln＝Y,La,Ce）非晶态合金、三元的 Al-TM-(Si,Ge) 非晶态合金。

2. 非晶态合金的特性

非晶态合金的结构形态类似于玻璃，这种杂乱的原子排列状态赋予非晶态合金一系列的特性。

1）高强度

一些非晶态合金的抗拉强度可达到 3 920 MPa，硬度可大于 9 800 HV，为相应的晶态合金的 5～10 倍。

2）优良的软磁性

软磁性是非晶态合金最有实用价值的性能。传统软磁合金中，工频段硅钢占主导地位，高频段以铁氧体合金和坡莫合金为主，但近年来随着非晶态软磁合金和纳米晶软磁合金的迅速发展，上述两种材料的主导地位受到冲击。非晶态软磁合金由于磁各向异性小，电阻率高，又没有晶界和相界等阻碍畴壁移动的不利因素，因而具有高的磁导率和饱和磁感应强度、低的矫顽力和磁损耗。目前比较成熟的非晶态软磁合金主要有 Fe 基、Fe-Ni 基和 Co 基三大类。

3）高耐蚀性

非晶态合金显微组织均匀，不存在位错、晶界等缺陷，具备良好的耐蚀能力。另外，非晶态合金自身的活性很高，能够在表面上迅速形成均匀的钝化膜。在中性盐和酸性溶液中，非晶态合金的耐蚀性优于不锈钢，获得了超不锈钢之称。Fe-Cr 基非晶态合金在 $10\%FeCl_3 \cdot 6H_2O$ 中几乎完全不受腐蚀，而各种成分的不锈钢都有不同程度的斑蚀。在 Fe-Cr 基非晶态合金中 $w(Cr) \approx 10\%$，它不含 Ni，可大大节约 Ni。

4）超导电性

目前金属超导体 Nb_3Ge 超导零电阻温度为 23.2 K。现有许多超导材料有一个很大的缺点，即脆、不易加工。杜威兹于 1975 年发现 La-Au 基非晶态合金具有超导性，后来又发现许多非晶态合金具有超导性，只是超导转变温度（临界温度）T_c 还比较低。但与晶体材料相比较，非晶态合金有两个有利因素：其一，非晶态合金本身制成带状，而且韧性好，弯曲半径小，可以避免加工；其二，非晶态合金的成分变化范围大，这为寻求新的超导材料，提高超导转变温度提供了更多的途径。

7.5.4 超导材料

超导性是在特定温度、特定磁场和特定电流条件下，电阻趋于零的材料特性。凡具有超导性的物质称为超导材料或超导体。超导体的基本物理性质包括零电阻效应和完全抗磁性。

1. 零电阻效应

当温度、磁场和电流条件不满足时，材料不具备超导性，只是一般的导体，这种现象可用图 7-11 表示。

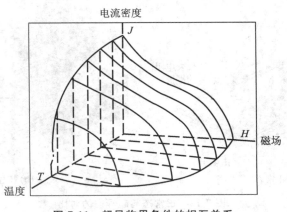

图 7-11 超导临界条件的相互关系

1)临界温度 T_c

电阻突然消失的温度被称为超导体的临界温度 T_c。超导体的临界温度与样品的纯度无关，但是越均匀纯净的样品超导转变时的电阻陡降越尖锐。

2)临界磁场强度 $H_c(T)$

实验发现，超导电性可以被外加磁场破坏。对于温度为 $T(T<T_c)$ 的超导体，当外加磁场强度超过某一值 $H_c(T)$ 时，超导电性就被破坏了。$H_c(T)$ 称为临界磁场强度。

3)临界电流 $J_c(T)$

实验还表明，在不加磁场的情况下，超导体中通过足够强的电流也会破坏超导电性。导致超导电性被破坏所需要的电流称为临界电流，以 $J_c(T)$ 表示。在临界温度 T_c 下，临界电流为零。

2. 完全抗磁性

超导体除具有零电阻效应外，还有一大特点是它具有完全抗磁性，即磁力线不能穿过超导体，这种效应称为迈斯纳效应。只要 $T<T_c$，超导体内磁感应强度 B 总是等于零。可见，超导体在静磁场中的行为可以近似地用完全抗磁体来描述。磁悬浮列车就是利用了这一效应。当把一个超导体放在一块永久磁铁上时，由于磁铁的磁力线不能穿过超导体，在磁铁和超导体之间就会产生排斥力，使超导体悬浮在磁铁的上方。

3. 超导现象的本质

关于超导现象的本质，科学家们曾进行过大量研究。其中 1957 年美国物理学家巴丁、库珀和施里弗三人提出了金属超导微观理论 BCS 理论。这三位物理学家因此而获得了 1972 年的诺贝尔物理学奖。BCS 理论认为，当材料处于超导态（$T<T_c$）时，金属中的电子不再是单个地运动，而是通过与晶体振动离子的作用，结成一对对地存在（称为库珀对）。由于电子对结合紧密，运动过程不受晶格作用的阻碍，因而出现了超导态。图 7-12 是正常态与超导态的对比。

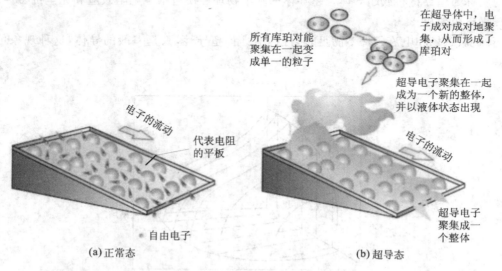

图 7-12　正常态与超导态的对比

4. 超导体的类型

超导体可分为低温超导体和高温超导体。前者主要是元素、合金和化合物。具有超导性的过渡元素有 18 种，如 Ti、V、Zr、Nb、Mo 等；非过渡元素有 10 种，如 Bi、Al、Sn、Cd、Sb 等。合金超导体包括 Nb-Zr 系合金和 Nb-Ti 系合金等，金属间化合物超导体包括 Nb_3Sn 和 V_3Gu 等。后者主要是氧化物。到目前为止，已发现的高温超导体有四类，包括镧钡铜氧化物（$T_c = 36$ K）、钇钡铜氧化物（$T_c = 90$ K）、铋锶钙铜氧化物（有两个不同的高温超导相，T_c 分别为 110 K 和 85 K）和铊钡钙铜氧化物（$T_c = 125$ K，最高）。

高温超导体除了氧化物陶瓷外，还有一类是有机超导体。一些超导体理论曾预言，某种具有链状结构的有机物或具有层状结构的物质具有高的临界温度。1991 年 7 月有人发现，C60 掺杂后超导体的临界温度 T_c 超过 30 K；1992 年初又有 T_c 超过 40 K 的报道。人们认为，有机超导体在力学性能、制造工艺及生产成本方面会优于氧化物陶瓷，具有很强的竞争力。

5. 超导体的应用

1）强电方面

在超导体的超导电性被发现后，超导体首先的应用是制作导线。超导线圈主要用于高能物理受控热核反应和凝聚态物理研究的强场磁体、核磁共振（NMR）装置上，以提供 1～10 T 的均匀磁场、制造发电机和电动机的线圈、高速列车上的磁悬浮线圈以及轮船和潜艇的磁流体和电磁推进系统。

2）弱电方面

超导体在弱电方面其中的一个应用是超导量子干涉仪。这种仪器具有高的磁测量灵敏度，可以应用于生物磁学。超导量子干涉仪在计算机方面也有广阔的应用前景，它的开关速度在 10^{-12} s 级，能量损耗在皮瓦级范围。利用这一特性可能开发新的电子元器件，如可以为速度更快的计算机建造逻辑电路和存储器。

在高温超导体被发现以后，由于低温超导薄膜有均匀性好、工艺稳定性好以及热噪声低等优点，因而低温超导体目前仍在超导器件制造中占有十分重要的地位。其中，具有重要使用价值的化合物薄膜有 NbN 膜以及 Nb_3Sn 膜、NbGe 膜等超导体膜。

7.5.5　纳米材料

纳米材料（nanometer material）是指结构尺寸在 1～100 nm 范围内的材料。纳米材料可划分为两个层次，一是纳米微粒，二是纳米固体（包括块体、薄膜、多层膜和纤维）。纳米微粒是指尺度为 1～100 nm 的超微粒，纳米固体是由纳米微粒组成的凝聚态固体。

1. 纳米材料的特异效应

纳米粒子处于原子簇与宏观物体交界的过渡区域。根据通常的关于微观和宏观的观点看，这样的系统既非典型的微观系统，也非典型的宏观系统，具有一系列新异的特性。当小颗粒尺寸进入纳米量级时，小颗粒本身和由它构成的纳米固体主要具有以下四个方面的效应，并由此派生出传统固体不具备的许多特殊性质。

1）小尺寸效应

小尺寸效应是指当超微粒的尺寸与光波波长、德布罗意波长以及超导态的相干长度或透射深度等物理特征尺寸相当或更小时，周期性的边界条件将被破坏，在一定条件下会引起材料在宏观物理、化学性质上的变化。研究证实,由于纳米材料尺寸小,电子被局限在一个体积十分微小的纳米空间,电子输运受到限制,电子平均自由程短,电子的局域性和相干性增强。尺度下降使纳米体系包含的原子数大大降低,宏观固定的准连续能带消失,而表现为分裂的能级,量子尺寸效应十分显著,这便使纳米体系的光、热、电、磁等物理性质与常规材料不同,出现许多新奇特性。例如,蒸气压增大,熔点降低,光吸收显著增加,并产生吸收峰的等离子共振频移,磁有序态向磁无序态转变,超导相向正常相转变等。当颗粒尺寸小于 50 nm 时,金、银、铜、锡等金属微粒均失去原有的光泽而呈黑色,这是由于这些颗粒不能散射可见光(波长为 380~765 nm)而引起的。

2)表面效应

纳米粒子的表面原子与总原子数之比随着纳米粒子尺寸的减小而大幅度地增加,粒子的表面能及表面张力也随着增加,从而引起纳米粒子性质的变化,这种效应称为表面效应。例如,纳米铜微粒粒径为 100 nm 时,比表面积为 6.6 m²/g;为 10 nm 时,比表面积为 66 m²/g;小到 1 nm 时,比表面积猛增到 660 m²/g。纳米粒子的表面原子所处的晶体场环境及结合能与内部原子有所不同,存在许多悬空键,并具有不饱和性质,这大大增强了纳米粒子的活性,因而纳米粒子极易与外界的气体、液体、固体反应。例如,实验中发现,金属铜或铝的纳米微粒一遇空气就会剧烈燃烧,发生爆炸,可用作炸药和火箭的固体燃料。用纳米金属微粒粉体作催化剂,因有很大的比表面,故可加快化学反应过程。

3)量子尺寸效应

处于纳米尺度的材料,能带将裂分为分立的能级,即发生能级的量子化,而金属大块材料的能带可以看成是连续的。纳米材料能级之间的间距随着颗粒尺寸的减小而增大。当能级间距大于热能、光子能量、静电能以及磁能等的平均能级间距时,处于纳米尺度的材料就会出现一系列与块体材料截然不同的反常特性,这种效应称为量子尺寸效应。量子尺寸效应使得纳米微粒的磁、光、声、热、电及超导电性与宏观特性显著不同。实验中发现,随着颗粒尺寸的减小,发光的颜色从红色到绿色再到蓝色,即发光带的波长由 690 nm 移向 480 nm,发生蓝移的现象。

量子尺寸效应在微电子学和光电子学中一直占有显赫的地位,根据这一效应已经设计出许多特性优越的器件。原来是良导体的金属,当尺寸减小到几纳米时就变了绝缘体;原来是典型的共价键无极性的绝缘体,当尺寸减小到几纳米或十几纳米时电阻将大大下降,甚至可能导电;原来是铁磁性的粒子可能变得具有超顺磁性,矫顽力为零;原来的 P 型半导体在纳米状态下变为 N 型半导体。半导体的能带结构在半导体器件设计中非常重要,随着半导体颗粒尺寸的减小,价带和导带之间的能隙有增大的趋势,这就使得即便是同一种材料,光吸收或者发光带的特征波长也不同。

4)宏观量子隧道效应

微观粒子具有穿越势垒的能力,称为隧道效应。近年来,人们发现一些宏观的物理量,如微小颗粒的磁化强度、量子相干器件中的磁通量以及电荷等也具有隧道效应,它们可以穿越宏观系统的势垒而产生变化。这种效应和量子尺寸效应一起,将会是未来微电子器件的基础,它们确定了微电子器件进一步微型化的极限。

2. 纳米材料的应用及其前景

纳米材料所具有的特殊性能,使得它可以广泛应用于机械、电子、化工、能源和生物医学等领域。

1) 纳米技术在陶瓷领域的应用

传统陶瓷材料由于质地较脆,韧性较差,强度较低,因而应用受到了较大的限制。德国萨德兰德(Saddrand)大学的研究发现,TiO_2 和 CaF_2 纳米陶瓷材料在 $80 \sim 180$ ℃ 范围内可产生约 100% 的塑性变形,烧结温度降低(比大晶粒材料的低 600 ℃)。这些特性使得在常温或次高温下冷加工纳米陶瓷材料成为可能。对 Al_2O_3-SiC 纳米复相陶瓷进行拉伸蠕变实验,结果表明,它的抗蠕变能力也大大提高了。

虽然纳米陶瓷材料还有许多关键技术需要解决,但优良的室温和高温力学性能,如较高的强度、断裂韧度等,使纳米陶瓷材料在切削刀具、轴承、汽车发动机部件等诸多方面都有广泛的应用,并在许多超高温、强腐蚀等苛刻的环境下起着其他材料不可替代的作用,具有广阔的应用前景。

2) 纳米技术在微电子学上的应用

目前,已经研制成功各种纳米器件。单电子晶体管,红、绿、蓝三基色可调谐的纳米发光二极管以及利用纳米丝、巨磁阻效应制成的超微磁场探测器已经问世。具有奇特性能的碳纳米管的研制成功,对纳米电子学的发展起到了关键的作用。

目前,美国已研制成功尺寸只有 4 nm、具有开关特性的纳米器件,它由激光驱动,并且开、关速度很快。

3) 纳米技术在磁性材料领域的应用

纳米磁性材料可用作磁流体及磁记录介质材料。在强磁性纳米粒子外包裹一层长链的表面活性剂,使强磁性纳米粒子稳定地弥散在基液中形成胶体,即得到磁流体。这种磁流体可以用于旋转轴的密封,优点是完全密封、无泄漏、无磨损、不发热、轴承寿命长、不污染环境、构造简单等,主要用来制造防尘密封和真空密封等高精尖设备及航天器等。另外,将 γ-Fe_3O_4 磁流体注入音圈空隙就得到磁液扬声器。这种磁液扬声器具有提高扬声器的效率、减少互调失真和谐波失真、提高音质等优点。

磁性纳米微粒尺寸小,具有单磁畴结构、矫顽力大的特性,用它制成的磁记录介质材料不仅音质、图像和信噪比好,而且记录密度比 γ-Fe_2O_3 磁流体高十倍。此外,超顺磁性的强磁性纳米颗粒还可以制成磁性液体,广泛用于电声器件、阻尼器件、旋转密封、润滑、选矿等领域。

4) 纳米技术在光电领域的应用

纳米技术的发展,使微电子和光电子的结合更加紧密,在光电信息传输、存储、处理、运算和显示等方面,使光电器件的性能大大提高。将纳米技术用于现有雷达信息处理上,可使雷达的信息处理能力提高十倍至几百倍,甚至可以将超高分辨率纳米孔径雷达放到卫星上进行高精度的对地侦察。

纳米激光器工作时只需约 $100\ \mu A$ 的电流,接近无能量运行所要求的条件。除了能提高效率以外,无能量阈纳米激光器的响应速度极快。由于只需要极少的能量就可以发射激光,因而这类装置可以实现瞬时开、关。已经有一些激光器能够以超过每秒 200 亿次的速度开、关,适用于光纤通信。由于纳米技术的迅速发展,这种无能量阈纳米激光器的实现指日可待。

5) 纳米技术在化工领域的应用

目前,工业上利用纳米 TiO_2-Fe_2O_3 作光催化剂,用于废水处理(含 SO_3^{2-}、$Cr_2O_7^{2-}$ 体系),已经取得了很好的效果。

镍或铜锌化合物的纳米颗粒对于某些有机化合物的氢化反应来说是极好的催化剂,可替代昂贵的铂或钯。纳米铂黑催化剂可以使乙烯的氧化反应温度从 600 ℃降到室温,纳米铁、镍、γ-Fe_2O_3 粉末混合后制成的轻烧结体可取代贵金属作为汽车尾气净化剂。

纳米静电屏蔽材料是纳米技术的另一重要应用。日本松下公司利用具有半导体特性的氧化物纳米微粒(如 Fe_2O_3、TiO_2、ZnO 等)做成的涂料,具有较高的导电性,因而能起到良好的静电屏蔽作用。另外,氧化物纳米微粒的颜色各种各样,因而可以通过复合控制静电屏蔽涂料的颜色。这种纳米静电屏蔽涂料不但有很好的静电屏蔽特性,而且克服了炭黑静电屏蔽涂料只有单一颜色的单调性。

另外,如果将纳米 TiO_2 粉体按一定比例加入化妆品中,则可以有效地遮蔽紫外线。目前,日本等国已有含纳米 TiO_2 粉体的化妆品面世。用添加 0.1％～0.5％(体积分数)的纳米 TiO_2 粉体制成的透明塑料包装材料包装食品,可防止紫外线对食品的破坏,使食品保持新鲜。纳米微粒还可用作导电涂料、印刷油墨,用于制作固体润滑剂等。

6)纳米技术在医学上的应用

纳米技术近年来发展很快,在医学上也开始崭露头角。作为监测、诊断和治疗疾病的手段,科研人员已经成功利用纳米 SiO_2 微粒进行细胞分离,用金的纳米微粒进行定位病变治疗,以减少对患者的副作用等。

科学家们设想利用纳米技术制造出分子机器人,在血液中循环,对身体各部位进行检测、诊断,并实施特殊治疗,疏通脑血管中的血栓,清除心脏动脉脂肪沉积物,甚至吞噬病毒,杀死癌细胞。这样,在不久的将来,被视为当今疑难病症的艾滋病、高血压、癌症等都将"迎刃而解",从而使医学研究领域产生一次革命。

7)纳米技术在其他方面的应用

在军事方面,利用具有强红外吸收能力的纳米复合体系,可以制造红外线检测件、红外线吸收材料、隐形飞机上的雷达波吸收材料等。美国 F-117A 隐形战斗机上就使用了这种材料。

另外,可利用碳纳米管来制作储氢材料,用来制作燃料汽车的燃料储备箱;可利用纳米微粒膜的巨磁阻效应研制高灵敏度的磁传感器。对纳米技术还将开发出更多具有应用前景的领域。

【习题与思考题】

1. 解释高分子材料的老化现象。防止高分子材料老化的措施有哪些?

2. 举出常用的四种热塑性塑料和两种热固性塑料,并说明它们主要的性能和用途。

3. 用塑料制造的零件有何优缺点?

4. 说明橡胶的主要特性和用途。

5. 现代陶瓷材料有哪些力学性能特点?举例说明现代陶瓷材料的主要应用领域。

6. 举例指明日常应用的复合材料,并指出它们的复合强化机制。

7. 玻璃钢、有机玻璃、金属玻璃、无机玻璃分别属于哪类材料?各举出一个可能的应用。

8. 何谓复合材料?常用复合材料的基体与增强体有哪些?它们在材料中各起什么作用?

9. 用于树脂基复合材料的基体有哪些?

10. 简要描述超导体在未来电力系统中的应用前景。

11. 试利用形状记忆合金的记忆效应,设计一个玩具或装置。

第8章　工程材料的选用

随着材料研究和开发水平的不断提高,可供选用的工程材料品种越来越多。正确选用工程材料,达到最佳的使用效果,需要遵循一定的材料选用规律。

8.1　材料选用时要考虑的因素

为某一产品或零件选用材料时,必须考虑系列的因素:首先材料必须具有所需要的物理和力学性能;其次材料必须能加工成所需的形状,即具有良好的工艺性能;最后,材料必须具有合适的经济性,即合适的性价比。除了满足以上需求外,还要考虑材料的生产、使用过程中以及失效后对环境的影响。

8.1.1　使用性能因素

使用性能是指零件在使用状态下,材料应具备的力学性能、物理性能和化学性能。它是材料选用时首先要考虑的因素。不同零件所要求的使用性能不同。大量的机器零件和工程构件在使用过程中承受各种形式的外力作用,要求材料在规定的期限内,不超过规定的变形度或不发生破断,即要求材料具有良好的力学性能。

强度是材料的基本力学性能,而材料的塑性、韧性等是保证材料使用安全性的重要指标。以强度为设计依据时,应按零件的实际要求选用材料。例如:轧钢机架除要求具有一定的强度外,还要满足特定尺寸、形状和一定的重量要求,以保持设备的稳定性,可选用中低强度材料;而航空、航天设备零件为保证飞行速度,要尽量减小尺寸、降低重量,必须选用高强度材料。

承受不同类型的载荷,材料的选择也不同。例如:承受拉伸载荷的零件,表层和芯部的应力分布均匀,材料应具有均一的组织和性能,选用的钢种必须具有良好的淬透性;承受弯曲和扭转载荷的零件,表层和芯部的应力相差较大,可选用淬透性低的钢种进行表面热处理或化学处理;承受交变载荷的零件,除要求具有高的疲劳强度外,缺口敏感性也十分重要。

不同环境下工作的零件,对材料的要求也不同。高温条件下工作的零件要选择组织稳定性好的材料;低温条件下工作的零件,要选择韧脆转变温度低的材料;腐蚀环境下工作的零件,要选择具有良好耐蚀性的材料。

还有一些工程零件,除要求具有良好的力学性能外,还对其物理性能和化学性能有特别的要求,如要求具有良好的导电性、磁性、导热性、热膨胀性等。

8.1.2　工艺性能因素

工艺性能是指材料在加工过程中被加工成形的能力。金属零件通常经过铸造、锻造、焊接、热处理以及切削加工等方式成形,因而金属材料的工艺性能包括铸造性、锻造性、焊接性、切削加工性和热处理工艺性等。高分子材料零件通过热压、注射、热挤压等方法成形,有些还经过切削、焊接等后续加工,因而高分子材料的工艺性能包括可挤压性、可模塑性、可延展性和可纺性等;陶瓷材料零件通过粉末压制烧结成型,有些还需进行热处理或磨削加工。

材料的工艺性能决定了零件成形的可行性、生产效率及成本,有些还直接影响零件的使用性能,因此选用材料时一定要考虑材料的工艺性能。一个零件的加工制造方法可能有几种供选择,如齿轮可以用棒料切削加工,也可以采用精密铸造,还可以用模锻坯料切削加工。采用哪种方法应从产量上考虑,大批量生产时采用模锻坯料,齿轮既能达到性能要求,又可保证产品质量,提高生产效率和降低成本。每种加工方法又有其特殊的加工对象,如铸铁只能采用铸造工艺,陶瓷只能用粉末冶金方法,高碳钢采用热压力加工,钢可以采用淬火方式强化,而变形铝合金只能采用形变或时效方式来强化。

8.1.3 经济性因素

在满足使用性能和工艺性能的前提下,保证用最低的成本、最小的能量消耗,产生最少的废料和环境污染,实现最高的劳动生产率来获得最优质的产品是工程师的最高追求目标。零件的总成本包括制造成本(材料的价格、零件的自重、零件的加工费用、试验研究费用等)和附加成本(零件的寿命,即更换零件的费用、停机损失费和维修费用等)。在保证零件使用性能的前提下,尽量选用价格便宜的材料,可降低零件总成本。但是有时选用性能好的材料,尽管价格较贵,但是可通过减轻零件的自重延长使用寿命、降低维修费用等,使得总成本降低。

材料的选用要立足于我国的资源和国情,考虑材料的供应情况。按照国家标准,尽量选购少而集中的种类和规格的材料,以便于采购和管理。

8.1.4 环境因素

材料在加工、制造、使用和再生过程中会耗用自然资源和能源,并向环境体系排放各种废弃物。那些可节约能源、节约资源,可重复使用,可循环再生,结构可靠性高,可替代有毒物质,能清洁、治理环境的工程材料正在成为人们关注和首选的材料。

8.2 材料的选用内容及方法

8.2.1 材料的选用内容

1.化学成分与组织结构

在材料的化学成分、组织结构和性能之间的关系方面已经积累了大量研究、使用结果和数据,为材料的选择提供了条件。改变化学成分和组成相的数量、尺寸、形状及分布等,都可以改变材料的性能。因此,材料的成分和组织结构是材料设计和选用的核心问题。

材料的化学成分是根据零件的使用性能确定的,但是仅凭材料的成分还不能完全控制性能,因为组织结构起着更直接的作用。所以,运用组织与性能的关系,可以更有效地预测材料的性能。组织结构与性能的关系包括材料的强化方法,如沉淀强化、细晶强化等。

相图是确定材料成分与组织结构关系的依据。由于合金成分与组织结构互为因果关系,所以根据性能可以选定合金成分,从而确定组织状态。同样,根据性能选定材料的组织状态,也可以确定成分。

2. 材料的加工工艺

材料的加工工艺选择首先要保证零件所要求的使用性能,其次要达到规定的生产效率,最后是经济成本低。对于金属材料,加工过程中材料的组织将发生变化,很好地控制加工工艺可以获得更高的力学性能。例如,控制浇注工艺可以改变晶粒的尺寸、形状和分布,采用定向凝固可以提高叶片的高温强度,淬火加高温回火可以获得二次硬化效果等。

材料加工工艺设计除考虑产品的性能外,产品的形状、尺寸、质量及产量等也必须考虑。产量不同,生产的手段也不一样。小批量生产可用简易设备,操作技术简单,投资小,但是产量低,单件产品成本高,产品的质量稳定性差。大量生产时采用机械化、自动化程度高的设备,虽然投资大,技术复杂,但是产量高,单件产品成本低,产品的质量稳定性好。零件的尺寸与质量是确定材料加工工艺的重要因素。例如,对于钢铁零件,虽然合适的热处理可以提高性能,但是对于大型零件,是否进行热处理要同时考虑产品的成本问题。又如,铸件受尺寸和质量的限制较小,而锻件在尺寸和质量方面具有较大的局限性。

8.2.2 材料的选用方法

(1)分析零件的工作条件,确定使用性能。

①受力状态。受力状态包括应力的种类(拉、压、弯、扭、剪切等)、大小、分布以及载荷的性质(静载荷、动载荷、交变载荷等)。

②工作环境。工作环境包括温度、湿度、介质等条件。工作温度分为低温、室温、高温及交变温度等。湿度包括在水中长期或间歇、露天雨淋或干燥状态。介质包括各种腐蚀介质(海水、酸、碱、盐等)和摩擦介质(粉尘、磨粒等)。还有一些特殊的工作环境,如光照、核辐射磁场等。

③特殊要求。有些零件除承受载荷外,还要求具有特殊的物理性能和化学性能,如导电性、导热性、磁性、耐燃性、抗氧化性、耐蚀性等。

在不同的受力状态、不同的环境下工作的零件,使用性能要求也不同。例如,静载时,材料对弹性变形或塑性变形的抗力是主要使用性能,而在交变载荷下,疲劳抗力是主要的使用性能。因此,必须根据具体情况进行充分、细致的分析,确定零件的使用性能。

(2)分析零件的失效原因,确定零件的主要使用性能。零件失效分析的目的是找出产生失效的主导因素,为准确地确定零件的主要使用性能提供经过实践检验的可靠依据。例如,长期以来,人们认为发动机曲轴的主要使用性能是高的冲击抗力和耐磨性,选用 45 钢来制造。经过失效分析,发现发动机轴的失效方式主要为疲劳断裂,主要使用性能应为疲劳抗力。以疲劳强度为主要失效抗力设计和制造发动机的曲轴,发动机曲轴的质量和寿命都显著提高,并且可以选用价格更为低廉的球墨铸铁来制造。

零件失效方式主要有三大类,即过量变形、断裂和表面损伤,如图 8-1 所示。

零件失效分析的基本步骤如下。

①取样:收集失效零件的残骸,确定重点分析部位和失效的发源部位,在该处取样,并记录实况。

②整理有关资料:详细整理失效零件的有关资料,包括零件的设计、加工、安装、使用等资料。

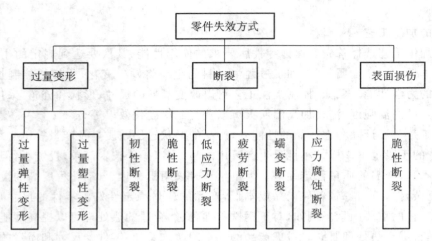

图 8-1 零件失效方式分类

③检验:包括金相组织分析、内部缺陷分析、断口形貌分析、化学成分分析、力学性能测试断裂力学分析等,从材料的成分、组织、性能方面判断加工工艺是否合理,从受力状态、断口形貌以及断裂力学的计算角度判断裂纹萌生、扩展及断裂机理。

④撰写分析报告:综合上述各方面的资料进行充分分析,做出判断,确定失效的具体原因,提出改进措施,写出分析报告。

明确了零件失效的原因,可以提出零件主要的使用性能要求,为了满足相应的要求,可从零件的设计、选材、加工和安装等环节进行改进,使零件的质量和可靠性不断提高。

(3)提出材料的力学性能要求。在明确了零件的使用性能要求以后,通过分析、计算、实验等手段将使用性能转化成可测量的性能指标和具体数值,再比照这些数值查找手册中具有相同性能的材料进行选择。初步选定材料的牌号后,再决定零件的加工工艺和强化方法。按照力学性能要求选材时还应注意以下问题。

①充分考虑尺寸效应。尺寸效应是指随着材料截面积的增大,材料的力学性能下降的现象。这是因为材料的截面积越大,材料内部可能出现的缺陷数量越多。而对于用钢铁材料制作的零件来说,截面积越大需要材料的淬透性越好,否则未能淬透的芯部的强度将下降很多,会导致失效。

②综合考虑材料的力学性能指标。零件设计时通常以材料的强度为主要设计指标,提高材料的强度,可减轻零件的质量,延长零件的使用寿命。但是对于大多数材料来说,强度提高的同时,塑性、韧性会有所下降,增大了零件脆性断裂的危险性。因此,在选材时,要综合考虑各种性能指标,既要考虑到零件的承载能力,减小零件的尺寸,也要考虑到常规的力学性能指标,如硬度、强度、塑性和韧性。

对于非常规的力学性能指标,如断裂韧度及腐蚀介质中的力学性能等,可通过模拟实验取得数据,或借助于相关资料中的已有数据进行选材。盲目地根据常规力学性能数据来代替非常规力学性能数据是不合理的。

(4)正确运用试验结果和数据。目前世界上许多国家都颁布了大量试验研究结果与数据,为材料设计与选用提供了便利条件。但是这些数据是在规定的试验条件下得到的,与实际产品服役条件相差很大。利用同一种材料做成的零件,尺寸与试样相差越大,性能相差也越大。

材料在加工过程中,不可避免地出现化学成分波动、温度波动等现象。另外,加工过程中还可能出现各向异性。这些因素也会使同一材料加工的零件内部产生性能的偏差。考虑到材料在制备、加工过程中会有一定的缺陷,设计时要考虑增加一定的安全系数。

8.3 典型零件的材料选用举例

8.3.1 金属材料的选用举例

以齿轮为例。齿轮的作用是传递动力、改变运动速度和方向。

1. 受力状态

(1)传递动力时齿根承受交变弯曲应力。

(2)起动、换挡时齿面承受冲击载荷和滑动摩擦。

(3)齿面相互滚动时承受很大的交变接触压应力和摩擦力。

以上各力的大小与齿轮具体服役的机械设备有关,如矿山开采设备中的齿轮和手表中的齿轮会有很大的差异。工作环境也与齿轮具体服役的机械设备的工况有关。

2. 失效方式

(1)疲劳断裂:交变弯曲载荷作用下引起的弯曲疲劳断裂。

(2)齿面磨损:由滑动和滚动的摩擦力引起。

(3)齿面接触疲劳破坏:在交变的接触压应力作用下,齿面产生微裂纹并扩展,引起点状剥落。

(4)过载断裂:承受过大冲击载荷时导致失效。

3. 性能要求

根据工作条件和失效方式分析,提出以下性能要求。

(1)高的弯曲疲劳强度。

(2)高的接触疲劳强度。

(3)足够的强度和冲击韧度。

(4)良好的工艺性。

4. 材料选用

工程材料种类繁多,特性各异,且应用范围也不同。高分子材料的性能范围广,变化多,具有巨大的应用开发潜力。但一些性能较好的高分子材料,如聚碳酸酯等,因目前价格太贵,故尚难大量使用;价格较低的聚乙烯等,因强度、韧性、抗疲劳等能力较弱,应用范围有限,只能用来制造轻载齿轮、密封圈等零件。陶瓷材料太脆,目前还不能作为结构材料,但它是重要的工具材料和耐高温材料,并有着良好的绝缘性。复合材料有很好的比强度和比模量,但价格昂贵,如 AO_3 晶须增强复合材料非常昂贵,所以还不能在一般工业中使用。相比之下,金属材料具有优良的综合力学性能,可以通过加工硬化和热处理等手段,调整各项性能,并且生产成本较低,所以金属材料特别是钢铁,目前仍然是机械工业中最主要的结构材料。

齿轮类零件、轴类零件和箱体类零件在工业上应用范围较广,下面对这三类零件的选材进行分析。

1)齿轮类零件的选材

(1)齿轮的工作条件、主要失效形式及对材料性能的要求(前文已述,此处略)。齿轮是机械工业中应用最广泛的重要零件之一,主要用于传递动力和运动,改变速度和方向。

齿轮的材料主要依据工作条件(如圆周速度、载荷的性质与大小以及精度要求等)来确定。

①碳钢、合金钢。根据齿轮的性能要求,齿轮材料可选用低、中碳钢或低、中碳合金钢,并对轮齿表面进行强化处理,使轮齿表面有较高的强度和硬度,芯部有较好的韧性。此类钢材的工艺性良好,价格较便宜。例如,汽车、机床中的重要齿轮多采用碳钢或合金钢。

②非铁金属材料。承受载荷较轻,速度较小的齿轮,还常选用非铁金属材料,如仪器仪表齿轮常选用黄铜、铝青铜等;随着高分子材料性能的不断完善,工程塑料制的齿轮也在越来越多的场合得到应用。

③铸铁材料。对于一些轻载、低速、不受冲击、精度和结构紧凑要求不高的不重要的齿轮,常采用灰铸铁并进行适当的热处理。近年来球墨铸铁的应用范围越来越广。对于润滑条件差而要求耐磨的齿轮及要求耐冲击、高强度、高韧性和耐疲劳的齿轮,可用贝氏体球墨铸铁代替渗碳钢。

(2)齿轮选材的具体实例。

①机床齿轮选材。

机床齿轮主要用于传递动力,改变运动速度和方向,载荷不大,工作平稳、无强烈冲击,转速也不很高,工作条件较好,一般选用调质钢制造,如 40 钢、45 钢、40Cr 钢、42SMn 钢等,经调质(或正火)、高频感应加热淬火、低温回火,即可达到使用要求。但随着机床工业的发展,机床中也出现了高速且承受冲击载荷较大的重要齿轮(如立式车床上的一些齿轮)。在这种情况下,宜选用 20CrMnTi 钢、20Cr 钢等合金渗碳钢制造,经渗碳、淬火、低温回火处理,使之达到使用要求。

图 8-2 所示为某卧式车床主轴箱中三联滑动齿轮简图。

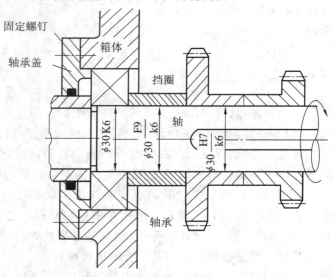

图 8-2 某卧式车床主轴箱中三联滑动齿轮简图

工作中,通过拨动主轴箱外手柄使齿轮在轴上滑移,利用与不同齿数的齿轮啮合,可得到不同的转速,工作时转速较高。该齿轮的热处理技术条件是:轮齿表面硬度 50～55 HRC,齿芯部硬度 20～25 HRC,整体强度 $a=780～800$ MPa,整体韧性 $a_K=40～60$ J/cm²。

从下列材料中选择合适的钢种,并制齿轮的其加工工艺路线:35 钢、45 钢、T12 钢、20CrMnTi 钢、38CrMoAl 钢、1Cr18Ni9Ti 钢、W18Cr4V 钢。

a. 分析及选材。该齿轮是普通车床主轴箱滑动齿轮,是主传动系统中传递动力并改变转速的齿轮。该齿轮受力不大,在变速滑移过程中,虽然同它相啮合的齿轮有碰撞,但冲击力不大,转动过程平稳。根据题中要求,轮齿表面硬度只要求 50～55 HRC,故不必要采用渗碳等化学热处理,整体的强度、韧性经调质就可以达到。因此,选用淬透性适当的调质钢,经调质、高频感应加热淬火和低温回火达到要求。因为该齿轮较厚,为提高它的淬透性,可选用合金调质钢,油淬即可使截面大部分淬透,同时也可尽量减少淬火变形量,回火后基本上能满足性能要求。因此,从所给钢种中选择 40Cr 钢比较合适。

b. 确定加工工艺。加工工艺路线为:下料→齿坯锻造→正火(850～870 ℃空冷)→粗加工→调质(840～860 ℃油淬,600～60 ℃回火)→精加工→高频感应加热淬火(860～880 ℃高频感应加热乳化液冷却)→低温回火(180～200 ℃回火)→精磨。

②汽车、拖拉机齿轮选材料。

汽车、拖拉机齿轮主要分装在变速箱和差速器中。在变速箱中,齿轮用于传递转矩和改变转速;在差速器中,齿轮主要用来增加转矩、调节左右两车轮的转速,并将发动机的动力传给驱动轮,推动汽车、拖拉机行驶。由于实际路况、工作条件很复杂,这些齿轮承载较重,频繁受冲击,因此要求齿轮的耐磨性、疲劳强度、芯部的强度以及冲击韧度等均比机床齿轮高很多。实践证明,选用低碳钢或合金渗碳钢制造,经渗碳(或碳氮共渗)、淬火及低温回火处理能满足使用要求。因为渗碳后齿轮表层碳的质量分数大大提高,保证淬火后高硬度、高耐磨性和高的接触疲劳抗力,而芯部仍保持低碳马氏体的良好强韧性,耐冲击与抗振动。对于汽车、拖拉机中像油泵齿轮等承载轻、受冲击小的场合,仍可选调质钢经调质处理后使用或选用塑料齿轮。载货汽车变速箱齿轮简图如图 8-3 所示。

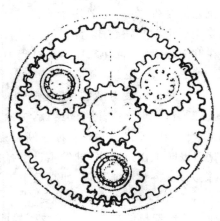

图 8-3 载货汽车变速箱齿轮简图

使用中齿轮受一定的冲击,负载较重,轮齿表面要求耐磨。齿轮的热处理技术条件是:轮齿

表层碳的质量分数 $w(C)=0.80\%\sim1.05\%$，齿面硬度 $58\sim63$ HRC，齿芯部硬度 $33\sim45$ HRC，要求芯部强度 $a\geqslant1\,000$ MPa，$a_{-1}\geqslant440$ MPa，$a_K\geqslant95$ J/cm²。试从实例"机床齿轮选材"提供的材料中选择制造该齿轮的合适钢种，并制订齿轮的加工工艺路线。

a. 分析及选材。此载货汽车变速箱齿轮在工作时承受载荷较大，轮齿承受周期变化的弯曲应力的作用较大，齿面承受着强烈摩擦和交变接触应力，为了防止磨损，要求具有高的硬度、高的疲劳强度和良好的耐磨性（$58\sim63$ HRC）。在换挡刹车时齿轮还受到较大的冲击力，齿面承受较大的压力，因此还要求齿的芯部具有一定的强度和硬度（$33\sim45$ HRC）以及适当的韧性，以防止轮齿折断。根据以上分析，可知该载货汽车齿轮的工作条件很苛刻，因此在耐磨性、疲劳强度、芯部的强度和冲击韧度等方面的要求均比机床齿轮要高。

从 35 钢 45 钢、T12 钢、20Cr 钢、40Cr 钢、20CrMnTi 钢、38CrMoAl 钢、1Cr18Ni9T 钢、W18Cr4V 钢这些钢种中选调质钢 45 钢、40Cr 钢并进行淬火，均不能满足使用要求（表面硬度只能达 $50\sim56$ HRC）；38CrMoAl 钢为氮化钢，氮化层较薄，适合应用于转速高、压力小、不受冲击的使用条件下，故不适合制作此汽车齿轮；合金渗碳钢 20Cr 钢经渗碳淬火虽然表面能达到力学性能要求，材料来源也比较充足，成本也较低，但是它的淬透性低，容易过热，淬火的变形开裂倾向较大，综合评价仍不能满足使用要求；合金渗碳钢 20CrMnTi 钢经渗碳热处理后，齿面可获得高硬度（$58\sim63$ HRC）、高耐磨性，并且由于该钢含有 Cr、Mn 元素，具有较高的淬透性，油淬后可保证齿芯部获得强韧结合的组织，具有较高的冲击韧度，同时含有 Ti，不容易过热，渗碳后仍保持细晶粒，可直接淬火，变形较小。另外，20CrMnT 钢的渗碳速度较快，表面碳的质量分数适中，过渡层平缓，渗碳热处理后，具有较高的疲劳强度，故可满足使用要求。因此该载货汽车变速箱齿轮选用 20CrMnTi 钢制造比较适宜。

b. 确定加工工艺。加工工艺路线为：下料→齿坯锻造→正火（$950\sim970$ ℃空冷）→机加工→渗碳（$920\sim950$ ℃渗碳 $6\sim8$ h）→预冷淬火（预冷至 $870\sim880$ ℃油冷）→低温回火→喷丸→校正花键孔→磨齿。

2）轴类零件的选材

（1）轴类零件工作条件、失效形式及性能要求。

①工作条件：轴是机械中重要的零件之一，主要用于支承传动零件（如齿轮、凸轮等）、传递运动和动力。工作时，轴主要受交变弯曲和扭转应力的复合作用，有时也承受拉压应力；轴与轴上零件有相对运动，相互间存在摩擦和磨损；轴在高速运转过程中会产生振动，使轴承受冲击载荷；多数轴在工作过程中，常常要承受一定的过载载荷。

②失效方式：长期交变载荷作用易导致疲劳断裂（包括扭转疲劳和弯曲疲劳断裂）；承受大载荷或冲击载荷会引起过量变形断裂；长期承受较大的摩擦，轴颈及花键表面易出现过量磨损。

③性能要求：良好的综合力学性能，以防过载断裂、冲击断裂；高疲劳强度，降低应力集中敏感性，以防疲劳断裂；足够的刚度，以防工作过程中，轴发生过量弹性变形而降低加工精度；表面要有高硬度、高耐磨性，以防磨损失效；特殊性能要求，如高温中工作的轴抗蠕变性要好，在腐蚀性介质中工作的轴要求耐蚀性好等。

（2）轴类材料选用依据。轴类零件选材的主要依据是载荷的性质、大小及转速的高低，精度和粗糙度要求，轴的尺寸大小以及有无冲击、轴承的种类等。

主要承受弯曲、扭转的轴，如机床的主轴和曲轴、汽轮机的主轴、变速箱的传动轴、卷扬机轴等,在载荷的作用下,应力在轴的截面上分布是不均匀的,表面部位的应力值最大,越往中心应力越小,至芯部达到最小,故不需要选用淬透性很高的材料,一般只需淬透轴半径的 1/2~1/3 即可。因此,常选 45 钢、40Cr 钢、40MnB 钢和 45Mn2 钢等,先经调质处理,后在轴颈处进行高、中频感应加热淬火及低温回火。

同时承受弯曲、扭转及拉、压应力的轴,如锤杆、船用推进器等,整个截面上应力分布基本均匀,应选用淬透性较高的材料,故常选用 30CrMnSi 钢、40MnB 钢、40CrNiMo 钢等。一般也是先经调质处理,然后进行高频感应加热淬火、低温回火。

主要要求刚性好的轴,可选用优质非合金钢等材料,如 20 钢、35 钢、45 钢经正火后使用。还有一定耐磨性要求时,选用 45 钢,正火后在轴颈处进行高频感应加热淬火、低温回火。对于受载较小或不太重要的轴,也常用 Q235 钢或 Q275 钢等普通非合金钢。

要求轴颈处耐磨的轴,常选中碳钢经高频感应加热淬火,将硬度提高到 52 HRC 以上。

承受较大冲击载荷,又要求较高耐磨性的形状复杂的轴,如汽车、拖拉机的变速轴等,可选低碳合金钢(18Cr2NiWA 钢、20C 钢、20CrMnTi 钢等),经渗碳、落火、低温回火处理。

要求有较好的力学性能和很高的耐磨性,而且在热处理时变形量要小,长期使用过程中要保证尺寸稳定的轴,如高精度磨床主轴,选用渗氮钢 38CMoAlA 钢,进行氮化处理,使表面硬度达到 1 100~1 200 HV(相当于 69~72 HRC),芯部硬度为 230~280 HBS。

近年来在国内外,用球墨铸铁代钢制作的内燃机曲轴越来越多,第二代解放牌汽车 J130 的内燃机中的曲轴塑、韧性远低于锻钢,但在一般发动机中对塑、韧性要求并不太高;东风及东风 4 型内燃机车的曲轴均用球墨铸铁(或合金球墨铸铁)制造,虽然球墨铸铁的塑、韧性远低于锻钢,但在一般发动机中对塑、韧性要求并不太高;球墨铸铁的缺口敏感性小,实际球墨铸铁的疲劳强度并不明显低于锻钢,而且可通过表面强化处理(如滚压、喷丸、渗氮等)大大提高疲劳强度,效果优于锻钢,因而在性能上完全可代替非合金调质钢。我国研制成功的稀土镁球墨铸铁,冲击韧度好,同时具有减摩、吸振和对应力集中敏感性小等优点。

C6132 型车床主轴简图如图 8-4 所示。该轴工作时受弯曲和扭转应力作用,但承受的应力和冲击力不大,运转较平稳,工作条件较好。主轴大端内锥孔、外圆锥面工作时需经常与顶尖、卡盘有相对摩擦;花键部位与齿轮有相对滑动或碰撞。该主轴在滚动轴承中运转。主轴的热处理技术条件为:主轴整体调质,硬度为 220~250 HBS;内锥孔和外圆锥面局部淬火,硬度为 45~50 HRC;花键部位高频感应淬火,硬度为 48~53 HRC。试从下列材料中选择制造该主轴的

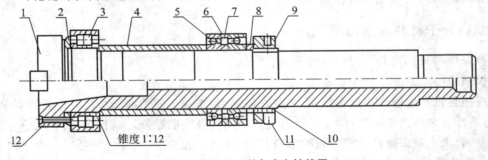

图 8-4 C6132 型车床主轴简图
1—主轴;2—调整环;3,5—轴承;4,8—套;6—外环;
7—内环;9—螺母;10—压块;11—紧定螺钉;12—螺钉

合适钢种,并制订该主轴的加工工艺:35 钢、45 钢、T12 钢、20Cx 钢、40Cr 钢、20CrMnTi 钢、38CrMoAl 钢、1Cr18Ni9Ti 钢、W8Cr4V 钢。

①分析及选材。根据对上述工作条件的分析,主轴应具有良好的综合力学性能,并且花键(经常摩擦和碰撞)和大端内锥孔、外圆锥面(经常装拆,也有摩擦和碰撞)部位均要求有较高的硬度和耐磨性。C6132 型车床主轴属于中速、轻载荷、在滚动轴承中工作的主轴。

45 钢虽然淬透性不如合金调质钢,但具有锻造性和切削加工性良好、价格低等特点,而且该主轴结构形状较简单,工作最大应力处于表层,因此选用 45 钢即可满足使用要求。

②确定加工工艺。加工工艺路线为:下料→锻造→正火(850~870 ℃空冷)→粗加工→调质(840~860 ℃盐淬至 150 ℃左右再空冷,50~570 ℃回火)→半精加工(花键除外)→局部淬火、回火(锥孔外锥面 830~850 ℃盐淬,20~250 ℃回火)→粗磨(外圆、外锥面、锥孔)→花键→花键高频感应淬火、回火(890~900 ℃高频感应加热,喷水冷却,180~200 ℃回火)→精加工(外圆、外锥面、锥孔)。

主轴结构形状较简单,一般情况下调质、淬火时不会出现开裂,但轴较长,进行整体淬火,会产生较大的变形,且难以保证锥孔与外圆锥面对两轴颈的同轴度要求,因此,改为锥部淬火与花键淬火分开进行,可以保证使用质量要求。

3)机架、箱体类零件的选材

机架、箱体类零件是机械中的重要零件之一,形状不规则、内外结构都比较复杂,工作条件相差也很大。其中一般基础零件,如机身、底座等,以承压为主,要求有较好的刚度和减振性;有些机身、支架往往同时承受拉、压和弯曲应力的作用,甚至还有冲击力,所以要求具有较好的综合力学性能;工作台和导轨等,要求有较高的耐磨性;主轴箱、变速箱、进给箱、阀体,通常受力不大,但要求有良好的刚度和密封性;一些受力较大、要求高强度、高韧性,甚至在高温下工作的零件,如轧钢机、大型锻压机的机身和汽轮机的机壳等,应采用铸钢或合金铸钢件,进行完全退火或正火,以消除粗晶组织和铸造应力;受力较大,但形状简单,生产数量较少的支架、箱体件,可采用型钢焊接而成;受力不大,主要承受静载荷,不受冲击的支架箱体件,可选用灰铸铁,若该零件在服役时与其他部件发生相对运动,其间有摩擦、磨损产生,则应选用珠光体基体的灰铸铁,铸件一般应进行去应力退火;受力不大,要求自重轻或导热性好的零件,可选用铸造铝合金制造,铝合金件应根据成分不同,进行退火或固溶处理、时效处理;受力小,要求自重轻,工作条件好的机架、箱体件,可选用工程塑料。

8.3.2 高分子材料的选用举例

以汽车中常见的高分子材料零件为例。

1. 仪表板

仪表板是汽车内饰件中最为复杂、承载件最多、最难加工制造的部件之一。它集安全性、功能性、舒适性与装饰性于一身,除了要求有良好的刚性及吸能性外,人们对仪表板手感、皮纹、色泽、色调的要求也越来越高。仪表板要求原材料流动性、成型性、尺寸稳定性好。由于仪表板接受阳光的直接照射,所以它要具备高耐热性;仪表板要有良好的刚性及吸能性,所以它要具备高耐冲击性、柔韧性。另外,仪表板要避免光线影响驾驶员视线,还要具备低光泽性。它可选用以下塑料:PP+Talc、耐热 ABS、PC/ABS、PA/ABS 和 PBT/ABS。

2. 前、后保险杠,外侧围护板

由于外侧围护板处于汽车的周围,对汽车起保护作用,要求防撞、吸能,应具有超高的耐冲击性和韧性。由于是汽车外部工作件,工作环境较为恶劣,因此要求外侧围护板具有耐高、低温性、耐老化性能和耐蚀性;又由于体积比较大,制造时成形困难,表面易形成流痕、熔接痕,因此要求材料流动性好、具有优良的成形性。保险杠是外观件,对表面外观有较高的要求,有的要进行喷漆处理,因此还要求涂装性好。此外,保险杠的最大尺寸接近 2 m,收缩变形较大,尺寸难以保证在公差要求的范围内,所以还保险杠具有尺寸稳定性。据此,结合塑料材质的特点,保险杠的原材料可以选用如下材料:PP + EPDM + Tale、PBT/ABS、PC/ABS、PA/ABS、和PC/PBT。

【习题与思考题】

1. 零件选材的影响因素有哪些? 应注意些什么?

2. 汽车、拖拉机变速箱齿轮多用渗碳钢制造,而机床变速箱齿轮多用调质钢制造,原因何在?

3. 零件常见的失效方式有哪些? 它们要求材料的主要性能指标分别是什么?

4. 指出下列工件各采用所给材料中的哪一种材料,并选定其热处理方法。

工件:车辆减振弹簧、发动机排气阀门弹簧、机床床身、发动机连杆螺栓、机用大钻头、车床尾座顶针、镗床镗杆、普通机床地脚螺栓、高速粗车铸铁件的车刀、螺丝刀。

材料:38CrMoAl、40Cr、Q235、45、T10、16Mn、Wl8Cr4V、T7、KTH300-06、60Si2M、ZL102、YG15、HT200、ZCuSn10P1。

5. 为下列零件从括号中选择合适的制造材料,并说明理由。

(1)热作模具(Cr12MoV、5CrNiMo、HTRSi5)。

(2)桥梁构架(20Mn2、30Cr13、40)。

(3)凸轮轴(9SiCr、40Cr、QT5007)。

附录 A 国内外常用钢钢号对照表

钢类型	中国	苏联	美国	英国	日本	法国	德国
优质碳素结构钢	08F	08КП	1006	040A04	S09CK		C10
	08	08	1008	045M10	S9CK		C10
	10F		1010	040A10		XC10	
	10	10	1010,1012	045M10	S10C	XC10	C10,CK10
	15	15	1015	095M15	S15C	XC12	C15,CK15
	20	20	1020	050A20	S20C	XC18	C22,CK22
	25	25	1025		S25C		CK25
	30	30	1030	060A30	S30C	XC32	
	35	35	1035	060A35	S35C	XC38TS	C35,CK35
	40	40	1040	080A40	S40C	XC38H1	
	45	45	1045	080M46	S45C	XC45	C45,CK45
	50	50	1050	060A52	S50C	XC48TS	CK53
	55	55	1055	070M55	S55C	XC55	
	60	60	1060	080A62	S58C	XC55	C60,CK60
	15Mn	15Г	1016,1115	080A17	SB46	XC12	14Mn4
	20Mn	20Г	1021,1022	080A20		XC18	
	30Mn	30Г	1030,1033	080A32	S30C	XC32	
	40Mn	40Г	1036,1040	080A40	S40C	40M5	40Mn4
	45Mn	45Г	1043,1045	080A47	S45C		
	50Mn	50Г	1050,1052	030A52,080M50	S53C	XC48	
合金结构钢	20Mn2	20Г2	1320,1321	150M19	SMn420		20Mn5
	30Mn2	30Г2	1330	150M28	SMn433H	32M5	30Mn5
	35Mn2	35Г2	1335	150M36	SMn438(H)	35M5	36Mn5
	40Mn2	40Г2	1340		SMn443	40M5	
	45Mn2	45Г2	1345		SMn443		46Mn7
	50Mn2	50Г2				～55M5	
	20MnV						20MnV6

钢类型	中国	苏联	美国	英国	日本	法国	德国
	35SiMn	35СГ		En46			37MnSi5
	42SiMn	35СГ		En46			46MnSi4
	40B		TS14B35				
	45B		50B46H				
	40MnB		50B40				
	45MnB		50B44				
	15Cr	15X	5115	523M15	SCr415（H）	12C3	15Cr3
	20Cr	20X	5120	527A19	SCr420H	18C3	20Cr4
	30Cr	30X	5130	530A30	SCr430		28Cr4
	35Cr	35X	5132	530A36	SCr430（H）	32C4	34Cr4
	40Cr	40X	5140	520M40	SCr440	42C4	41Cr4
	45Cr	45X	5145,5147	534A99	SCr445	45C4	
	38CrSi	38XC					
	12CrMo	12XM		620CR.B		12CD4	13CrMo44
合金结构钢	15CrMo	15XM	A-387Cr.B	1653	STC42,STT42,STB42	12CD4	16CrMo44
	20CrMo	20XM	4119,4118	CDS12,CDS110	SCT42,STT42,STB42	18CD4	20CrMo44
	25CrMo		4125	En20A		25CD4	25CrMo4
	30CrMo	30XM	4130	1717COS110	SCM420	30CD4	
	42CrMo		4140	708A42,708M40		42CD4	42CrMo4
	35CrMo	35XM	4135	708A37	SCM3	35CD4	34CrMo4
	12CrMoV	12XMФ					
	12Cr1MoV	12X1MФ					13CrMoV42
	25Cr2Mo1VA	25X2M1ФA					
	20CrV	20XФ	6120				22CrV4
	40CrV	40XФA	6140				42CrV6
	50CrVA	50XФA	6150	735A30	SUP10	50CV4	50CrV4
	15CrMn	15XГ,18XГ					
	20CrMn	20XГCA	5152	527A60	SUP9		

钢类型	中国	苏联	美国	英国	日本	法国	德国
合金结构钢	30CrMnSiA	30ХГСА					
	40CrNi	40ХН	3140H	640M40	SNC236		40NiCr6
	20CrNi3A	20ХН3А	3316			20NC11	20NiCr14
	30CrNi3A	30ХН3А	3325,3330	653M31	SNC631H，SNC631		28NiCr10
	20MnMoB		80B20				
	38CrMoAlA	38ХМIOA		905M39	SACM645	40CAD6.12	41CrAlMo07
	40CrNiMoA	40ХНМА	4340	871M40	SNCM439		40NiCrMo22
弹簧钢	60	60	1060	080A62	S58C	XC55	C60
	85	85	C1085,1084	080A86	SUP3		
	65Mn	65Г	1566				
	55Si2Mn	55С2Г	9255	250A53	SUP6	55S6	55Si7
	60Si2MnA	60С2ГА	9260,9260H	250A61	SUP7	61S7	65Si7
	50CrVA	50ХФА	6150	735A50	SUP10	50CV4	50CrV4
滚动轴承钢	GCr9	ШХ9	E51100,51100		SUJ1	100C5	105Cr4
	GCr9SiMn				SUJ3		
	GCr15	ШХ15	E52100,52100	534A99	SUJ2	100C6	100Cr6
	GCr15SiMn	ШХ15СГ					100CrMn6
易切削钢	Y12	A12	C1109		SUM12		
	Y15		B1113	220M07	SUM22		10S20
	Y20	A20	C1120		SUM32	20F2	22S20
	Y30	A30	C1130		SUM42		35S20
	Y40Mn	A40Г	C1144	225M36		45MF2	40S20
耐磨钢	ZGMn13	116Г13Ю			SCMnH11	Z120M12	X120Mn12
碳素工具钢	T7	y7	W1-7		SK7,SK6		C70W1
	T8	y8			SK6,SK5		
	T8A	y8A	W1-0.8C			1104Y175	C80W1
	T8Mn	y8Г			SK5		
	T10	y10	W1-1.0C	D1	SK3		

续表

钢类型	中国	苏联	美国	英国	日本	法国	德国
碳素工具钢	T12	y12	W1-1.2C	D1	SK2	Y2 120	C125W
	T12A	y12A	W1-1.2C			XC 120	C125W2
	T13	y13			SK1	Y2 140	C135W
合金工具钢	8MnSi						C75W3
	9SiCr	9XC		BH21			90CrSi5
	Cr2	X	L3				100Cr6
	Cr06	13X	W5		SKS8		140Cr3
	9Cr2	9X	L				100Cr6
	W	B1	F1	BF1	SK21		120W4
	Cr12	X12	D3	BD3	SKD1	Z200C12	X210Cr12
	Cr12MoV	X12M	D2	BD2	SKD11	Z200C12	X165CrMoV46
	9Mn2V	9Γ2Φ	02			80M80	90MnV8
	9CrWMn	9XBΓ	01		SKS3	80M8	
	CrWMn	XBΓ	07		SKS31	105WC13	105WCr6
	3Cr2W8V	3X2B8Φ	H21	BH21	SKD5	X30WC9V	X30WCrV93
	5CrMnMo	5ΓM			SKT5		40CrMnMo7
	5CrNiMo	5XHM	L6		SKT4	55NCDV7	55NiCrMoV6
	4Cr5MoSiV	4X5МФС	H11	BH11	SKD61	Z38CDV5	X38CrMoV51
	4CrW2Si	4XB2C			SKS41	40WCDS35-12	35WCrV7
	5CrW2Si	5XB2C	S1	BSi			45WCrV7
高速工具钢	W18Cr4V	P18	T1	BT1	SKH2	Z80WCV 18-04-01	S18-0-1
	W6Mo5Cr4V2	P6M3	N2	BM2	SKH9	Z85WDCV 06-05-04-02	S6-5-2
	W18Cr4VCo5	P18K5Φ2	T4	BT4	SKH3	Z80WKCV 18-05-04-01	S18-1-2-5
	W2Mo9Cr4VCo8		M42	BM42		Z110DKCWV 09-08-04-02-01	S2-10-1-8
不耐热钢	1Cr18Ni9	12X18H9	302 S30200	302S25	SUS302	Z10CN18.09	X12CrNi188
	Y1Cr18Ni9		303 S30300	303S21	SUS303	Z10CNF18.09	X12CrNiS188
	0Cr19Ni9	08X18H10	304 S30400	304S15	SUS304	Z6CN18.09	X5CrNi189

钢类型	中国	苏联	美国	英国	日本	法国	德国
	00Cr19Ni11	03X18H11	304L, S30403	304S12	SUS304L	Z2CN18.09	X2CrNi189
	0Cr18Ni11Ti	08X18H10T	321, S32100	321S12 321S20	SUS321	Z6CNT18.10	X10CrNiTi189
	0Cr13Al		405, S40500	405S17	SUS405	Z6CA13	X7CrAl13
	1Cr17	12X17	430, S43000	430S15	SUS430	Z8C17	X8Cr17
	1Cr13	12X13	410, S41000	410S21	SUS410	Z12C13	X10Cr13
	2Cr13	20X13	420, S42000	420S37	SUS420J1	Z20C13	X20Cr13
	3Cr13	30X13		420S45	SUS420J2		
不耐热钢	7Cr17		440A, S44002		SUS440A		
	0Cr17Ni7Al	09X17H7Ю	631, S17700		SUS631	Z8CNA17.7	X7CrNiAl177
	2Cr23Ni13	20X23H12	309, S30900	309S24	SUH309	Z15CN24.13	
	2Cr25Ni21	20X25H20C2	310, S31000	310S24	SUH310	Z12CN25.20	CrNi2520
	0Cr25Ni20		310S, S31008		SUS310S		
	0Cr17Ni12Mo2	08X17 H13M2T	316, S31600	316, S16	SUS316	Z6CND17.12	X5CrNiMo1810
	0Cr18Ni11Nb	08X18H12E	347, S34700	347S17	SUS347	Z6CNNb18.10	X10CrNiNb189
	1Cr13Mo				SUS410J1		
	1Cr17Ni2	14X17H2	431, S43100	431S29	SUS431	Z15CN16-02	X22CrNi17
	0Cr17Ni7Al	09X17H7Ю	631, S17700		SUS631	Z8CNA17.7	X7CrNiAl177

附录 B 金属硬度对照表

硬度试验是机械性能试验中最简单易行的一种试验方法。为了能用硬度试验代替某些机械性能试验,生产上需要一个比较准确的硬度和强度的换算关系。实验证明,金属材料的各种硬度值之间、硬度值与强度值之间具有近似的相应关系,因为硬度值是由起始塑性变形抗力和继续塑性变形抗力决定的,材料的强度越高,塑性变形抗力越大,硬度值也就越高。下表是根据由试验得到的经验公式制作的金属硬度对照表,有一定的实用价值,但在要求数据比较精确时,仍需要通过试验测得。

抗拉强度/(N/mm²)	维氏硬度	布氏硬度	洛氏硬度
250	80	76.0	
270	85	80.7	
285	90	85.2	
305	95	90.2	
320	100	95.0	
335	105	99.8	
350	110	105	
370	115	109	
380	120	114	
400	125	119	
415	130	124	
430	135	128	
450	140	133	
465	145	138	
480	150	143	
490	155	147	
510	160	152	
530	165	156	
545	170	162	
560	175	166	
575	180	171	
595	185	176	
610	190	181	
625	195	185	
640	200	190	
660	205	195	
675	210	199	

抗拉强度/(N/mm²)	维氏硬度	布氏硬度	洛氏硬度
690	215	204	
705	220	209	
720	225	214	
740	230	219	
755	235	223	
770	240	228	20.3
785	245	233	21.3
800	250	238	22.2
820	255	242	23.1
835	260	247	24.0
850	265	252	24.8
865	270	257	25.6
880	275	261	26.4
900	280	266	27.1
915	285	271	27.8
930	290	276	28.5
950	295	280	29.2
965	300	285	29.8
995	310	295	31.0
1 030	320	304	32.2
1 060	330	314	33.3
1 095	340	323	34.4
1 125	350	333	35.5
1 115	360	342	36.6
1 190	370	352	37.7
1 220	380	361	38.8
1 255	390	371	39.8
1 290	400	380	40.8
1 320	410	190	41.8
1 350	420	399	42.7
1 385	430	409	43.6
1 420	440	418	44.5
1 455	450	428	45.3
1 485	460	437	46.1
1 520	470	447	46.9
1 555	480	(456)	47.7
1 595	490	(466)	48.4

抗拉强度/(N/mm²)	维氏硬度	布氏硬度	洛氏硬度
1 630	500	(475)	49.1
1 665	510	(485)	49.8
1 700	520	(494)	50.5
1 740	530	(504)	51.1
1 775	540	(513)	51.7
1 810	550	(523)	52.3
1 845	560	(532)	53.0
1 880	570	(542)	53.6
1 920	580	(551)	54.1
1 955	590	(561)	54.7
1 995	600	(570)	55.2
2 030	610	(580)	55.7
2 070	620	(589)	56.3
2 105	630	(599)	56.8
2 145	640	(608)	57.3
2 180	650	(618)	57.8
	660	58.3	
	670	58.8	
	680	59.2	
	690	59.7	
	700	60.1	
	720	61.0	
	740	61.8	
	760	62.5	
	780	63.3	
	800	64.0	
	820	64.7	
	840	65.3	
	860	65.9	
	880	66.4	
	900	67.0	
	920	67.5	
	940		

附录 C　机械零件常用钢材及热处理方法

钢号	热处理	力学性能					用途举例
		σ_s/MPa	δ/(%)	a_K(J/cm²)	HBS	HRC	
10	S-C59					56～62	冷压加工的且须渗碳淬火的零件，如自攻螺丝、摩擦片等
15	S-C59				芯部 146～136	56～62	载荷小、形状简单、受摩擦及冲击大的零件，如小轴、套、挡铁、销钉等
	S-G59	250～300	≥20		芯部≤143	56～62	
35	C35	≥650	≥8	30		30～40	强度要求较高的小型零件，如小轴、螺钉、垫圈、环、螺母等
45	Z				≤229		载荷不大的轴、垫圈、丝杠、套筒、齿轮等
	T215				200～300		截面在 100 mm 以下，工作速度不高并受中等单位压力的零件，如齿轮、装滚动轴承的轴、花键轴、套、蜗杆、大型定位螺钉、大型定位销等
	T235	≥450	≥10	>40	220～250		
	Y35	≥650	≥15			30～40	截面在 0～8 mm 以下、外形复杂的薄体小零件，如套环紧固螺母等
	G42					40～45	截面在 80 mm 以下，形状不复杂，具有较高强度与硬度的零件，如齿轮、轴、离合器、挡铁、定位销、键等
	C48	≥950	≥6			45～50	截面在 50 mm 以下，不受冲击的高强度耐摩擦零件，如齿轮、轴、棘轮等
	C42					40～45	载荷不大，中等速度，承受一定的冲击力的齿轮、离合器、大轴等
	G48					45～50	中等速度与受负低载荷作用的齿轮、冲击力不大的离合器，直径较大的轴等
	G54				芯部 220～250	52～58	速度不大，受连续重载荷的作用，模数小于 4 mm 的齿轮与直径小于 80 mm 的轴等
	T-G54	≥450	≥17			52～58	

钢号	热处理	力学性能					用途举例
		σ_s/MPa	δ/(%)	a_K(J/cm²)	HBS	HRC	
20Cr	S-C59	芯部≥600	芯部≥10	芯部≥60	芯部≥212	56～62	中等尺寸、高速、受中等单位压力与冲击力作用的零件,如齿轮、离合器、主轴等
	S-G59					56～62	要求高耐磨性,热处理变形小的零件,如模数在 3 以下的齿轮、主轴、花键轴等
20CrMnTi	S-C59	芯部≥800	芯部≥9	芯部≥80	芯部240～300	56～62	高速、受中等或大的单位压力及冲击载荷作用的零件,如齿轮蜗杆、主轴
	S-G59						
40Cr	T215	≥650	≥10	≥60	200～230		中等速度、受中等载荷作用的零件,如齿轮、顶尖套、蜗杆、花键轴等
	T235				220～250		
	C42	≥1 140		50		40～45	中等速度、受大载荷的零件,如齿轮、主轴、液压泵转子、滑块等
	C48	1 300～1 400	7	～30		45～50	同上,要求截面小于 30 mm
	G52					50～55	中等速度、受中等压力作用的齿轮,如果芯部强度要求较高,可先调质
65Mn	C45	≥1 250	≥5			42～48	带状弹簧,截面在 6 mm 以上的弹簧、垫圈
	C58					55～60	高强度、高耐磨、高弹性的零件,如弹簧卡头、机床主轴等
60Si2Mn	C42	≥1 200	≥5			40～45	截面大于 12 mm,承受较重载荷作用的大型弹簧
	C45	≥1 300	≥6			42～48	
T10	Th 球化				≤197		不淬硬的精密丝杠
	T215				200～230		受大载荷作用,有一定耐磨性的精密丝杠、钻套等
	C61					58～64	
2Cr13	T235	450	16	80	200～255		大气条件下不锈的、不大的零件,如镜面轴、标准尺等
CrWMn	C56					54～58	变形小,耐磨性好的精密丝杠、凸轮样板、模具的导向套
	C62					60～61	

钢号	热处理	力学性能					用途举例
		σ_s/MPa	δ/(%)	a_K(J/cm^2)	HBS	HRC	
GCr15	C60	<1 700				58～62	耐磨性好,承受压力作用的大地垫块、心轴
	C63					61～65	载荷大,耐磨性好的零件,如叶片泵定子、靠模、滚动轴承等
W18Cr4V	C63					61～65	高硬度、耐磨的零件,如油泵叶片、螺纹磨床顶尖及其他耐高温耐磨零件

注:T——调质,C——淬火,S-C——渗碳,S-G——渗碳高频,Y——氧化处理,T-G——调质高频,Z——正火。

[1]刘新佳.工程材料[M].北京:化学工业出版社,2006.

[2]徐自立.工程材料[M].武汉:华中科技大学出版社,2003.

[3]王运炎,朱莉.机械工程材料[M].3版.北京:机械工业出版社,2009.

[4]崔占全,孙振国.工程材料[M].2版.北京:机械工业出版社,2007.

[5]邢建东.工程材料基础[M].北京:机械工业出版社,2008.

[6]邓文英,郭晓鹏.金属工艺学[M].4版.北京:高等教育出版社,2004.

[7]沈其文.材料成形工艺基础[M].3版.武汉:华中科技大学出版社,2003.

[8]骆莉,卢记军.机械制造工艺基础[M].武汉:华中科技大学出版社,2006.

[9]周世权,田文峰.机械制造工艺基础[M].2版.武汉:华中科技大学出版社,2010.

[10]童幸生.材料成形技术基础[M].北京:机械工业出版社,2006.

[11]童幸生,徐翔,胡建华.材料成形及机械制造工艺基础[M].武汉:华中科技大学出版社,2002.

[12]童幸生.材料成形工艺基础[M].武汉:华中科技大学出版社,2010.

[13]卢志文.工程材料及成形工艺[M].北京:机械工业出版社,2005.

[14]施江澜,赵占西.材料成形技术基础[M].2版.北京:机械工业出版社,2007.

[15]骆莉,陈仪先.金工实训[M].北京:机械工业出版社,2010.

[16]初福民.机械工程材料实验与习题[M].北京:机械工业出版社,2003.

[17]翟封祥,尹志华.材料成形工艺基础[M].哈尔滨:哈尔滨工业大学出版社,2003.

[18]戈晓岚,赵茂程.工程材料(修订版)[M].南京:东南大学出版社,2006.

[19]胡亚民.材料成形技术基础[M].重庆:重庆大学出版社,2000.

[20]王纪安.工程材料与材料成形工艺[M].北京:高等教育出版社,2000.

[21]王爱珍.工程材料及成形技术[M].北京:机械工业出版社,2003.

[22]塞洛普·卡尔帕基安,史蒂文·R.施密德.制造工程与技术——机加工(翻译版·原书第7版)[M].蒋永刚,陈华伟,蔡军,等,译.北京:机械工业出版社,2019.

[23]李恒德,马春来.材料科学与工程国际前沿[M].济南:山东科学技术出版社,2002.

[24]陈玉琨,赵云筑.工程材料及机械制造基础 Ⅲ(机械加工工艺基础)[M].北京:机械工业出版社,1997.

[25]李爱菊.现代工程材料成形与机械制造基础(下册)[M].北京:高等教育出版社,2005.

[26]林江.机械制造基础[M].北京:机械工业出版社,2004.

[27]陈明.机械制造工艺学[M].北京:机械工业出版社,2005.

[28]陈锡琦.金属工艺学习题集[M].北京:高等教育出版社,1985.

[29]史美堂,柏斯森,等.金属材料及热处理习题集与实验指导书[M].上海:上海科学技术出版社,1983.

[30]魏德强,吕汝金,刘建伟.机械工程训练[M].北京:清华大学出版社,2016.

[31]陈曦.工程材料[M].武汉:武汉理工大学出版社,2010.

[32]明哲,于东林,赵丽萍.工程材料及机械制造基础[M].北京:清华大学出版社,2012.

[33]王正品,李炳.工程材料[M].北京:机械工业出版社,2012.

[34]孙维连,魏凤兰.工程材料[M].北京:中国农业大学出版社,2006.

[35]潘强,朱美华,童建华.工程材料[M].上海:上海科学技术出版社,2003.

[36]崔占全,孙振国.工程材料学习指导[M].2版.北京:机械工业出版社,2008.

[37]束德林.工程材料力学性能[M].2版.北京:机械工业出版社,2007.

[38]郑明新.工程材料[M].2版.北京:清华大学出版社,2001.

[39]朱张校.工程材料[M].3版.北京:清华大学出版社,2001.

[40]胡赓祥,蔡珣,戎咏华.材料科学基础[M].2版.上海:上海交通大学出版社,2006.

[41]马泗春.材料科学基础[M].西安:陕西科学技术出版社,1998.

[42]温秉权,黄勇.金属材料手册[M].北京:电子工业出版社,2009.

[43]宋余九.金属材料的设计、选用、预测[M].北京:机械工业出版社,1998.

[44]韩永生.工程材料性能与选用[M].北京:机械工业出版社,2013.

[45]于永泗,齐民.机械工程材料[M].7版.大连:大连理工大学出版社,2006.

[46]杨觉明,上官晓峰,要玉宏.材料热加工基础[M].北京:化学工业出版社,2011.

[47]束德林.金属力学性能[M].北京:机械工业出版社,1987.

[48]冯端.金属物理学[M].北京:科学出版社,1987.

[49]林兆荣.金属超塑性成形原理及应用[M].北京:航空工业出版社,1990.

[50]王晓敏.工程材料学[M].4版.哈尔滨:哈尔滨工业大学出版社,2017.

[51]尹洪峰,任耘,罗发.复合材料及其应用[M].西安:陕西科学技术出版社,2003.

[52]殷景华,王雅珍,鞠刚.功能材料概论[M].4版.哈尔滨:哈尔滨工业大学出版社,2009.

[53]黄培云.粉末冶金原理[M].北京:冶金工业出版社,1982.

[54]李世普.特种陶瓷工艺学[M].武汉:武汉理工大学出版社,2007.

[55]方昆凡.工程材料手册[M].北京:北京出版社,2002.

[56]机械工程师手册编辑委员会.机械工程师手册[M].3版.北京:机械工业出版社,2007.

[57]李春胜,黄德彬.金属材料手册[M].北京:化学工业出版社,2005.

[58]马元庚,任陵柏.现代工程材料手册[M].北京:国防工业出版社,2005.

[59]余寿彭.工程材料[M].南京:东南大学出版社,1997.

[60]周风云.工程材料及应用[M].2版.武汉:华中科技大学出版社,2002.

[61]肖建中.材料科学导论[M].北京:中国电力出版社,2001.

[62]宋维锡.金属学[M].2版.北京:冶金工业出版社,1980.

[63]胡赓祥,钱苗根.金属学[M].上海:上海科学技术出版社,1980.

[64]董均果.实用材料手册[M].北京:冶金工业出版社,2000.